国家自然科学基金面上项目(42075114)资助
第二次青藏高原综合科学考察研究项目(2019QZKK010319)资助
中国矿业大学基本科研业务费项目—重大项目培育专项基金(2021ZDPY0202)资助

卫星遥感植被指数
在陆面过程模型中的同化及应用

凌肖露　牛晓瑞　著

中国矿业大学出版社

·徐州·

内 容 提 要

本书旨在探讨利用数据同化技术将卫星遥感的植被指数与陆面过程模型相结合,并将其应用于地球系统科学和气候变化研究的实践与应用领域;深入介绍了植被在陆-气相互作用中的重要性、陆面过程模型的演变、陆面数据同化的进展,以及如何将卫星遥感的植被特征指数同化进陆面过程模型及其碳-氮循环模块,以提高模型的准确性和可靠性。

本书旨在为地球科学研究人员、环境保护从业者以及气候变化领域的专业人士提供一本全面系统的参考书籍,帮助他们深入理解和应用卫星遥感植被指数、陆面过程模型和数据同化技术,推动地球系统科学和气候变化研究取得更加深入的进展。

图书在版编目(CIP)数据

卫星遥感植被指数在陆面过程模型中的同化及应用 /
凌肖露,牛晓瑞著. — 徐州 : 中国矿业大学出版社,
2024.9. — ISBN 978 - 7 - 5646 - 6434 - 3

Ⅰ. Q948.1

中国国家版本馆 CIP 数据核字第 2024VT2544 号

书　　名	卫星遥感植被指数在陆面过程模型中的同化及应用
著　　者	凌肖露　牛晓瑞
责任编辑	何晓明　耿东锋
出版发行	中国矿业大学出版社有限责任公司
	(江苏省徐州市解放南路　邮编221008)
营销热线	(0516)83885370　83884103
出版服务	(0516)83995789　83884920
网　　址	http://www.cumtp.com　**E-mail**:cumtpvip@cumtp.com
印　　刷	苏州市古得堡数码印刷有限公司
开　　本	787 mm×1092 mm　1/16　**印张** 12　**字数** 235 千字
版次印次	2024 年 9 月第 1 版　2024 年 9 月第 1 次印刷
定　　价	52.00 元

(图书出现印装质量问题,本社负责调换)

前　言

作为表征地表植被特性的一个重要参数,叶面积指数(LAI)是影响地表辐射传输、物质能量平衡的重要植被生物物理学参数,同时也是连接植被光合作用、呼吸作用等微观生物地球化学过程的重要参数。由于陆地表面存在强烈的不均匀性,准确描述地表植被的冠层结构以及物理、生物地球化学过程,是正确描述地表辐射特征以及陆-气相互作用的基础和前提。台站观测是目前认为可以获得 LAI 最精确的方法,但是短期内还无法实现 LAI 在区域乃至全球范围内的统一台站观测。随着生物地球化学模块的应用和发展,越来越多的陆面模型能模拟出 LAI 等植被参数的动态演变,但模拟结果严重依赖陆面过程模式的模块和参数化过程,以及模拟的初始条件等因素。陆面数据同化,利用滤波/变分方法将模型和观测融合在一起,同时结合陆面过程的动力框架进行约束,达到对目的状态量的最优估计,并实现资料的时空尺度扩展。现存的很多卫星遥感数据都可以提供时空连续的区域/全球分布的 LAI,并且经过了严格的质量评估和校验,这为利用数据同化改善陆面模型中生物地球化学模块的模拟能力提供了数据基础。

本书拟利用美国国家大气研究中心(NCAR)开发的公用陆面模式(CLM4)和数据同化研究平台(DART),将卫星遥感观测的全球 LAI 数据(GLASS LAI)同化到 CLM4 的碳-氮循环模块(CLM4-CN)中,并在同化的基础上进一步分析 LAI 的改变在全球尺度和区域尺度上对地表能量、水分平衡、植被-大气相互作用以及气候变化产生的影响。

鉴于模型的初始条件分布为集合同化提供了初始误差,其发散程度对同化的进行和同化结果都会产生很大的影响,所以本书首先利用单个大气数据和集合大气数据分别驱动 CLM4-CN 进行模型初始化过程,以获得相应的初始条件集合。结果表明:在热带低纬度的森林覆盖地区及草地、农田下垫面,集合模式足够发散;而在北方常绿针叶林和温带落叶阔叶灌木下垫面,集合模式的离散度则相对偏小。另外,模型模拟 LAI 的发散程度在植被的生长季明显优于非生长季。

为了找到有效的同化方案,本书设计了三组对比实验,分别为:① 没有进行同化的控制实验(CTL 实验);② 在同化的过程中不进行碳-氮约束的 NO-CN 实验;③ 在同化过程中进行碳-氮约束的 C-N 实验。结果显示:未进行同化时,CLM4-CN 模拟的 LAI 系统性高估了全球的 LAI 分布,且在低纬度地区尤其明显,最大偏差甚至超过 $5 \ m^2/m^2$。在同化过程中没有进行碳-氮约束时,同化效果并不明显;而在启动了碳-氮循环模块之后,同化的 LAI 值与观测值的偏差明显降低,且在低纬度地区的偏差能够控制在 $\pm 1 \ m^2/m^2$。由此可见,植被动态物理约束过程(C-N 循环)的加入对同化过程起到了很好的约束和修正作用。

作为数据同化研究平台,DART 可以同时提供各种集合同化算法为研究所用,因此本书分别对集合调整卡尔曼滤波(EAKF)、集合卡尔曼滤波(EnKF)、卡尔曼滤波(KF)和粒子滤波(PF)这四种同化算法进行了对比分析。结果表明:集合同化(EAKF、EnKF)的结果优于单个变量数目的同化算法(KF)。另外,模型模拟的 LAI 系统偏高于观测值,PF 在迭代的过程中逐步减小了 LAI 观测值的权重,也就是降低了观测值对同化过程中后验概率的计算贡献度。EAKF 在每一步都对增益矩阵的更新进行了调整,使其在不低估分析误差协方差的前提下对观测场产生尽量小的扰动,所以,确定在用 EAKF 同化的过程中,同时考虑 C-N 模块的约束才是最优的同化方案。

在挑选出最优同化方案的基础上,本书对模型输出 LAI 的能力进行了评估。结果显示:同化不仅能够很好地模拟出 LAI 的空间分布,也能够改进不同纬度区域平均 LAI 的年变化(23°S 以南除外)。

另外,本书还挑选出 C-N 实验和 CTL 实验中 LAI 偏差最大且覆盖典型植被类型的 8 个子区域作为主要研究区,具体如下:同化后 LAI 显著减小的区域分别为非洲中部、亚马孙东部、欧亚大陆南部、中国东北地区和欧洲西部,主要覆盖下垫面为常绿/落叶阔叶林、混合森林;LAI 显著增加的区域分别为欧亚中部、北美西部和澳大利亚西部地区,主要覆盖下垫面是开放式灌木丛和草地。

在挑选出最优同化方案的基础上,利用单向耦合的方法分析了 2002 年北半球夏季 LAI 对地表状态量、陆-气通量的影响。结果显示:LAI 在全球范围内的减小会导致地表 2 m 气温增高,且在欧亚大陆西部地区达到最高(1.6 ℃),其次是亚马孙东部和非洲中部,偏差分别为 1.1 ℃和 1.0 ℃;区域 LAI 的升高会造成当地地表 2 m 气温的降低,其中影响最大的地区为北美西部,偏差达−0.5 ℃,而在澳大利亚西部,LAI 的改变对地表 2 m 气温的影响最小;地表净长波辐射的变化特征与地表 2 m 气温一致。除了亚马孙东部地区,LAI 减小的区域,表层土壤湿度增大,反之亦成立。这可能是由于亚马孙东部地区的土壤湿度受地表径流等因素的影响更大。值得说明的是,在低纬度等 LAI 改变最大的区域,并不是地表状态量和陆-气通量改变最明显的区域,这主要与该区域的植被覆盖类型和气候平均态有关。

利用 LAI 同化结果,本书还分别对比分析了在陆-气耦合、海-气-陆-冰耦合情况下 LAI 改变对地表状态量、物质能量平衡以及气象条件的影响,以分析植被变化对天气的反馈过程。结果表明:在耦合了大气和陆面模型的情况下,同化后的 LAI 不仅改善了模型对低纬度地区地表 2 m 气温的模拟能力,还能改善对高纬度地区地表 2 m 气温的模拟能力,模拟偏差从−5 ℃、−4 ℃减小到−3 ℃、−2 ℃。耦合了大气的陆面模型同时能够提高在非洲中部、东南亚群岛、亚马孙北部、阿拉伯半岛和澳大利亚西部地区对降水的预报能力。另外,加入了海-冰耦合的模型,在热带地区对 LAI 改变造成的地表温度、降水等特征量变化的影响有所削减,却加强了中高纬度地区 LAI 改变对区域气候的影响。

本书实验时间较短,对海-气耦合以及海-气-陆-冰耦合结论的分析还处在比较初级的阶段,另外对 LAI 与气候变化相互作用的机理解释还有待于进一步验证。

本书由中国矿业大学凌肖露副教授和中国地质大学(武汉)牛晓瑞教授共同撰写完成。其中,凌肖露负责本书内容制定、实验设计、实验操作及结论撰写等部分(即本书的第 1、2、3、4、7 章和第 5、6 章的大部分内容),负责字数超过了 20 万字;牛晓瑞主要负责本书第 5.4 节和第 6 章分析部分的内容。

本书能够完成,最想感激也最应该感谢的人是我们共同的导师——南京大学的符淙斌教授。恩师国际化的视野,前沿而精髓的学术造诣,严谨勤奋的治学态度,从容、乐观、豁达、以身立行的做人风格不仅对本书的完成起到了非常积极的影响,也深刻影响了学生的工作和生活。

在此基础上,我们也非常感谢南京大学的郭维栋教授,郭老师是我们科研上的领路人,在本书的选题和实验设计过程中给予了非常多的指导和帮助。

同时,还要感谢美国得克萨斯大学奥斯汀分校的 Zong-Liang Yang 教授,他为本书的完成提供了必要的科研条件、学术交流机会、计算机资源。

感谢美国国家大气研究中心(NCAR)的 Tim Hoar 给予我们 DART 与 CLM4 耦合的技术支持,同时感谢西南大学的赵龙教授、章永妃、Yonghwan Kwon 对我们在学习公用地球系统模型(CESM)和 DART 期间提供的无论技术上还是理论上的帮助。本书数据完成于得克萨斯高级计算中心(TACC)和南京大学高性能计算中心(HPCC),在此一并表示感谢。

谨以此书献给所有关怀、帮助、支持、鼓励我们的亲人、师长、学友和朋友们!

著　者

2024 年 3 月

目　　录

第1章 绪   论

1.1 植被-大气相互作用的重要性及研究现状

1.1.1 植被-大气相互作用的重要性

随着全球变暖和人类活动对气候的影响逐渐被认识和熟知,地球系统的概念也随之被提出并迅速被接受。地球系统以地球整体为研究对象,其研究领域不仅包括大尺度的气候过程,也涵盖了发生在地球表面的各种生物地球物理化学过程。陆-气相互作用作为陆面过程(Land Surface Process,LSP)的一个重要分支,是指发生在陆-气之间物质、能量、水分和动力交换的过程,同时,陆面过程还包括植被动力学、生物化学过程,边界层湍流输送过程,土壤水分-热量的传输过程,以及水文过程等(Betts,2000;Pitman,2003;孙淑芬,2002)。一方面,地表与大气间进行着不同尺度物质、能量的交换作用,主导着区域乃至全球气候的基本特征;另一方面,地表生态、物理、化学过程和能量物质的交换也受气候变化的影响,使气候变化对陆面过程也存在较强的依赖性。植被约占地球陆地表面积的50%(Sato et al.,1989;Lean et al.,1993),是陆地生物圈的主体之一,其演替变化以及光合、呼吸作用及有机物的利用过程不仅严重依赖气候与气象条件,也会通过影响地表参数(反照率、粗糙度)或者与大气间的物质能量交换(水汽、CO_2)等过程,对全球气候产生反馈。另外,陆面也是人类活动影响的最主要区域,因此,合理地描述地表特征,尤其是植被的地表分布及变化特征,对现存各种气候模型改进以及对气候变化影响的认识都起着不可忽视的作用(Bonan et al.,1992;蔡福等,2011;戴永久 等,1996;刘惠民,2009)。

物候是陆面不均匀性的典型表征之一,是研究植物循环及其与气候关系的主要连接之处(Chuine,2000),它对气候变化敏感,具有地方性和时间性,是全球环境变化研究所需的典型时空数据(顾峰雪,2006),而其表现特征可以用发芽、落叶时间或叶面积指数的季节动态来表示(Arora et al.,2005)。叶面积指数(Leaf Area Index,LAI)作为表征植物特征的重要参数之一,几何上通常定义为单位地表面积上所有叶面向下投影的面积总和(单面 LAI);对于针叶型植被,可以定义为单位表面积上所有叶表面积(光合组织)总和(全部表面 LAI),或者全部表面 LAI 的一半。LAI 没有维度,为了表示其物理意义,通常其单位用 m^2/m^2 表征。植物作为气候系统中生物圈的重要组成部分,与大气圈、水圈甚至冰雪圈之间都存在着复杂的相互作用,其中很多主要的物理、生物化学过程(如蒸腾作用、碳通量的传输等)都是在生物圈与大气圈之间的叶表面进行的。同时,当下正在使用的各种数值模式(包括农业、生态学、碳循环、气候等)都需要表征叶子特性的参数,以保证可以正确地描述地表的辐射特征、热通量、动力特征、水循环以及与上层大气或者下层土壤的各种气体(包括碳、氮等)的交换特征。

1.1.2 植被对地球科学系统产生的影响

近年来,地球气候学家、物理学家和生态学家已经逐渐把注意力集中在地表植被与气候变化之间的相互作用机制上。

1.1.2.1 全球植被分布特征

陆地下表面存在很强的不均匀性,这不仅体现在海拔的不同,还体现在植被覆盖及土壤分布种类和性质的不同。根据不同的气候条件和冠层结构,全球植被也被划作不同的植被功能型(Plant Functional Types,PFTs)。不同功能类型拥有不同的叶面积、叶子数量及叶面积密度。

为了对叶面积特征有个直观的认识,一些长期开展的生态学或者生物学的研究针对不同 PFTs 的叶面积进行了统计和归纳,表 1-1 列出了不同植被的LAI 的全球调查结果。

表 1-1 不同植被的 LAI 的全球调查结果(Asner et al.,2003)

植被功能型	平均 LAI	标准差	植被功能型	平均 LAI	标准差
冻原/高山冻原	3.85	2.37	高介质草原	2.03	5.79
苔原	0.82	0.47	矮草型草地	2.53	0.32
北方针叶林	3.11	2.28	干旱灌丛	1.88	0.74
温带草原	1.37	0.83	地中海灌木	1.71	0.76
温带常绿阔叶林	5.40	2.32	热带湿地	4.95	0.28
温带混合林	5.26	2.88	热带稀树草原	1.81	1.81
温带针叶林	6.91	5.85	热带常绿雨林	5.23	2.61

表 1-1(续)

植被功能型	平均 LAI	标准差	植被功能型	平均 LAI	标准差
温带落叶林	5.30	1.96	热带落叶林	4.67	3.08
温带湿地	6.66	2.41	热带草原	2.85	2.62
温带农田	4.36	3.71	热带农田	3.65	2.14
温带人工林	9.19	4.51	热带人工林	9.91	4.31

由表 1-1 可以看出,总体而言,全球范围内森林的 LAI 大于湿地,草原/草地次之,灌木丛和苔原的 LAI 最小;而不同的森林类型,其差异也非常明显,其中,热带/温带人工林最大,温带针叶林次之,阔叶林和落叶林最小。就观测的不确定性而言,高介质草原和温带针叶林的绝对标准差最大,其次是热带/温带人工林,最小的是温带草原和苔原。然而就相对不确定而言,高介质草原、热带稀树草原、热带草原的不确定性最大,针叶林和苔原次之,热带常绿雨林和温带人工林最小。

刘洋等(2015)利用 1981—2012 年 LTDR AVHRR 和 MODIS LAI 数据集,生成了全球长时间序列的 LAI 数据,发现 AVHRR 和 MODIS LAI 与全球植被的空间分布吻合,能表征主要生物群系的季节变化特征。结果还表明,LAI 在北半球($30°N \sim 70°N$)的季节性变化更加显著,而南半球植被覆盖面积较小,季节变化也并不显著,冰雪和残云对卫星遥感反演 LAI 的精度影响较大。

1.1.2.2 地表植被对气候变化的影响

不同的气候平均态能够决定植被的物候特征,同时也体现在不同的植被特征上,其中 LAI 就是比较明显的特征变量。全球尺度上,张佳华等(2002)利用 NOAA/AVHRR 卫星反演的 LAI 逐月平均资料,计算了 LAI 与生物-气候之间的相关关系,得到全球尺度植被与气候因子的季节和年际变化随不同生态系统差异明显的结论,其中 LAI 与温度总体正相关的最大值出现在北半球中高纬度地区,降水正相关最大值则出现在亚洲东部、北美洲北部腹地和热带非洲北部的 Sahel 地区。陈旭等(2008)则利用 CRU 全球观测数据集和 BIOME4 模型,对中国南部样带历史 100 年和未来 50 年的植被净初级生产力与 LAI 的变化进行模拟和统计分析,结果显示:影响 LAI 变化的主要因素为年均温度和年均降水量。罗宇翔等(2011)将我国 2001—2008 年西南山地的 EOS/MODIS 1 km 分辨率的卫星遥感 LAI 值与当地气象站的日观测数据进行相关性分析,发现影响 LAI 最大的因子是温度、水汽压、日照时数和降水。梁妙玲等(2006)利用 1961—2000 年全国 676 个雨量站点的日资料及 LPJ 模型模拟了中国近 40 年来的植被动态变化,发现 LAI 与净初级生产力存在良好的对应关系。赵茂盛等(2002)依据我国植被和气候的关系对生物地理模型(MAPSS)中的某些参数和过程进行了调整,将改进后 MAPSS 模拟的当前气候状况下潜在植被类型及叶面积指数的分布与我国植被区划图和多年平均的 NDVI 比较,发现结果有了很大的改进。

许多学者利用观测的 LAI 研究了植被对地表气候状态的影响。例如,Li 等(2015)利用卫星遥感观测数据研究了不同植被类型对局地气候的影响,结果表明:热带森林全年都有很强的降温作用,温带森林在夏季显示中等强度的降温,在冬季则显示中等强度的升温;而北方森林在夏季会产生很强的降温效应,而在冬季则显示为中等的降温作用。王凤敏等(2006)则利用 MODIS 八天一景的 LAI 平均值分析了其与温度、降水的相关性,结果发现:LAI 与温度的季节变化显著相关,而与降水的相关性不明显;在农田和草地等生态系统比较脆弱的地区对温度和降水的响应则更加复杂和敏感。

但是,由于观测资料的缺乏和不确定性,更多学者使用模型模拟或者再分析数据来研究 LAI 的局地气候效应和区域气候效应。邵璞等(2011)利用 CLM3.0-DGVM 模型模拟的 LAI 与气候因子之间建立时空相关关系,以理解植被-大气的反馈过程,结果得到 LAI 与气候因子有显著的 1~2 年的滞后相关性,其中光照、降水和 LAI 的滞后相关性波动较大。在局地效应的研究中,Lawrence 等(2007b)利用 CLM 分析得出了地表陆地状态的应用导致了区域性近地层大气变得更加干热,但是对全球气温的影响并不明显。陈海山等(2006)利用 CLM3.0 分析了 LAI 的异常变化对地表能量平衡、水循环和陆面状况的异常产生的影响,结果表明:LAI 能影响辐射在植被中的传输和分配,以及地表感热、潜热通量;同时 LAI 的增大造成土壤湿度增加,以及叶面和土壤温度增加。陈浩等(2013)则利用 CLM3.0 陆面模型研究了植被覆盖度(FC)和 LAI 的年际变化对全球蒸(散)发的影响,结果表明:树占优势的大部分地区,植被的年际变化更加明显,而在灌木和草覆盖区则相反。Feddema 等(2005)、Bonan(2008)研究发现,在不同区域地表土地利用变化会导致区域或者全球性的气候变化,在高纬度地区,土地利用变化使得农田和草地替代了北方森林,反照率偏高,因此导致降温效应;而在中纬度地区,则需要将反照率的改变和水文驱动的影响相结合进行分析,并且针对不同土地利用类型,得到的结论也不尽相同(Pielke et al.,2002)。

联合国政府间气候变化专门委员会(Intergovernmental Panel on Climate Change,IPCC)提出,自 1750 年来,人类活动导致的土地利用类型的改变,主要造成了全球气候变暖,但对这种影响机制的科学理解还处在比较初级的阶段。许多科学家针对陆地地表植被造成的气候效应做了相应的实验和工作。Pitman 等(2012)利用一系列全球气候模型(GCMs)研究发现,陆面类型的改变会在很大程度上对生物地球气候学产生影响。曾红玲等(2010)利用陆-气双向耦合模式 R42-AVIM,通过有无植被覆盖的对比实验分析,探讨了全球植被分布对气候和大气环流造成的潜在影响,结果表明:陆面植被参数对地表特征的影响在 LAI 较大的热带地区和中高纬度的森林尤其明显。Xu 等(2015)则利用地球系统模型(CESM)分析了不同陆面类型(潜在植被、现存植被)对东亚季风区的日变化和季节变化的影响,结果表明:陆面类型的改变造成了地表热通量的增高,从而造成温度日较差的降低。通过使用同期的美国国家环境预报中心/能源部(NCEP/DOE)再分析资料驱动区域气候耦合模式 AVIM-RIEMS 2.0,将遥感卫星图像资料中获得的 3 期中国土地利用/覆盖数据中的农田植被类型引入区域模式中进行积分,结果表明:中国农田变化对气候影响具有冬季弱、夏季强的季节性变化,20 世纪 80 年代农田扩张,林地、草地为主的植被类型转化为农田,植被变化区域的叶面积指数降低,反照率升高,使中国东部地区的气温由南到北呈现增加-减少-增加-减少的相间变化趋势,而降水的变化趋势大体相反(曹富强等,2015)。郑益群等(2002)则利用区域气候模式(区域 CM2)对中国植被变化的气候影响进行了模拟,并进行了机理分析,结果表明:植被变化对陆-气系统的能量平衡具有重要影响。

LAI 的改变不仅与植被总生产力(GPP)、植被净生产力(NPP)、农作物产量等密切相关,而且与地表径流、区域乃至全球的气候系统也有着密不可分的联系。李慧赟等(2012)以澳大利亚南部典型中尺度 Crawford River 流域为研究基础,采用基于 NOAA/AVHRR 遥感叶面积指数的 Penman-Monteith 蒸(散)发模型对原新安江模型和 SIMHYD 模型进行改进,借助改进的水文模型模拟植被变化后的径流过程,并尝试定量划分植被变化和气候变化的径流响应。结果表明:在 Crawford River 流域有 25% 面积的植树造林情况下,流域年径流总变化量为 -32.4 mm。其中,由植被变化引起的径流变化量为 -20.5 mm,为造林前多年平均径流量的 30.1%;由气候变化引起的径流变化量为 -11.9 mm。

尽管目前的许多研究都是针对植被-大气的反馈及物理机制进行的,但由于缺乏足够的观测事实,许多数值实验都是基于理想或虚拟的植被分布进行的,得到的植被-气候的相互作用机制及效应也存在很大的不确定性(李巧萍 等,2004)。

1.2 国内外研究进展

1.2.1 叶面积指数的研究现状

准确估量 LAI 一直是科学界很多领域都非常感兴趣的话题,LAI 可以通过台站观测、遥感反演以及模型模拟得到。其中,台站观测又分为直接测量法和间接测量法。传统意义上对 LAI 的测量多为"有损探伤法",也叫作直接测量法,即收割树叶或者在落叶季节收集落叶,之后用平面测量或称重法得到 LAI 的方法。这种测量方法相对而言更加准确,但是费时费力,通常只能在有限的实验点针对相对较小面积的植物进行,因此,科研工作者们正在寻求针对更多种类植物群落 LAI 的更实际的常规观测方法。针对高树森林环境的 LAI 观测比农田或者草地的观测要困难得多,目前为止只有一小部分植被类型的特征得到了足够描述。

间接测量法是指建立植被冠层叶面积指数等参数和与其相关的光学变量、辐射变量(如直接短波辐射传输)的经验公式,并利用两者的相关关系将摄影测量或者辐射测量值间接换算成 LAI 的方法。间接测量法通常更快,可实现自动化,并且可以实现较大范围样品的测量,已经成为台站观测的主流方法,当下普遍认可的间接观测 LAI 的仪器是 LAI-2000 和 TRAC(Morisette et al.,2006)。各种台站观测 LAI 的方法和得到的结果在很多文献中都有所讨论(Asner et al.,2003),单站观测的结果相对准确,但是却或多或少地依赖台站所在的当地环境。目前,全球范围内并没有一个统一的标准来约束对 LAI 的观测,这也是未来科研工作者需要努力的方向。

另一种普遍应用的间接观测方法为卫星观测,其依赖 LAI 和光学传感器得到的植被冠层反射的短波辐射的相关性。反演得到的 LAI 与其中的大气、传感器能力和处理信号的过程有关,现在的 LAI 产品主要是利用可以表征这些影响要素的物理公式反演得到。

(1)基于植被指数的经验关系法

叶子的反射光谱在红外波段(620～750 nm)呈明显的低值,而在近红外波段(800～1 300 nm)呈高值,因此这两个波段生成的许多植被指数(Vegetation Indices,VIs)被用来估测 LAI 和其他植被参数,如归一化植被指数 NDVI、简单比值植被指数 SR(Jordan,1969)、土壤调节植被指数 SAVI(Huete,1988)、修正简单比率指数 mSR(Chen et al.,1996a,1996b)等。用于反演 LAI 的理想的 VIs 要满足下面两个条件:① 或多或少与 LAI 呈线性相关关系;② 随机误差和偏置的遥感误差的影响最小。

(2)物理模型反演法(辐射传输模型)

植被冠层辐射传输模型,描述的是单一波段中叶片结构和生物物理参数与叶片光学属性的动态模型,因此可以根据冠层表面反射的短波辐射通量来反演 LAI。经验关系法与地表观测的 LAI 质量有关,局限于观测使用的传感器、植被类型以及地理位置等因素,而物理模型反演法可以理论上克服这些不足,但是其反演结果需要地表数据进行验证。另外,物理模型反演法也存在一些问题:

① 模型参数的获得及其准确性问题；② 基于复杂模型的参数反演在实现中存在的问题，如最优法耗时长，难以扩展至大区域反演，以及查表法（Look-up Table，LUT）（Knyazikhin et al.，1998）和神经网络反演结果（Combal et al.，2003；Li et al.，1992）的代表性问题。这都是需要解决的。表 1-2 列出了现有全球主要 LAI 遥感数据集。

表 1-2　现有全球主要 LAI 遥感数据集

LAI 产品	空间范围	时间段/年	空间分辨率	频率	传感器
GLOBCARBON LAI	全球	1998—2003	1/11.2°（~10 km）	1 月	SPOT VEGETATION，ENVISAT AATSR
CYCLOPES LAI	全球	1999—2003	1/112°（~1 km）	10 天	SPOT VEGETATION
MODIS LAI	全球	2000 以后	1 km	8 天	TERRA-AQUA MODIS
ECOCLIMAP LAI	全球	—	1/120°	1 月	AVHRR
CCRS LAI	加拿大	1998 以后	1 km	10 天	SPOT VEGETATION
GLASS LAI	全球	1985—2010	1 km/5 km	8 天	AVHRR，MODIS

先前的科研工作者们提出了多种植被类型来模拟植被-土壤-大气之间的相互关系，主要包括生物地理模型、生物地球化学模型、陆面生物圈模型等（何晴等，2008）。其中，生物地理模型是基于植物生态学、气候特征等设计的，该类模型将全球植被物种根据植被结构特征和生活习性归并为典型的植被功能类型（PFT），其相应的土壤参数、植被信息等都是在 PFT 基础上给定的，无法反映植被与环境间的动态响应过程。常见的生物地理模型有 BIOME2（Prentice et al.，1992）、MAPSS（Neilson，1995）等。生物地球化学模型也归并为典型的植被功能类型和土壤分布类型，但在此基础上可以动态模拟全球总初级生产力（GPP）、净初级生产力（NPP）、碳存储和其他营养元素的循环特征（如 N 等），但是该类模型对地表能量、水分平衡等参数化的处理过程相对简单，常见的生物地球化学模型有 TEM（Raich et al.，1991）、CENTURY（Parton et al.，1993）、CASA（Potter et al.，1993）、BIOME-BGC（Thornton et al.，2002）等。陆面生物圈模型是用于模拟全球土壤、植被、大气中能量、物质平衡的模型，是近来植被动力学和碳循环研究中的热点，其以植被功能类型为基础，不仅分析了植被与大气之间的物质、能量交换，也具体描述了不同的植被对地表能量、水分平衡等影响。常见的陆面生物圈模型有 BATS（Dickinson et al.，2006）、SiB（Sellers et al.，1986）、LSM（Bonan，1995）、CoLM（Dai et al.，2003）、CLM-CN（Lawrence et al.，2011）等，但是由于其植被生态功能型是固定的，并不能动态地考虑植被年际变化特

征,因此无法模拟气候变化作用下的植被分布演变特征。随着人们对陆地生态系统研究的进一步深入,近期也演变出一种全球植被动力学模型。例如,TRIFFID 模型(Cox et al.,2002)就是种群竞争理论的植被功能型竞争排斥模型;LPJ 模型(Sitch et al.,2003)根据不同时间尺度耦合了以月到年为时间步长的土壤元素循环过程;以及基于集成生物圈模拟器(IBIS)(Foley et al.,1996)的全球植被动力学模型(CLM-DGVM),其不仅能够动态模拟地表植被动态生长过程和碳循环过程,还能够模拟植被影响的生物物理过程,同时还能和气候模型耦合研究植被与大气的相互影响。

1.2.2　陆面模型的演变和发展

在早期的全球或者区域气候模型中,陆面过程多是以一个分量或者参数化的形式描述,在描述陆面影响气候关系的实验中,也多以敏感性实验的方式呈现,如 Charney(1975)、Shukla 等(1982)、Sud 等(1985)分别利用大气环流模式/区域模式针对地表反照率、土壤水分和地表粗糙度进行敏感性实验,并得出地表状态的改变会对大气环流及降水产生不可忽视的影响的结论,激发了人们研究植被-大气相互作用的兴趣。然而,随着人们对地表过程的认识越来越深刻,参数化过程或者理想实验已经不能满足陆面过程对气候变化影响的研究,陆面过程模型(LSM)也逐渐被提出,并得到了迅猛的发展。

(1) 第一代陆面模式

第一代陆面模式以"水桶模式"为代表,盛行于 20 世纪 60 年代后期到 70 年代。其主要通过空气动力学总体输送公式,利用参数化的形式简单地描述了土壤水的蒸发和地表径流。在这个模型中,地表状态量主要通过地表反照率、空气动力学粗糙度和土壤湿度三个参数进行描述,而植被被处理成土壤-大气之间的海绵结构透水层。虽然第一代陆面模式比较简单,也通常均一化处理陆面特征量参数,在全球尺度上的应用还存在局限性,但是由于其保证了地表水分能量的守恒,具有一定的物理意义,在短期数值预报中还是得到了一定的应用。

(2) 第二代陆面模式

第二代陆面模式也叫作复杂模式,成形于 20 世纪 80 年代初至 90 年代,主要以 BATS、SiB、SSiB 为代表。相对于第一代,第二代陆面模式引进了植被生物物理过程,考虑了植被生物圈、土壤圈、大气圈之间的相互作用和反馈机制。"大叶"模式(Deardorff,1978)主要描述了植被在控制蒸(散)发过程中的主要作用,是第二代陆面模式中植被模块的主要理论基础。然而,为了更准确描述全球气候的变化,第二代陆面模式同时要求更严格的地表状态参数值,植被参数也成为最主要的地表状态量之一。植被参数的获得往往与地表覆盖类型有关,通常通过全球地表覆盖图得到。例如,SiB 根据植被的物理特性和分布特征,把全球植被分为 13 种典型的植被类型,并根据不同的类型来确定地表植被所需的参数值。大多数植被类型参数是不随时间改变的,但是叶面积指数、植被绿色覆盖比例及根系长度会随季节的不同而改变。从第二代陆面模式开始,全球不同地区也开始对当地生态学与地理学进行调查研究,这也为该模式提供了更加真实可靠的参数集。但是第二代陆面模式中,对待植被的生化过程还缺乏动态的详细描述,虽然也有一些模式中的 LAI 是通过卫星遥感获得的,但是也多为气候平均状态。

(3) 第三代陆面模式

第三代陆面模式主要产生于 20 世纪 90 年代,在第二代的基础上充分考虑了植物的生物物理化学过程,同时,地表覆盖类型也逐渐演变成植物功能型,并且不同的植物功能型也对应着相应的植被参数。例如,公用陆面模型(Community Land Model,CLM4)就将全球植被根据功能类型分成 16 类(不含裸土),在一个格点可以含有不同的 PFTs,这样可以解决第二代陆面模式中把整个格点作为同一种植被覆盖类型所带来的误差。许多学者研究分析了将遥感的植被状态量(包括 LAI、PFAR 等)应用到大气环流、陆面模型中,对模型的模拟结果有了较大的改进(Lawrence et al.,2007;Hanes et al.,2011)。

随着对全球植被生物地球物理化学过程了解的进一步深入,许多陆面模式同时加入了植被、土壤的生物化学过程,动态分析了植被、土壤中的物质(碳、氮、有机物等)和能量平衡过程。例如,CLM4 在原来的基础上加入了基于静态植被的碳-氮相互作用的 CLM4-CN、基于动态植被的碳-氮相互作用的 CNDV 等。卫星数据的使用和动态植被的引入使得地球表面状态量从定性描述转向了定量计算,能够改进陆面模型的模拟能力。

基于观测的 LAI 和气候要素的相关性,温度被认为是驱动植被开始发芽的主要因子,许多动态植被模型运用累积积温达到阈值的方法作为植被叶子生长的开关。另外,光照、水分等也对植被的生长或者物候的种类起到了控制作用。全球比较流行的植被动态模型包括 LPJ(Sitch et al.,2003)、IBIS(Foley et al.,1996;Kucharik et al.,2006)、HYBRID(Bondeau et al.,1999)、BIOME-BGC(White et al.,1997,2000)、TRIFFED(Cox et al.,2001)模型等。其中,BIOME-BGC、CLM-CN、CLM-CNDV 是用气温控制叶子发芽的模拟,用日照时数和土壤温度控制落叶;而 Biome3 则分别用气温和土壤湿度控制冬季落叶植物和旱季落叶植物的发芽和落叶模拟;HYBRID 用积温(冬季落叶植物)和土壤水势(旱季落叶植物)控制发芽,而用日照时数和土壤水势控制落叶的模拟。还有利用营养物质的累积控制植被的发芽和落叶的模型,如 FBM/PLAI 利用碳平衡控制植被的发芽和落叶;而 CTEM 则利用碳平衡控制植被的发芽,利用地温和日照时数控制植被的落叶模拟。

综上所述,陆面过程模型的发展,不仅依赖模型的数学物理过程,同时也必须有重要的基础数据作为支撑,尤其是下垫面(包括植被、土壤、冰雪、冻土、沙漠等)的详细分布和性质(包括热学、光学、生物物理或化学性质等)的确定。现有模型中植被、土壤等数据及参数的确定与真实合理化还存在一定的差距,这是一个迫切需要解决的问题(孙淑芬,2002)。

1.2.3 遥感数据与陆面模型的结合研究进展

卫星遥感观测不仅具有提供模式所需输入参数的潜在能力,也由于其有足够的精度和适用性,也为遥感观测在模型中的同化及应用提供了可能。

Kang 等(2007)通过将卫星遥感估算得到的 LAI 代入全球气候模型中,发现改进的 LAI 明显改进了气候模式对东亚、非洲西部夏季季风区和北美温带森林地表气候的模拟,其同时也指出卫星遥感得到的 LAI 比气候模式中的缺省值偏小。Quaife 等(2008)等利用集合卡尔曼滤波方法将冠层反照率同化至生态模型中,改进了总初级生产力和净生态系统生产力的估计。

综上所述,利用植被参数研究其对气候的影响,主要利用对比实验的方式,即控制实验和设计实验的对比,而在设计实验中所使用的植被参数也多利用卫星遥感参数(如 LAI、反照率)等替换模式中相应的变量进行分析,这会存在两个问题:第一,由于资料的缺乏,替换所使用的卫星遥感参数多为气候平均值,其存在季节变化,但并不存在年际变化;第二,替换后的参数是否能够很好地适应模型中的其他参数及变量的下一步运算,是需要考虑和注意的。尽管目前的许多研究针对植被-大气的反馈及物理机制,但由于缺乏足够的观测事实,许多数值实验都是基于理想或虚拟的植被分布进行的,得到的植被-气候的相互作用机制及效应也存在很大的不确定性(李巧萍 等,2004)。

目前针对 LAI 数据同化的研究主要集中在以下两个方面:第一,是将卫星遥感的 LAI 同化到模型中,从而提高对地表状态量或者陆-气相互作用通量等的模拟能力。例如,Viskari 等(2015)利用集合调整卡尔曼滤波的方法,将 2002—2005 年的 MODIS LAI 和 PAR 数据同化到生态人口学模型中,不仅提高了 LAI 的预测精度,也提高了对地表森林生态系统的 CO_2 交换量预测精度。包姗宁等(2015)则将 MODIS LAI 和蒸散发(ET)同化到作物生长模型中,以提高对冬小麦产量的预估能力。张廷龙等(2013)也将实测的 LAI 和遥感 LAI 同化到 Biome-BGC 模型中,以提高对森林地区水、碳通量的模拟水平。第二,则是同化地表状态变量(如反照率、地表温度等),以提取更精确的 LAI。例如,王东伟等(2010)用农作物模型 CERES-WHEAT 模拟获得 LAI,用作输入参数计算得到反射值,并通过变分方法估算得到最佳 LAI。Liu 等(2008)将卫星反照率数据同化到动态叶模型(DLM)中,为许多气候模型、碳模型提供了叶子的季节变化。徐同仁等(2009)则将 MODIS 的地表温度数据同化到 CLM 模型中,从而提高了对地表热量通量的影响。李喜佳等(2014)提出一种基于双集合卡尔曼滤波(Dual EnKF)的时间序列 LAI 反演方法,同时更新 LAI 估计值和 LAI 动态过程模型中的敏感性参数,得到在同化 LAI 过程中同时更新与 LAI 相关的模型敏感性参数能够优化动态过程模型,但是其同化过程仅在区域内单一像元进行 LAI 估算,没有扩展到非均一地表或更大的空间尺度。渐渐地,也涌现出一种新的同化算法,即将 LAI 动态预测模型和观测的 LAI 结合,实现对 LAI 数据的重构。例如,李曼曼等(2012)设计了一种基于重采样粒子滤波的 LAI 时间序列重构算法,以 LAI 为同化变量,在 WOFOST 模型本地化的基础上,实现了遥感 LAI 数据和 WOFOST 模型模拟 LAI 数据的同化,以重构 LAI 时间序列。黄健熙等(2015)则利用 PyWOFOST 动态模型,以 LAI 为状态变量,以遥感 LAI 为观测值,采用集合卡尔曼滤波同化算法,研发了一种遥感 LAI 与作物模型同化的区域冬小麦产量估测系统。

但是相关研究在与 LAI 动态模拟模型的结合并不多见,即使存在,也多应用于对农作物生产力或地表水文变量等的研究。另外,这些研究主要针对单站或者区域,并没有在全球范围进行同化。

1.2.4 同化算法的演变和发展

研究不同尺度的陆面水分/能量循环,以及获得完整的陆-气变量的时空演变信息,观测和模拟是最常用的两种基本手段。而观测又分为台站观测、遥感观测两大类。前面已经介绍得到,台站的观测过分依赖台站/实验进行的下垫面条件,虽然精度很高,但是很难代表所处区域甚至更大尺度的叶面积指数,很难获得网格尺度上参量的代表值。另外,现在国际上并没有一个统一的观测 LAI 的指标,若想实现大尺度甚至全球范围内的台站观测,还需要很长时间的共同努力。遥感观测尽管可以得到时空连续分布的 LAI 值,但是由于反演过程中涉及反演方法的选择、参数的控制、大气衰减等不确定因素,其精度仍有待提高。Fang 等(2012)利用新的三配点误差模型对比分析了 MODIS、CYCLOPES 和 GLOBCARBON 的全球 LAI 产品,结果得到这三套产品都无法满足全球气候观测系统(GCOS)对 20% 相对精度要求的结论。模型模拟同样能得到时空连续的 LAI,但是影响 LAI 的生物变量和环境变量错综复杂且难以理解,导致利用陆面模型模拟 LAI 非常困难。另外,模拟还依赖陆面模式的模块和参数化过程,较依赖初始值与强迫场,使得模拟得到的结果有较大偏差,仍然需要验证。由于卫星遥感陆面参量的定义可能与模型中不同陆面过程参量的定义存在差异,因此在将卫星遥感估算的陆面参量应用于陆面模型的过程中需非常小心谨慎(陈洪萍 等,2014)。基于此,数据同化算法,作为可以提高陆面过程模式的预报精度,实现地面观测数据、卫星遥感资料的时空尺度扩展的工具,逐渐发展并迅速得到广泛应用。

陆面数据同化的核心思想是在陆面过程模型的动力框架内,充分融合动态模型和观测(包括直接观测和间接观测)的有用信息,将陆面模型和各种观测算子集成为不断依靠观测而自动调整模型轨迹的模式,从而实现陆面状态变量的最优估计(李新 等,2007;Talagrand,1997)。最早的数据同化算法起源于大气和海洋,陆面数据同化作为一门独立的学科出现在其之后,并且一出现就得到了非常大的发展和进步。当前,陆面数据的同化大多针对陆面模型、水文模型和近期发展迅猛的生物地球化学模型,采用不同的同化算法、不同分辨率的观测数据同化地表的台站观测,来实现优化地表状态量、能量通量和水文变量等参数的估算。

一个完整的陆面数据同化系统通常包括可以模拟自然界真实过程的动力模型,用于进行同化的直接/间接观测算子,使用的同化算法,用于驱动模型的大气驱动数据和模型参数集,以及模型的初始数据等要素。目前存在的比较成功的数据同化系统包括北美陆面数据同化系统(NLDAS、NLDAS-2)、全球陆面数据同化系统(GLDAS)、欧洲陆面数据同化系统(ELDAS)、中国西部陆面数据同化系统(WCLDAS)以及加拿大陆面数据同化系统(CaLDAS)。它们使用的陆面模型、同化算法等相关信息详见表1-3。其中,NLDAS/GLDAS 主要提供北美大陆的陆面同化数据集,包括土壤水分、能量通量以及其他辅助参量;ELDAS的开发目标是设计和实现数值天气预报环境下的土壤水分数据同化系统,评价ELDAS对水文预报(洪水、季节性干旱)的改进效果;而 WCLDAS 则获得了1991 年以来中国西北干旱区和青藏高原土壤水分、土壤温度、积雪和冻土的同化资料。

表1-3 目前国际主要陆面数据同化系统特点比较

系统名称	开发者	时空分辨率	陆面模型	数据同化算法
北美/全球数据同化系统(NLDAS/GLDAS)	NASA、GSFC、NOAA、NCEP、普林斯顿大学、华盛顿大学等	1 h、1/8°;3 h、1/4°	MOSAIC;VIC;NOAH;SAC	四维变分算法;卡尔曼滤波算法;集合卡尔曼滤波算法

表 1-3(续)

系统名称	开发者	时空分辨率	陆面模型	数据同化算法
欧洲陆面数据同化系统(ELDAS)	法国气候研究中心；德国水发展部；欧洲中期天气预报中心等	24 h、1/5°	ISBA；TERRA；TESSEL；SCM	最优插值算法；变分算法；卡尔曼滤波算法；变分算法和卡尔曼滤波相结合的算法
中国西部陆面数据同化系统(WCLDAS)	中科院寒旱所、北京师范大学、兰州大学等	1 h、1/4°	CoLM；VIC；DHSVM	扩展卡尔曼滤波算法；集合卡尔曼滤波算法；无迹卡尔曼滤波算法；粒子滤波算法；无迹粒子滤波算法
加拿大陆面数据同化系统(CaLDAS)	加拿大气象服务局	全球 10 d、33 km；地区 2 d、15 km；地方 1 d、2.5 km；城市 6 h、200 m	ISBA；CLASS；TEB	二维变分

数据同化算法作为数据同化系统的重要组成部分,是连接观测数据和模型动态预测变量的重要组成部分。目前主流的同化算法分为基于最优控制理论的变分法(Le Dimet et al.,1986)和基于估计理论的滤波法(Evensen,2003)。变分法和遥感数据的结合是 20 世纪末世界范围内的主流方法之一(张华,2004),其主要思想是构建代价函数描述状态量分析值和真值的差异,把数据同化问题转化成求极值的问题,在满足动态约束的条件下,使观测值和预测值之间的差异最小,即实现了目标状态量的最优估计。当下最流行的变分方法是 3D-Var 法和4D-Var 法。其中,3D-Var 法计算简单,计算代价小,观测算子可以是非线性的,也可以实现全局最优分析,但是它的背景误差协方差是各向同性的,并且不随时间变化;4D-Var 法可以在一定程度上解决这个问题,但是其实现和维护的工作量都是十分巨大的。变分法也叫作连续同化算法,另一种常用的同化算法是顺序同化算法,也就是滤波法。卡尔曼滤波算法(Kalman Filter,KF)是顺序数据同化算法的理论基础(Kalman,1960),其核心思想是利用一切可能的观测信息和模型与观测数据的误差统计特征对状态量进行估计,使状态量的估计值误差达到最小。顺序数据同化算法在实现的过程中分为预测和分析两个阶段。首先在预测阶段中,模型根据当前 t 时刻的状态预测 $t+1$ 时刻的状态量,在 $t+1$ 时刻,如果存在观测数据,则利用同化算法对当前时刻的状态量进行分析调整,得

到该时刻的最优估计值。然后,随着时间的推移,利用 $t+1$ 时刻的调整估计值重新初始化模型,按照同样的预测-分析步骤进行后面每一个时次有观测条件下的调整更新,即完成了一次同化过程。因为卡尔曼滤波算法主要针对的是线性算子,在此基础上又发展了针对非线性系统的扩展卡尔曼滤波(EKF),但是需要发展观测模型的切线性算子(Kalnay,2002)。1994 年,Evensen(1994)发展了针对非线性算子基于 Monte-Carlo 方法的集合卡尔曼滤波法(EnKF),并由 Houtekamer 等(1998)第一次运用到大气科学的研究中,在此之后,EnKF 在海洋、陆面以及大气数据同化领域都得到了非常广泛的应用(Evensen,2009)。

已经有许多学者针对 EnKF 和 3D-Var/4D-Var 同化算法进行了系统的对比研究,如吴新荣等(2011)。结果发现,EnKF 的预报性能优于 3D-Var,与 4D-Var 的预报能力是相当的。这使得 EnKF 的应用在不断扩大,并且发展出许多不同形式的 EnKF 方法,包括双集合卡尔曼滤波、集合均方根卡尔曼滤波(En-SRF)(Whitaker et al.,2002)、集合调整卡尔曼滤波(EAKF)(Anderson,2001)等。其他的滤波算法还有粒子滤波算法(PF),即通过寻找一组在状态空间中传播的随机样本对概率密度函数进行近似,以样本均值代替积分运算,从而获得状态最小方差估计。相比卡尔曼滤波系列算法,粒子滤波算法不受系统非线性误差高斯分布假设的限制,能够更好地表现非线性系统的变化,且更易实现并行运算(Han et al.,2008;Moradkhani et al.,2005;Zhou et al.,2006)。

同时,目前也涌现出很多将变分算法和滤波算法结合的变分滤波算法。在国外,Zupanski(2005)发展了最大似然集合滤波(MLEF),利用集合样本计算 Hessian 矩阵和目标泛函的梯度,改进了集合滤波中非线性观测算子的处理方法;Lorenc(2003)将 3D-Var 和 EnKF 结合确定流相关的背景误差协方差;Wang 等(2007)将 ETKF 和最优插值法结合;而 Hunt(2004)和 Fertig(2007)则提出四维集合卡尔曼滤波(4DEnKF)。而在国内,为了防止滤波发散,Zhang 等(2009)提出了 EnKF 和 4D-Var 结合构建背景误差场的解决方案;Wan 等(2009)则发展了覆裹集合卡尔曼滤波(DrEnKF),利用动态样本和模式积分获得的静态集合共同构建背景误差协方差。

1.3　本书的研究内容与章节安排

本书针对以上所述研究及应用中存在的主要问题,基于数据同化的方法,将卫星观测的叶面积指数同化到陆面模型的植被动态变化模块中,期望在提高陆面模型模拟叶面积指数能力的基础上,进一步提高模型对地表状态量、陆-气相互作用通量,甚至是气象要素的模拟能力。在设计的陆面数据同化系统

(LDAS)中,通常包括同化过程中使用的数据集(包括参数集、驱动数据集以及输出数据集等)、动态陆面过程模型、同化的初始场、同化的观测算子、同化算法等这几个方面。本书将就这几个部分依次进行分析和介绍。

第1章,绪论。综述了植被-大气相互作用的重要性及研究现状,阐述了相关研究中存在的不足及需要改进的地方。另外,简单介绍了叶面积指数、陆面模型、遥感数据与陆面模型结合以及同化算法的发展和演变。最后,对本书的组织框架进行了描述。

第2章,研究平台、数据及实验方法。具体介绍了本书使用的研究平台、数据及实验方法,其中重点介绍了公用陆面模型(CLM4)及其碳-氮循环模块(CLM4-CN)、集合卡尔曼滤波系列(EnKF、EAKF)及数据同化研究平台(DART),以及设计的陆面模型同化框架及其流程图。

第3章,模型初始数据集的获得。具体介绍了陆面数据同化系统中集合的初始条件的获得方法,以获得离散度足够大的初始条件场,为后期的同化工作做准备。本章通过单一气象条件驱动场和集合的气象条件驱动场分别驱动CLM4-CN,以获得相对稳定且同时适应这些集合的驱动场的初始条件。

第4章,叶面积指数在陆面模型中的同化程度及同化算法的探讨。考虑到LAI在CLM4-CN的动态演变,本章首先设计在同化的过程不进行C-N约束和进行C-N约束两组对比实验,以找到更合适的实验方案。在此基础上,分析不同同化算法对该同化方案的影响,以期望找到最佳同化算法。最后,针对在同化过程中是否考虑观测算子权重设计对比实验,期望找到最佳的同化方案,以及时空连续的叶面积指数。

第5章,全球尺度上同化LAI后对陆面模型模拟能力的影响。在改进的时空连续的叶面积指数的基础上,重点评估在大气驱动数据不变的情况下,模型对地表状态量以及陆-气相互作用通量的模拟能力,并分析造成需改进或者不足的原因。

第6章,大尺度地表植被变化对全球和区域气候的影响。本章利用公用地球系统模型(CESM1.1.1)的陆-气模型耦合模式,重点分析在陆-气耦合的前提下,叶面积指数的改变对地表状态量、陆-气相互作用通量以及气象要素的影响,重点分析地表植被改变造成的这种变化的原因及机制。

第7章,结论及展望。总结了本书的主要研究工作及成果分析,归纳了创新点。同时,提出了研究中存在的不足,以及对后期研究工作的进展提出了展望。

第2章 研究平台、数据及实验方法

2.1 公用陆面模型(CLM4)及其 C-N 模块(CLM4-CN)

本书使用的陆面模式为美国国家大气研究中心(NCAR)研发的公用陆面模式(Community Land Model,CLM4),是目前全球范围内具有代表性的陆面模式之一,被广泛应用于陆面过程的模拟研究。同时,NCAR 也研发了公用地球系统模型(Community Earth System Model,CESM),其同时耦合了大气(CAM)、陆地(CLM)、海洋(POP)、陆冰(CISM)、海冰(CICE),也被广泛地应用到全球气候的模拟研究中。在 CESM 中,CLM4 模型可以进行"离线"模式(off-line)单独运行,也可以进行"在线"模式(online)与大气模式耦合,或者与整个地球科学系统耦合(海-气-陆-冰耦合)进行模拟,为科研工作者提供了非常便利的条件。

2.1.1 公用陆面模型(CLM4)

CLM4 是 NCAR 于 2010 年发布的(Lawrence et al.,2011),与前一个版本 CLM3.5(2008 年发布)相比,其引入了动态预测碳-氮循环(CLM4-CN,下同)和植被生物气候学模块,可以利用植被的生物地球化学特性约束植被的生长过程。另外,全球动态植被模型(DGVM)也可以用来动态地模拟植被的生长过程。CLM4 同时还引入土地利用/覆盖变化(LUCC)功能,加入了针对城市(城市冠层模块)、植物释放挥发性气溶胶(BVOC)、沙尘气溶胶等的研究模块。CLM4 改进了水文参数化和地表蒸散发参数化方案,增加了 5 层基岩层,使土壤层数达到 15 层。在模拟积雪时,也考虑了气溶胶沉降对反照率的影响。

2.1.2 公用陆面模型的碳-氮循环模块(CLM4-CN)

CLM4-CN 是 CLM4 中的动态预测碳-氮循环的模块,包括植被生物机制循环过程和土壤异养生物的相互作用,这个完整的陆地-生物-化学模块首先来自用陆面模型版本 3(CLM3)的生物物理框架(Bonan et al.,2006;Dickinson et al.,2006),在此基础上混合融入了能够完整预报碳和氮动力学的地球生物化学模型(Biome-BGC,版本 4.1.2)(Thornton et al.,2002;2005)。最终模型可以完整预测植被、褥草和土壤有机物中所有的碳-氮状态变量,并且能在 CLM4 中的植被-冰雪-土壤模块中保持水和能量的所有动态数值。模型可以预测季节性的植被生长和植被凋落过程,主要是对土壤、气温、土壤水含量和日长响应,并且在一定程度上随着不同的 PFTs 而定;预测得到的叶面积指数(LAI)、茎面积指数(SAI)以及植物高度为生物-物理模型继续使用。利用模型研究各种变量导致的碳-氮-气候反馈作用的案例应用可以在 Thornton 等(2007)的研究成果中找到,该研究利用"离线"的大气驱动数据驱动 CLM4.0 和 C-N 模块。另外,Thornton 等(2009)也利用改良过的 CCSM3 模型进行海-气-陆-冰的完整耦合来研究碳-氮-气候的反馈机制。

CLM4-CN 的具体计算流程和模型设计如下:

(1) 植被状态变量

CLM4-CN 模型可以完整地预测各种植被组织的 C-N 状态变量。C 和 N 分别在叶、存活的茎、死了的茎、活的粗根、死的粗根以及细根这 6 个反应池中(图 2-1)。每个反应池都拥有 2 个相应的存储池,分别用来表征非结构性碳水化合物和易分解态氮的短期存储和长期存储。模型中额外还存在 2 个碳反应池,一个用于植被生长呼吸作用的存储,另一个用于在低光合作用期间维持呼吸作用所需要的额外的碳需求。另外,还存在一个氮反应池,用于监测叶面组织凋落前以及凋落后的活性氮含量。因此,植被的碳反应池总计有 20 个,而氮反应池则有 19 个。

(2) 树冠整合和光合作用

树冠整合和光合作用与生物物理模型一致,即与 CLM4 中保持一致,冠层光合作用(或总初级生产力,GPP)是通过见光叶面积指数(sunlitLAI)和遮蔽叶面积指数(shadedLAI)尺度上的见光叶/遮蔽叶的交换速率计算得到的,同时也考虑了无机氮的限制,即氮的供应不足很可能导致 GPP 减少。

(3) 自养型呼吸

模式分别处理维持呼吸和生长呼吸(Lavigne et al.,1997)。维持呼吸(Maintenance Respiration,MR)是存活的生物(不包括死了的茎和粗根反应池)呼吸作用所产生的能量和中间产物主要用于维持植物细胞存活的呼吸方式(Ryan,1991)。地面以上的反应池的速率取决于地表 2 m 气温,而地面以下的反应池(细根和粗根)速率取决于部分根随深度的分布和相应的预报土壤温度。

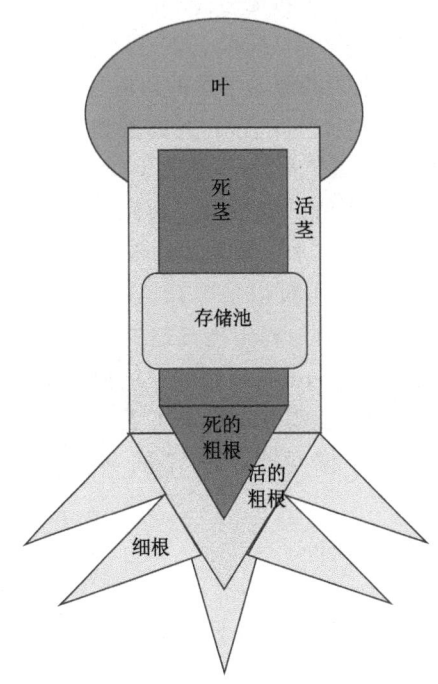

CLM植被过程变量（反应池）

每个组织的C、N反应池（组织池）
- 叶
- 茎（活的、死的）
- 粗根（活的、死的）
- 细根

每个组织有2个相应的存储池：
- 长期存储（＞1年）
- 短期存储（＜1年）

额外反应池：
- 生长呼吸存储
- 维持呼吸储备
- 重新转移的氮

反应池数量：
- 碳：6+12+2=20
- 氮：6+12+1=19

图 2-1　CLM4-CN 中的碳反应池和氮反应池

（4）非自养型呼吸

模式中有 3 个褐草反应池、3 个土壤有机物反应池和 1 个木本残渣反应池，组合成一个串联体系。模式结构、基础速率、土壤湿度和温度控制、上下游氮含量相关性、呼吸比例以及氮的矿化和固定都已在 Thornton 等（2005）的研究中详细讨论了。导致氮矿化的分解过程在水和温度的速率下进行，但是导致矿物质氮固定的步骤会根据它的可利用性而受限制（Hunt et al.，1988；Randlett et al.，1996；Rastetter et al.，1991）。矿化氮的非自养反应的所有需求是通过串联模式中所有固定步骤中的潜在固定总量描述的。每一步过程中，这种非自养的需求可以和在一个土壤模块中所有 PFTs 的总植被氮需求量竞争。一旦这种竞争解决了，真正的固定化由潜在固定化的一定比例计算得到，同时在所有固定化过程中都拥有相同的比例。

（5）C-N 分配

每一个模式步骤中，针对共享土壤空间柱上的每个 PFTs，分配给新生长的C（C_{AVAIL}）的计算公式如下：

$$C_{AVAIL} = GPP - MR$$

如果 MR≥GPP,比如在夜间低光照或者干燥条件下,所有现有的光合作用产物直接用于满足 MR,$C_{AVAIL}=0$,而剩下的 MR 需求则通过从一个特定的储存池(MR_{POOL})中获得,以给碳水化合物反应储备。

另外,如果 $C_{AVAIL}>0$,新分配的首要任务就是减少在 MR_{POOL} 中可能随着时间步长积累的亏空,在一定速度下可以去除 30 天导致的亏空。所有剩下的 C 则用于分配新生植物的生长。

Thornton 等(2007)具体描述了在新叶子生长和细根以及树木新生长中把 C 分配给树叶比例的相关性,并进行了修改,使得新茎对新叶生长比例(a_3)成为随着年均净初级生长量(Net Primary Production,NPP)变化的动态公式:

$$a_3 = \frac{2.7}{1 + \exp[-0.004(NPP - 300)]} - 0.4$$

其中,规定在 NPP=800 gC/(m² · y)时,$a_3=2.0$。这个方案在适宜的生长环境(Vanninen et al.,2005)或者冠层关闭前处在稳定生长期间(Axelsson et al.,1986)增加木本的分配都起到一定的效果。

当前时间步骤下的总作物氮需求量由每一种 PFTs 的 C 生长率和 N 含量计算得到。组织水平的 N 含量(如 Leaf N)根据不同 PFTs 规定为不同的常数(Aber et al.,2003;Garcia et al.,1988),根据 White 等(2000)的综合分析文献中的数值而定,这个可以通过前几步中活性 N 从开始衰老的叶子到存储池的演变来补偿或者抵消。从这个库中的分配发生的速度与库的大小和当前氮需求成正比,当前氮需求是上一年总年氮需求量的一部分,这在之前重新转移的氮的分配速度上施加了一个基于需求的季节性周期。剩余的植物氮需求在所有 PFTs 间进行汇总,以计算植物吸收和微生物固定作用之间对潜在限制性柱状土壤矿物氮资源的需求基础竞争。未满足的植物氮需求被转换回碳供应盈余,通过减少 GPP(McGuire et al.,1992)来消除,这代表了在氮限制下直接下调光合速率。正如 Thornton 等(2007)所述,每个时间步长分配的一定比例的 C 和 N 是在下一年存储和呈现的。例如,在生长季常绿落叶植物开始迅速生长的时期,所有的落叶 PFTs 的存储生长设置成 50%。这种机制对常绿植物来说相对不那么关键,并且此处我们把所有常绿 PFTs 的存储生长设置为 0。

模式对叶子或者组织的累积最大最小值和阈值没有任何固定的限制。稳定状态下的植物 C 和 N 库的大小是通过新生长、落叶、死亡植被和由于火灾导致的植被损失之间的动态平衡来决定的。在气候和植被的生态物理学机制的结合不允许新的生长时,植物 C 和 N 库最终会完全转化成凋落物。对气候和 PFTs 的结合中存在非常强烈的生长潜力,生成冠层 LAI 的 C 会限制光的穿透能力,以及在避光冠层部分的平均光合作用率,会降低生长速度,并且为新生长设置一个机制性的上限值。

(6) 生物气候学

季节性的新生植物生长和落叶是可预测性的,根据不同的 PFTs,在一定程度上会由于土壤和大气温度、土壤水含量、日长不同而不同。模型主要考虑了三种生物气候学种类:常绿型、季节性落叶型和应力落叶型。目前对常绿型的处理比较简单,枯落物以恒定的速率全年发生,这取决于指定的叶片寿命,而当前光合作用对新生长的分配控制着生长和冠层发育的季节性周期。季节性落叶植被的算法允许一个简单的树叶生长过程和每年的落叶季。这可以应用于温带和北方的落叶型树木,因为这种树木每年有一个典型的生长季,并且落叶与秋季的日长有很大的关系。植被从存储期往新生长期的转变以及一个完整的落叶季都设置成 15 天。应力落叶型植被允许每年有不同的生长季,主要取决于适合的土壤湿度和温度条件,并且适用于热带落叶型树木、所有的灌木丛和所有的草类型。这个方法是对 White 等(1997)的研究中对草类生物气候学方案的一种延伸。

(7) 植被结构

在模型计算的每一步中,预测的树叶 C 反应池都会被转化成冠层尺度的投射叶面积(projected LAI)指数,这是基于一个假设,即特定叶面积随上层叶面积指数呈线性垂直梯度变化(Thornton et al.,2007)。这个生物物理模型需要估测植被的高度。植被高度对木本植物而言是非预测性的,从可预测的植被茎所需 C 和一个简单的异生长模型得到,同时非木本植物高度的计算也类似整个冠层叶面积指数的计算。

2.2 数据同化研究平台(DART)及其应用

2.2.1 数据同化研究平台(DART)

公用数据同化研究平台(Data Assimilation Research Testbed,DART)是由 NCAR 的数据同化研究部门(DAReS)研发并维护的,旨在为模式工作者、观测研究者和地球物理学者等提供强大而灵活的数据同化工具,轻松实现不同数值模式中各种数据同化算法和观测数据耦合的软件环境,也可以实现同化算法、模式和实时观测数据(或合成观测数据)间的同化,以使这些资料和方法的应用达到最优化。

DART 是开源的公共应用平台,采用模块化的编程方法,其同化算法由 FORTRAN90 语言编写,并由"命令名字表"控制。描述模型变量的诊断输出文件由网络通用数据格式(NetCDF)描述,但是输入的观测变量文件和输出的诊断文件存放于不同文件类型中。DART 包含了把普通观测数据集生成 DART能识别的观测数据文件的工具。同时,DART 也提供了一整套 MATLAB 脚本,可以针对 DART 输出的诊断文件进行作图和分析。DART 的集合滤波器提供了可选择的同化算法,集合的预测变量在同化的每一个时次都要使用。在先前使用的所有观测和模式变量的可能性分布的基础上,预测变量被处理成随机变量。不同变量成分之间的样本协方差决定了观测如何影响集合的预估能力。在已知观测和模型变量分布的基础上,基本的集合滤波器只需要一个动态模型和前行算子。

就同化算法而言,集合同化算法与三维变分方法的竞争力相当(Houtekamer et al.,2005;Whitaker et al.,2008),集合滤波和四维变分同化算法的实际应用依然是当下进行的热点话题(Kalnay et al.,2007)。DART 包含了许多计算和更新集合观测变量的算法,如 EnKF(Burgers et al.,1998)和EAKF(Anderson,2001,2007)。EnKF 是一种基于蒙特卡洛方法的从观测似然函数分布中提取的随机数量的产物,而 EAKF 方法则是一种确定性的集合均方根滤波方法(Tippett et al.,2003)。EnKF 通过使用蒙特卡洛方法(总体积分法)来计算状态的预报误差协方差,它是 Evensen(1994)根据 Epstein(爱泼斯坦)的随机动态预报理论提出的,将模式状态预报看成近似随机动态预报,用一个状态总体去代表随机动态预报中的概率密度函数,通过向前积分,状态总体很容易计算不同时间的概率密度函数所对应的统计特性(如均值与协方差)。EnkF 的最大特点是它克服了卡尔曼滤波要求线性化的模型算子和观测算子的缺点,最大问题是计算量太大,计算效率低,由于目前陆面模式都是单柱模式,模式状态变量与大气和海洋模式比较要少得多,因此计算效率问题就不像大气海洋模式那样严重,而且陆面过程模式中的强非线性特征更为突出,所以 EnKF 同化算法在陆面模式同化系统中应用比较广泛。在 EnKF 模块中,模式可以调入和调出,从而实现不同的算法。这个方法需要运行一个模式的多个个例从而产生一个集合状态,再利用适当的向前推进的同化算法,实现将观测数据在模型中的同化。

2.2.2　数据同化研究平台(DART)的应用

DART 为同化工作者测试新型同化技术方便而提供了 12 个与简易模型的耦合,其中包括了 Lorenz-63 等理想模型,也包括已投入使用的高级应用模型。例如,DART 完成了与全球大气模式(GCMs)、区域气候模式(RCMs)以及陆面模式(LSMs)等(Raeder et al.,2012;Zhang et al.,2014)的耦合工作[详见 Anderson 等(2009)的研究]。

2.3 研究使用的数据集

2.3.1 驱动数据集与 DART/CAM

CLM4 单独运行时,需要提供近地面太阳短波辐射、大气长波辐射、地面气温、地面气压、比湿、风速以及降水作为驱动模型运行的强迫场。而定量评估再分析数据和预报数据的不确定性是集合数据同化在许多模型应用中的一个明显的优势。许多研究表明,陆面水文模式的不确定性很大程度依赖大气驱动数据的不确定性(Slater et al.,2006),因此,可以认为集合的 CLM4 变量的不确定性也来自集合的大气驱动数据集。公用大气模式(Community Atmospheric Model version 4,CAM4)是 CESM 中的大气模型,其在过去及现在的很多大气模拟中都有着广泛的应用(Gent et al.,2011)。DART 与 CAM 耦合的最初版本是 CAM2.0.1,随后,Arellano 等(2007)在此基础上生成了 CAM3.5-FV 用于化学数据同化。本书使用的集合的大气驱动数据来自 DART/CAM4 耦合生成的1998—2010 年 80 个再分析数据集,时间分辨率是 6 h,空间分辨率是 1.9°×2.5°,详见 Raeder(2012)的研究。在同时考虑计算机资源和 EAKF 同化能力的情况下,本研究选择 40 个集合变量来进行此次同化研究。为了得到不同的 CLM4 变量,使得模型的集合离散度足够大,本书使用了来自 DART/CAM4 集合的大气驱动再分析数据提供 CLM4 变量中地表状态的不确定性。同时,由于大气驱动数据集的变率与观测的不确定性一致,所以可以认为每一个 CLM4 变量的不确定性与观测也是一致的。

2.3.2 观测算子(GLASS LAI)

同化系统中观测算子的作用非常重要,本书使用的全球 LAI 数据产品是北京师范大学全球变化处理与分析中心发布的,根据 MODIS 和 AVHRR 地表反射率生成的 GLASS LAI 产品。GLASS LAI 数据的时间尺度为 1981—2012年,1981—1999 年期间数据由 AVHRR 地表反射率数据反演得到,空间分辨率是0.05°;2000 年及以后数据由 MODIS 地表反照率反演得到,空间分辨率是 1 km。

相对于 MODIS(Myneni et al.,2002;Knyazikhin et al.,1998)、CCRS(Fernandes et al.,2003)、GLOBCARBON(Deng et al.,2006)和 CYCLOPES(Baret et al.,2006,2007)的 LAI 观测数据,GLASS LAI 在空间分布上是最完整的。另外,GLASS 与 MODIS 也存在更好的空间相关性(向阳 等,2014;肖志

强 等,2008;Xiao et al.,2014)。

2.3.3　验证数据集

为了验证同化后的 LAI 是否能够提高模型在全球尺度上对地表状态变量及陆-气通量的模拟能力,本研究选取了再分析数据集 GLDAS 用于验证模式的模拟效果。

2.3.3.1　GLDAS 再分析数据集

全球陆面数据同化系统(GLDAS)是由美国航空航天局(NASA)、美国海洋和大气局(NOAA)联合开发的,利用地表观测和卫星遥感数据以及地面模型和数据方法,生成的全球尺度的再分析数据,包括地表状态变量(土壤水分、土壤温度)和通量(蒸发、感热通量)等。目前已经包括 GLDAS-1 和 GLDAS-2 两个版本,其中 GLDAS-1 的数据期间为 1979 年至今,分别提供了 CLM、NOAH、MOS 和 VIC 四套模型模拟/同化的数据,空间分辨率为 $1° \times 1°$,时间分辨率为 3 h 和 1 月;而 GLDAS-2 则提供 NOAH 模型的 1979—2010 年的数据集。GLDAS 的优点是能提供多种数据,包括大气同化产品或再分析资料(如 GEOS 数据、GDAS 数据和 ECMWF 数据)。GLDAS 产品已经被许多学者用于和卫星遥感产品的对比验证,并已广泛应用到全球/区域气候变化的研究中(Rodell et al.,2004;Syed et al.,2008)。

2.3.3.2　GPCP 降水数据集

GPCP 月降水资料是由全球降水气候计划(GPCP)融合红外和微波对降水量的估计,同时结合 6 000 个地面气象台站观测,生成的集成月降水量资料,时间覆盖范围是 1979 年至今,空间分辨率是 $2.5° \times 2.5°$(Huffman et al.,1997;Adler et al.,2003),且也已经广泛应用到气候研究中(Dinku et al.,2007;Trenberth et al.,2007)。

2.4　陆面数据同化系统

数据同化系统包括初始条件、同化算法、同化方案、观测算子、模型算子等组成部分,2.1 节已经介绍了模型算子,2.2 节具体介绍了各种主流的数据同化算法及平台,2.3 节介绍了驱动数据集合观测算子,那么,它们之间是如何结合在一起,集合的初始条件如何得到,用何种同化算法使得 LAI 可以顺利得到同化,同化的效果如何?下面将会一一进行介绍和解答。

2.4.1　模型初始化与初始条件

　　模式在异常的初始土壤含水量或一些异常的环境强迫的驱动下,不断调整趋向于平衡态的过程即为模型起转过程(Spin-up)。研究表明,利用集合卡尔曼滤波进行同化时,初始条件分布越发散,越有利于同化过程的进行(许小永 等,2006)。因此,本书第 3 章首先为得到足够发散的初始条件场做了实验设计(图 2-2)。本研究的模型初始化过程分为三个阶段。第一阶段,利用来自 Qian 等(2006)生成的数据集循环驱动 CLM4-CN,积分时间为 4 000 年,模型的空间分辨率是 1.9°×2.5°,这个阶段的实验由 Shi 等(2013)完成,本工作主要提取了其 Spin-up 后的再提交文件作为第二阶段的初始场。第二阶段,在 DART/CAM 生成的 80 个数据集合中,随机选取 1998 年的其中 40 个变量做集合平均,并作为单一的大气驱动,使模型能满足 $dC_{TOT}/dt < 1.0$ gC/(m² · y)的约束准则(Thornton et al.,2005)。在 CLM4-CN 中,Spin-up 的过程实际上是让模式中的"碳氮池"能够填满。第三阶段,则是在第二阶段的基础上,选择 DART/CAM 中的 40 个变量作为集合的大气驱动数据,来驱动集合的 CLM4-CN 模型,积分时间从 1998 年至2001 年,最终得到集合的 40 个重提交文件作为同化的初始场,为后期的模拟和同化提供集合的初始条件。

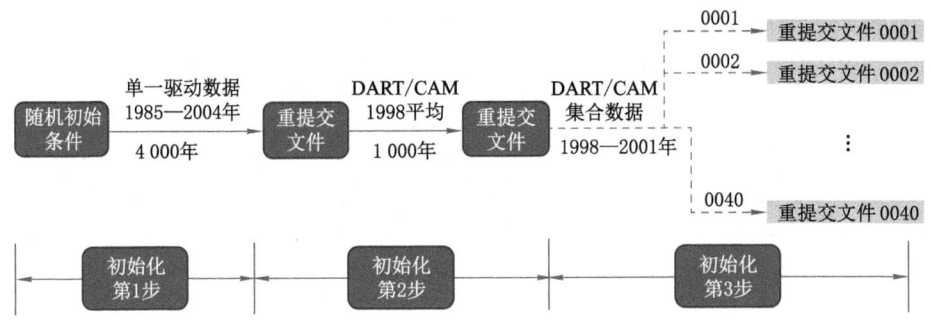

图 2-2　获得集合的初始条件的流程图

2.4.2　DART/CLM4-CN

　　DART 已经完成了与现存很多模型的耦合工作,其中包括 CLM、CESM、CAM、WRF 等当下较流行的模型,也得到了许多令人鼓舞的阶段性成果。Zhang 等(2014)完成了 DART 与 CLM 的耦合,并利用 DART/CLM4 对

MODIS 雪盖分量进行了同化,提高了模型在北半球对雪盖的再现能力。

图 2-3 是 CLM4 与 DART 的耦合流程图。如图 2-3 所示,CESM1.1 完全支持在单个的可执行文件中运行多个模式的组合。因而在此次研究中,CLM4-CN 按照设定值每运转一次(8 天)会进行一次重提交,将结果提交到重提交文件中。在有观测资料的情况下,DART 就会从重提交文件中提取模拟值,用同化算法(如 EAKF 等)将模拟值与观测值进行同化,然后将同化生成的更新量返回到重提交文件中;接着模式将更新过的数据吸收进来,并作为初始数据进行下一步的计算,这就完成了一次同化过程。数据同化就是通过这种方式,使模式的预报和观测之间相互作用,使得模式的运行轨迹不断得到修正。本次实验设计中,经过同化更新后的 LAI 值重新返回到模式中,有两种方式,一种是只经过同化但不经过任何物理约束,直接返回到模型中去;另一种是借助 C-N 循环模块,使更新的 LAI 值在同化的过程中还进行了 C-N 的物理约束,并把更新的相关参数均返回到模型中去。

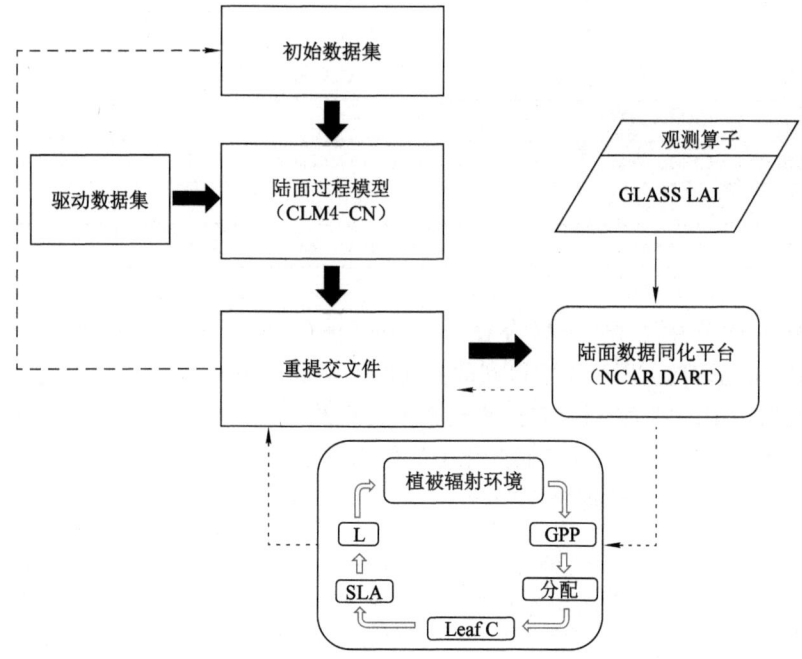

SLA—特征叶面积参数值,其在 CLM 模型中只与植被类型有关;
GPP—植被总作物生产力;Leaf C—生成叶子需要的碳。
图 2-3 数据同化平台实验设计流程

2.4.3 对比实验设计

表 2-1 列出了本书使用的所有对比实验设计方法。首先,本书第 4 章为了找到最适合的同化方案及同化算法的组合,设计了 CTL、NO-CN 和 C-N 这三组实验,主要从以下三个方面考虑:① 寻找到正确的同化方案,即在同化过程中选择开启和关闭 C-N 循环这个开关,从而研究 C-N 循环是否对同化方案产生影响;② 在第①步的基础上,分析对比不同同化算法(包括 EAKF、EnKF、KF 和 PF)对同化产生的影响,并挑出最适合的同化算法,和第①步结合形成最适合的同化方案;③ 在此基础上,分析该同化方案和同化算法中观测算子所占的比重,即在同化的过程中完全/部分相信观测对 LAI 同化效果的影响。

表 2-1 LAI 在陆面模型中的同化及应用的实验设计

实验名	模型	同化变量	更新变量	更新频率	同化算法
CTL	CLM4-CN	—	LAI	—	—
NO-CN	CLM4-CN	GLASS LAI	LAI	8 天	EAKF
C-N	CLM4-CN	GLASS LAI	LAI、Leaf C、Leaf N	8 天	EAKF、EnKF、KF、PF
F_CTL	CLM、CAM	—	—	—	—
F_ASSIM	CLM、CAM	—	LAI、Leaf C、Leaf N	1 月	—
B_CTL	CESM	—	—	—	—
B_ASSIM	CESM	—	LAI、Leaf C、Leaf N	1 月	—

第 6 章分别在陆-气耦合模型(CAM＋CLM)和海-气-陆-冰耦合模型(CESM)的基础上,用第 4 章得到的更新的 LAI、Leaf C 和 Leaf N(同化结果)替换耦合模型中的陆面植被信息,更新频率为每月,进而分析海洋和冰雪圈的耦合是放大还是减小了植被在气候变化中的作用。本书使用的所有模型的空间分辨率都为 $0.9° \times 1.25°$,时间为 2002 年。

第3章 模型初始数据集的获得

在异常的初始土壤含水量或一些异常的环境强迫的驱动下,不断调整趋向于平衡态的过程即为模型起转过程(Spin-up)。利用集合卡尔曼滤波系列的陆面数据同化系统包括了初始数据集合场、驱动数据集合场、同化算法、观测算子、模型算子等。其中除了初始数据集合场,其他内容都已在第 2 章进行了具体介绍。许多研究结果表明(Houtekamer et al.,1998;许小永 等,2006),在同化的过程中保持初始集合分布足够发散,集合方差才能够表征集合平均的误差,也更有利于同化过程的进行。

3.1 初始条件和植物功能型

3.1.1 初始条件及模型初始化

在 CLM4 的生物地球化学模块中(C-N 模块),C-N 反应分别分布在活着和死去的植被、凋落物以及土壤组织中,因此为了定量地分析系统中 C、N 的动态变化,生物地球化学数值模式实验通常需要一个针对所有变量的"稳定状态",作为控制实验或者获得稳定初始条件的过程(McGuire et al.,1992;King,1995;Friend et al.,1997;Chen et al.,2000),即模型起转过程,其通常与大气驱动数据、植物生态物理学及土壤的生物物理特征有关。模型的"稳定状态"意味着在气候驱动变化的最长时间尺度内,模型的所有状态变量的变化达到稳定;而在较短的时间尺度内,模型中的任何状态变量都可以变化。这种约束对模型"稳定状态"非常重要,因为它可以提供单一的模型气象要素、植被类型、土壤特征甚至是土地利用的梯度变化特征(Thornton et al.,2005)。

目前已经有许多学者对利用简单大气条件对地球碳循环模式进行驱动进而达到稳定状态进行了研究(King,1995;Comins,1997;Troy et al.,2003;Zhan et al.,2003),然而,为了得到初始的稳定状态条件却需要非常多的计算机资源,尤其针对高分辨率格点模型或者几何模拟时,这种问题通常也被称作"Spin-up 问题"(Johns et al.,1997;Dickinson et al.,1998)。

　　获得模型初始条件的方法很多,一种普遍的做法是利用观测场替代初始场(Running et al.,1988;Chen et al.,1996c;Mueller et al.,1997;Peng et al.,2002;Zhang et al.,2002),但是这种方法只在所有必需状态变量均测量好的前提下,即针对单站才更适用。还有一些研究是把模型参数调整到适应观测的初始场(Kercher et al.,2001),或者认为初始条件是不确定的并进行敏感性实验来研究初始条件变化所产生的影响(Komarov et al.,2003)。另一种较常见的方法就是对模型进行长时间的模拟,使模型的所有变量动态地达到稳定状态(Rolff et al.,1999;Chen et al.,2000;Shi et al.,2013)。

　　为了得到 CLM4-CN 的稳定的初始状态,即针对任何 PFTs 及其组合或者气候条件,都有一个无条件的相对稳定状态,而利用模式本身耦合的植被、凋落物以及土壤的 C、N 反应池系统,使模型单一地从零状态经过长时间运行,从而达到稳定状态的方法,叫作"本土动态法"(Native Dynamics,ND)。在生物地球化学模型中,变量总生态 C 含量(Total Ecosystem Carbon,C_{TOT})通常被用来当作判断利用 ND 法是否达到稳定状态的主要诊断量,即 C_{TOT} 随时间的变化(dC_{TOT}/dt),其定义为每个驱动循环周期中 C_{TOT} 随时间的平均变化:

$$dC_{TOT}/dt = 5.0,3.0,1.0,0.5,0.1 \text{ gC}/(\text{cm}^2 \cdot \text{y}) \qquad (3\text{-}1)$$

不同学者针对不同变量及条件,对每个驱动循环周期中 C_{TOT} 随时间的平均变化的指标选取也有所不同。另外,植被碳含量(C_{VEG})、凋落物碳含量(C_{LIT})、总土壤微生物碳含量(C_{SOM})、粗木质残体碳含量(C_{CWD})、总叶面积指数(TLAI)在本书中也作为诊断量来分析模型是否达到稳定状态。本研究主要选取 dC_{TOT}/dt 为 1.0 作为衡量指标,这也是很多其他科研工作者常用的指标之一。

3.1.2　植物功能型(PFTs)及分区

　　地球上存在的植被存在多样性,且不同的植被类型也具有不同的冠层结构,叶子形状、叶面积指数等都存在很大差异,而这种差异也会进一步导致不同植物类型冠层物质、能量交换的差异。因此,陆面模型中常常把地球系统中的植被划分为不同的植物功能型,目前不同的模型和卫星遥感划分了不同的植物功能类型,CLM4 中植物功能类型(Plant Functional Types,PFTs)总计为 17 种(含裸土,见表 3-1)。CLM4 的模拟过程分为格点、土地覆盖单元、圆柱体和植物功能型四个层次。其中,每个格点分为不同的土地覆盖单元(如湖、城市、植被等),每个土地覆盖单元又可以有不同的植物功能型。在 CLM4 进行模拟的过程中,地球生物化学过程首先在每一个植物功能型上进行,土壤水分、含量等在圆柱体上

进行,因此每个格点中的植被种类和数量都是不均一的,这一特征体现在 CLM4
中的地表类型的边界层文件中。

表 3-1 CLM4 中的植物功能型(PFTs)

代码	中文名称	定义与说明
0	裸土	
1	温带常绿针叶林	树冠覆盖率大于 60%、树高超过 2 m、全年常绿的针叶林
2	北方常绿针叶林	
3	北方落叶针叶林	树冠覆盖率大于 60%、树高超过 2 m、冬季落叶的针叶林
4	热带常绿阔叶林	树冠覆盖率大于 60%、树高超过 2 m、全年常绿的阔叶林
5	温带常绿阔叶林	
6	热带落叶阔叶林	树冠覆盖率大于 60%、树高超过 2 m、冬季落叶的阔叶林
7	温带落叶阔叶林	
8	温带落叶阔叶灌木	
9	温带常绿阔叶灌木	树高低于 2 m 的常绿阔叶灌木
10	温带落叶阔叶灌木	树高低于 2 m 的落叶阔叶灌木
11	北方落叶阔叶灌木	
12	极地 C3 草原	
13	C3 草原	
14	C4 草原	
15	农作物 1	
16	农作物 2	在目前的地表信息设定中并没有仔细规定

表 3-1 中,第一列的数字代码也是植被在模型中的相应代码。本书使用的
PFTs 植被覆盖数据来自 Lawrence 等(2007a)与 MODIS 数据对应生成的,也是
CLM4 自带的植被覆盖地图,实验中的植被覆盖数据不随时间改变。

图 3-1 列出了裸土、北方常绿针叶林、热带常绿阔叶林、温带落叶阔叶灌木、
C4 草原和农作物这六种典型植被类型在每个格点所占的百分比。本书分别挑
出各种植被所占格点分数超过 80% 的典型区域来研究植被的初始化过程,这是
因为在这些格点中植被分布比较密集,受其他植被类型或者下垫面的影响较少。
最终挑出的典型植被覆盖区域见表 3-2。可以看出,热带常绿阔叶林在南美洲
中部相对集中,也就是亚马孙热带雨林;而对于北方常绿针叶林而言,在亚欧大
陆北部,靠北冰洋地区相对集中。除了裸土之外,其他五种类型的植被及其所在
区域就是本次研究的主要研究对象和区域。

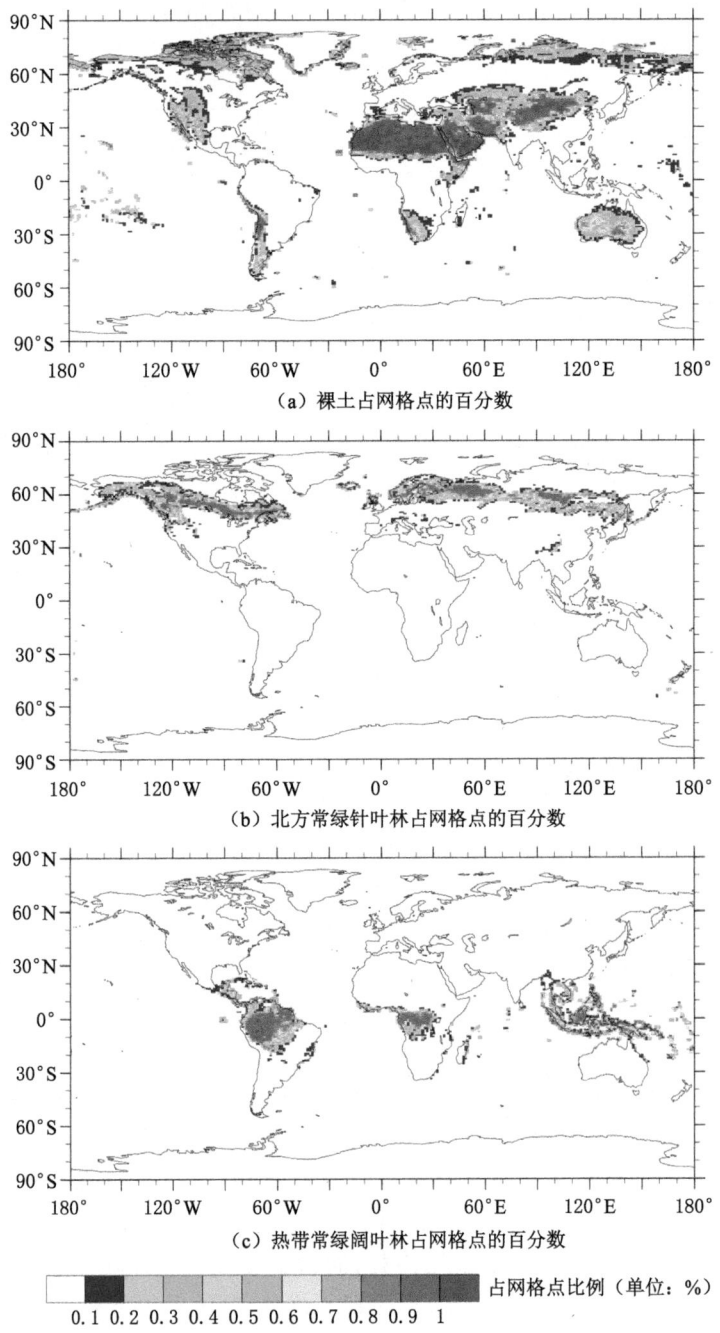

（a）裸土占网格点的百分数

（b）北方常绿针叶林占网格点的百分数

（c）热带常绿阔叶林占网格点的百分数

占网格点比例（单位：%）

0.1 0.2 0.3 0.4 0.5 0.6 0.7 0.8 0.9 1

图 3-1　六种类型植被占网格点的百分数的全球分布情况

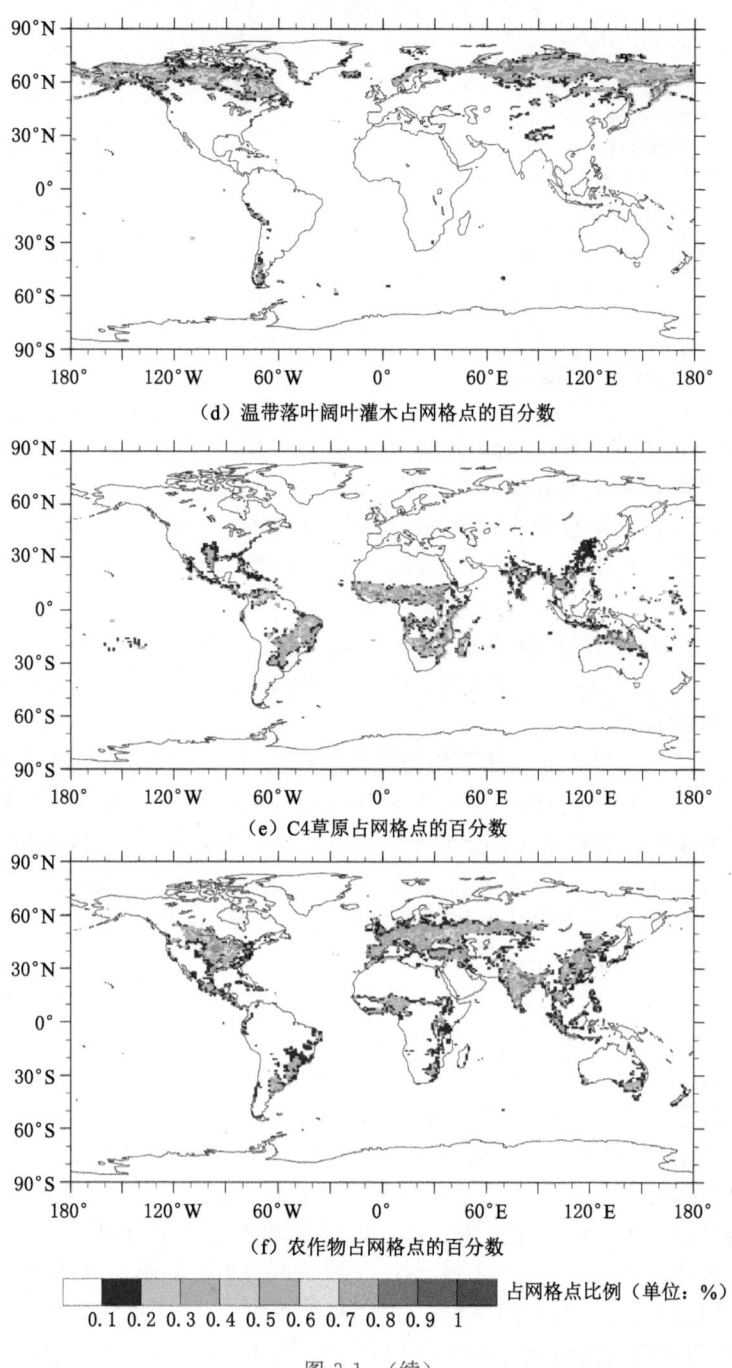

（d）温带落叶阔叶灌木占网格点的百分数

（e）C4草原占网格点的百分数

（f）农作物占网格点的百分数

占网格点比例（单位：%）

0.1 0.2 0.3 0.4 0.5 0.6 0.7 0.8 0.9 1

图 3-1　（续）

表 3-2　本研究中使用的典型植被罗列及其覆盖区域

子区域覆盖植被	经度	纬度
全球	0°～360°	90°S～90°N
北方常绿针叶林	42.5°E～58.75°E	59.06°N～62.81°N
热带常绿阔叶林	73.75°W～63.75°W	10.31°S～0.94°N
温带落叶阔叶灌木	76.25°E～85°E	65.63°N～69.38°N
C4 草原	7.5°W～2.5°W	6.56°N～10.31°N
农作物	82.5°E～90°E	20.63°N～25.32°N

3.2　模型起转过程

模型起转过程（Spin-up）分为三个阶段。第一阶段,利用来自 Qian 等 (2016)生成的数据集循环驱动 CLM4-CN,积分时间为 4 000 年,模型的分辨率 是 1.9°×2.5°,这个阶段的实验由 Shi 等(2013)完成,本工作主要提取了其 Spin- up 后的"再提交文件"作为第二阶段的初始场。第二阶段,在 DART/CAM 生成 的 80 个数据集合中,随机选取 1998 年的其中 40 个变量做集合平均,并用作单 一的大气驱动,使模型能满足式（3-1）的约束准则（Thornton et al.,2005; McGuire et al.,1992）。在 CLM4-CN 中,Spin-up 的过程实际上是让模式中的 "碳氮池"能够填满。

图 3-2 是模型模拟的全球平均的总生态碳含量和五种类型植被群落碳含量 的演变图。从图中可以看出,除了温带落叶阔叶灌木趋于平衡的速度相对较慢 之外,其他四种类型植被以及全球平均状态下总生态碳含量的初始化结果较好, 碳含量的变化曲线在 900 年以后达到稳定,满足了模型初始化的要求。图 3-3 所示为模型初始化过程中其他相关参数的变化情况。可以看出,其变化也基本 满足模式稳定状态的条件。

Spin-up 的第三阶段,是在第二阶段的基础上,选择 DART/CAM 中的 40 个变 量作为集合的大气驱动数据,积分时间从 1998 年至 2001 年,为后期的模拟和同化 提供了集合的初始条件。图 3-4 是第三阶段 Spin-up 全球和五种不同类型植被的 LAI 随时间变化的逐月演变图。图中蓝线是集合平均,阴影的上、下边界分别代表 40 个集合的最大、最小值。从图中可以看出,除了热带常绿阔叶林[图 3-4(c)]和 农作物[图 3-4(f)],全球性平均和其他植被类型均显示出明显的周期性,尤其是北 方常绿针叶林和温带落叶阔叶灌木的年际变化和周期性十分明显。而热带常绿 阔叶林和农作物的 LAI 从 1998 到 2001 年期间有减小的趋势。另外,热带常绿阔 叶林、农作物以及 C4 草原[图 3-4(e)]的阴影面积较大,说明模式的集合离散度较 大,有利于进行后期的同化;而全球的 LAI 值[图 3-4(a)]往往在极值处的离散度 较大,可见模型在植被生长旺盛的季节对叶面积指数的模拟能力相对偏低。

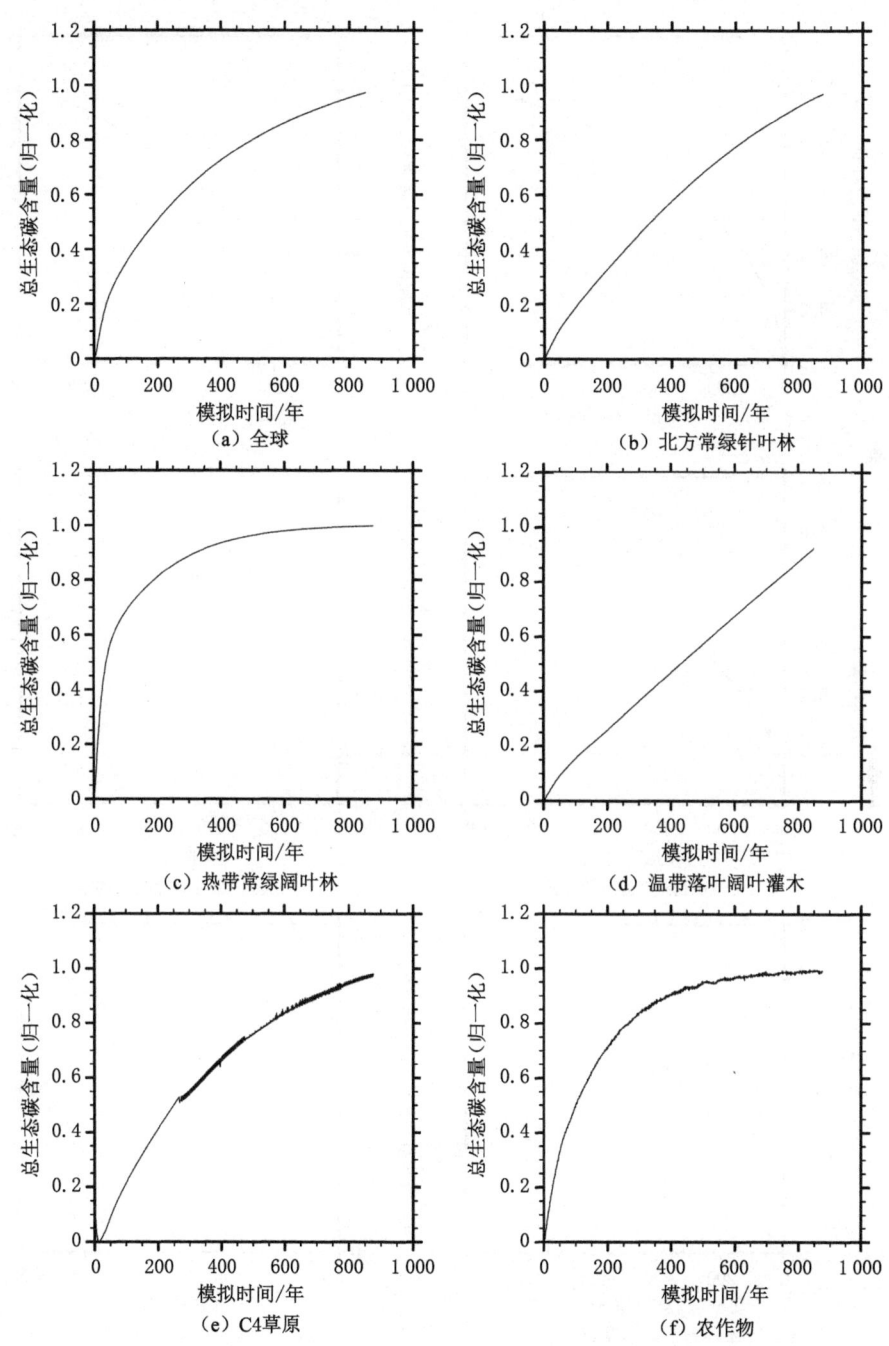

图 3-2　模型模拟的全球平均的总生态碳含量和五种类型植被群落含量的演变

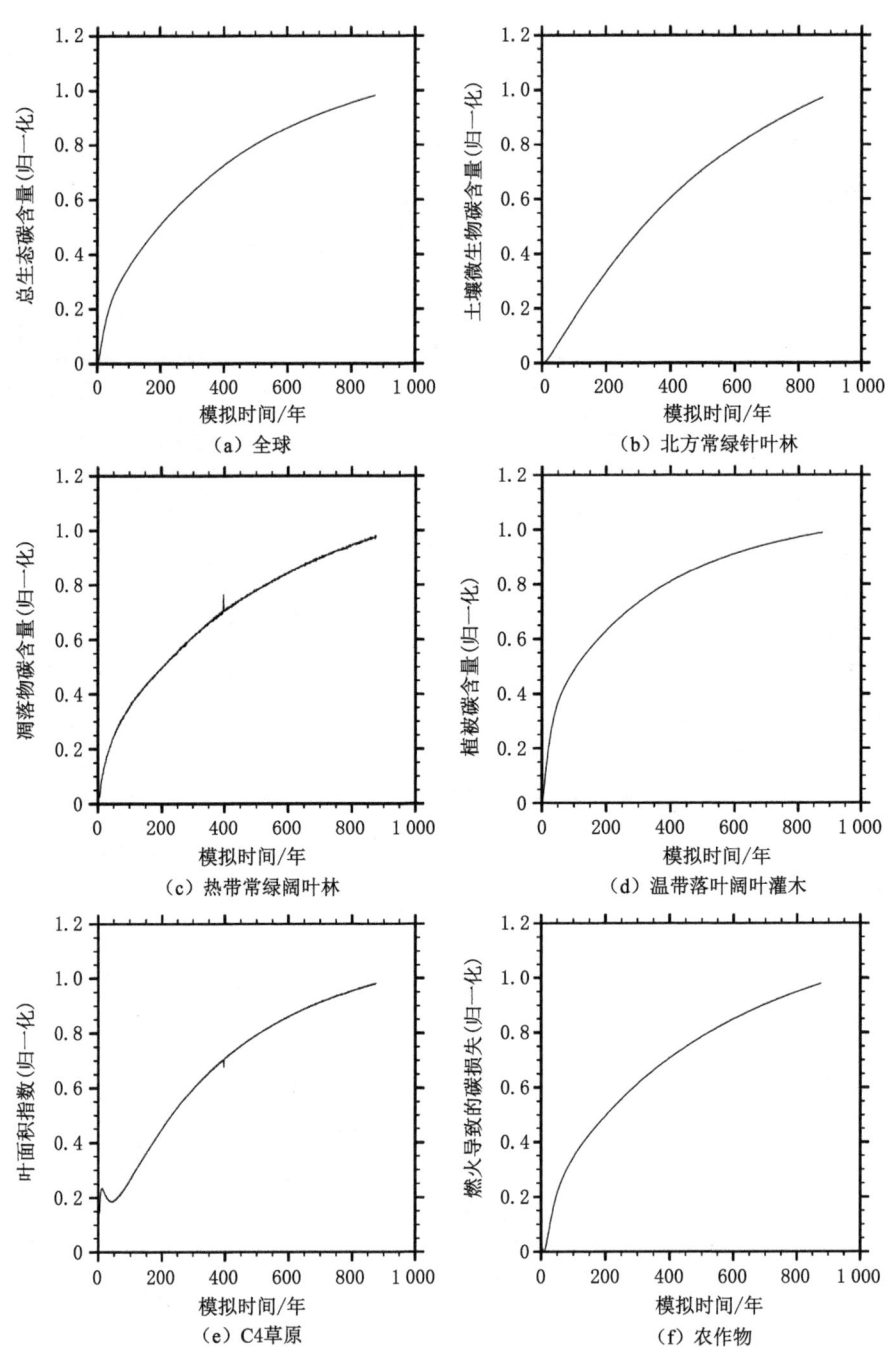

图 3-3　模型初始化过程中全球范围其他相关参数的变化情况

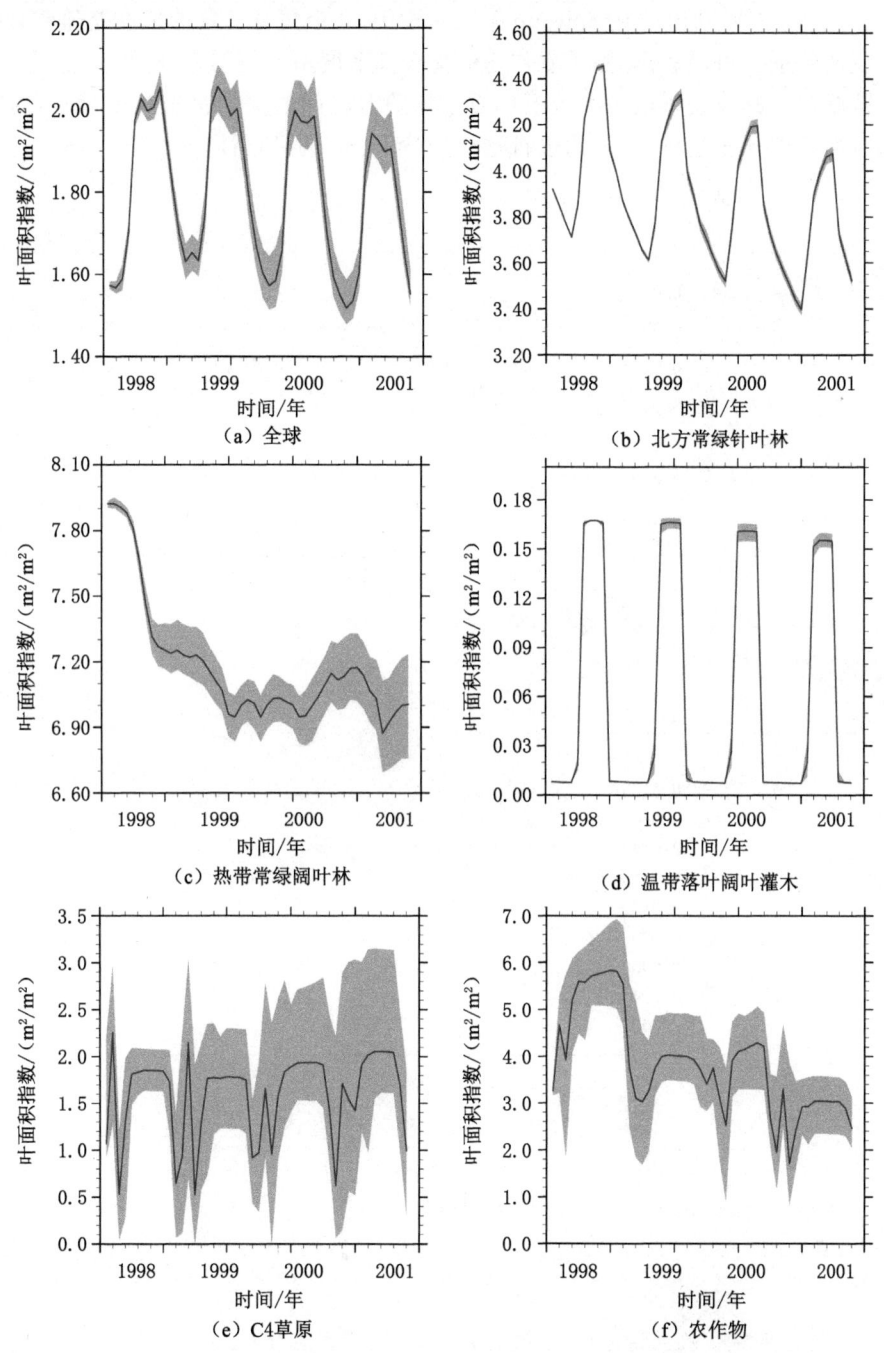

图 3-4　全球平均和五种类型植被模拟 LAI 演变曲线

图 3-5 同时列出了在 Spin-up 第三阶段中 40 个集合变量的标准差随着时间演变的特征。可以看出，除了农作物的集合离散度增长不明显外，集合变量在全球范围内和其他典型植被类型下垫面中均随着时间的演变呈增加的趋势，这有利于后期的同化过程，也证明进行这一步 Spin-up 的必要性。

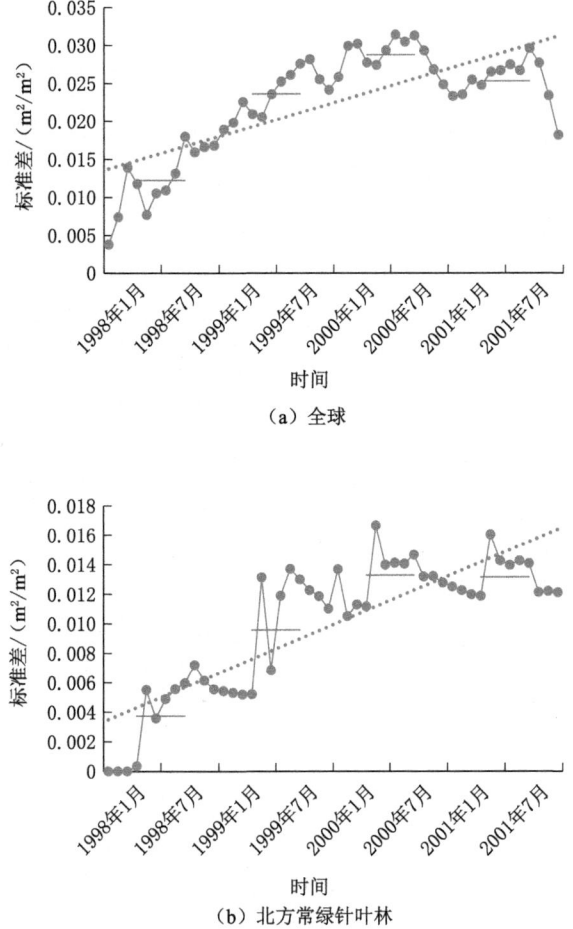

（a）全球

（b）北方常绿针叶林

图 3-5　在初始化第三阶段中 40 个集合变量的标准差随时间的演变

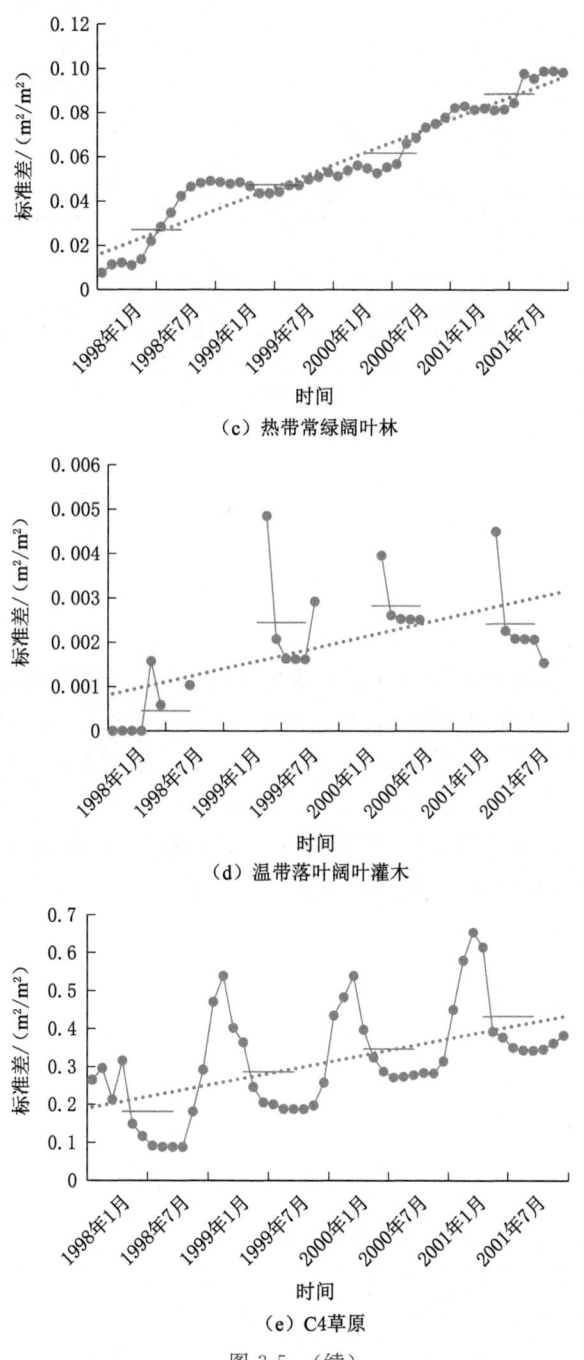

（c）热带常绿阔叶林

（d）温带落叶阔叶灌木

（e）C4草原

图 3-5　（续）

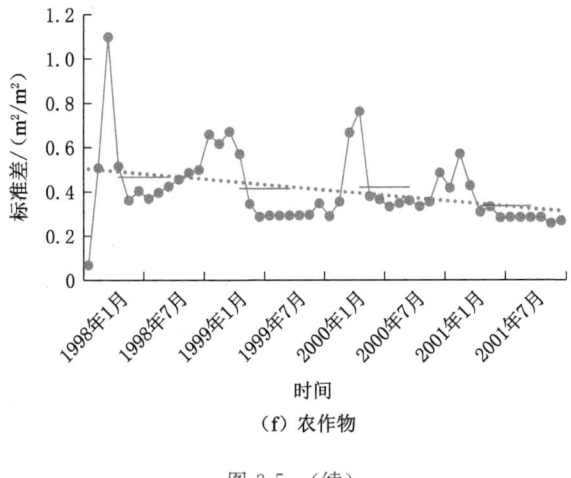

（f）农作物

图 3-5 （续）

3.3　本章小结

本章分三个阶段对模型进行了初始化过程，以获得集合的初始条件场。结果得到，在热带低纬度的森林覆盖地区及草地、农田下垫面，集合模式足够发散；而在北方常绿针叶林和温带落叶阔叶灌木下垫面，集合模式的离散度则相对偏小。另外，模型模拟 LAI 的发散程度在植被的生长季明显优于非生长季。LAI 值波动范围越大的季节或地区，初始条件集合的发散程度越高，越有利于同化过程的进行。因此，在同化过程中，也需要充分考虑初始条件场的分散程度。

第 4 章 叶面积指数在陆面模型中的同化程度及同化算法的探讨

4.1 LAI 在 DART/CLM4 中不同同化方案

4.1.1 LAI 在 CLM4-CN 中的更新方式

公用陆面模式是公用地球系统模式 CESM（Community Earth System Model）中的陆面模块，现已发展到 CLM4.5 版本，本书所采用的 4.0 版本（记作 CLM4）也是当前发展较为完善的陆面过程模式之一（Lawrence et al.，2011）。

如图 4-1 所示，LAI 在 CLM4 中有两种更新方式，一种是诊断型，即模型中的 LAI 主要通过卫星数据生成的气候状态平均值插值得到，其变化相对于不同年份是固定的，也就是说 LAI 只存在季节变化，而不存在年际变化（Lawrence et al.，2007b）。另外，CLM4 也包含基于静态植被的考虑碳-氮相互作用的生物地球化学模型的模块（记作 CLM4-CN），也叫作预报型植被模型，LAI 根据碳、氮含量在植被、凋落物和土壤中的传输和再分配过程进行更新。CLM4-CN 中不仅考虑了植物的生物物理过程（包括能量的辐射传输、蒸发、蒸腾、冠层截留等），也包括植物的光合作用、呼吸作用等生物地球化学过程。在动态型模型中，LAI 与植被中的辐射条件、植被总初级生产力（GPP）、植被净生产力（NPP）紧密相关，Thornton 等（2007）具体介绍了 LAI 在 CLM4-CN 中的动态预测方法，其计算公式如下：

$$L = \frac{SLA_0 [\exp(mC_L) - 1]}{m}$$

式中，L 是叶面积指数，m^2/m^2；SLA_0 是特定叶面积指数，$m^2 \cdot g/C$，表征植被冠层顶的叶面积指数与碳交换比例；m 是与植被类型有关的线性相关系数；C_L 是植被冠层的碳含量，$g \cdot C/m^2$。其中，m 和 SLA_0 在模型中由不同 PFTs 决定，具

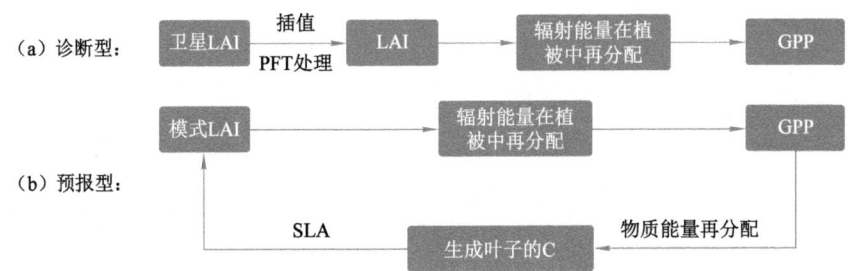

图 4-1　CLM4 中诊断型和预报型植被模块中 LAI 在植被中影响
辐射传输、物质能量再分配以及 LAI 的更新机理

体参数设置详见表 4-1。L 是预报变量,由 GPP 和分配给叶子生长的碳(C_L)共同计算得到。在分配环节中,同时包含了植被群落、土壤有机物与大气-陆地之间的 C、N 循环及分配过程。对这些过程的模拟,能更好地反映植物与环境之间的物质和能量交换过程。

表 4-1　CLM4 中不同 PFT 的植被生态学参数

代码	PFT	中文名称	$SLA_0/(m^2 \cdot g/C)$	m
0	—	裸土	—	
1	NET temperate	温带常绿针叶林	0.010	6
2	NET boreal	北方常绿针叶林	0.008	6
3	NDT boreal	北方落叶针叶林	0.024	6
4	BET tropical	热带常绿阔叶林	0.012	9
5	BET temperate	温带常绿阔叶林	0.030	9
6	BDT tropical	热带落叶阔叶林	0.030	9
7	BDT temperate	温带落叶阔叶林	0.030	9
8	BDS temperate	温带落叶阔叶灌木	0.012	9
9	BES temperate	温带常绿阔叶灌木	0.030	9
10	BDS temperate	温带落叶阔叶灌木	0.030	9
11	BDS boreal	北方落叶阔叶灌木	0.030	9
12	—	极地 C3 草原	0.030	9
13	—	C3 草原	0.030	9
14	—	C4 草原	0.030	5
15	—	农作物 1	0.030	9
16	—	农作物 2	0.030	9

Piao 等(2013)通过对比分析了 IPCC 第五次报告中 10 个陆面过程陆地生物圈模型对 GPP 的模拟能力,结果表明:大多数模型由于缺少 GPP/NPP 对 CO_2 的反馈和约束作用,模拟结果不如加入 C-N 约束的 CLM4-CN 结果,同时也指出 C、N 等营养物质的约束和与气候条件的相互作用应该加入新一代陆面过程生物模型中。王媛媛等(2015)也分析了 CLM4-CN 对中国区域 GPP 的模拟能力,发现 CLM4-CN 能够很好地刻画中国区域 GPP 的空间分布格局和季节变化,其中 GPP 表现为自东南向西北递减,但是在量值上尤其是低纬度地区存在高估,并且模拟结果与地表土地覆盖类型有关。

4.1.2　LAI 在 DART/CLM4-CN 中不同同化方案的实验设计

在 DART/CLM4-CN 耦合的基础上,根据在同化过程中是否进行 C-N 约束这一条件,本节设计了三组对比实验(详见表 4-2),以研究 C-N 约束对同化结果的影响,分别为:① 控制实验(记作 CTL,下同),在实验中不进行任何同化过程,但同时使用 40 个大气数据驱动集合的 CLM4-CN 模型,以得到集合的模式输出结果用于分析;② 同化过程中不进行 C-N 约束的实验(记作 NO-CN,下同),即实验中利用 DART 进行同化,并更新每个相应时间步长中的 LAI;③ 在同化的过程中同时进行 C-N 约束的实验(记作 C-N,下同),即在同化的过程中,不仅更新每个相应时间步长中的 LAI,也同时更新分配给叶子生长所需的 C 和 N(记作 Leaf C、Leaf N,下同)。在 DART 与 CLM4-CN 耦合的过程中,DART 在每个时间步长内,经同化生成更新后的变量值,并将其送回到 CLM4-CN 的"重提交文件"中,作为模型下一个时间段的初始条件进行下一个时间步长的计算,所有实验均使用 40 个集合变量,同化频率是 8 天,积分时间段从 2002 年 1 月 1 日至 2002 年 12 月 31 日。

表 4-2　LAI 在 DART/CLM4-CN 中不同同化方案的实验设计

实验名称	模型	同化变量	更新频率	更新变量
CTL	CLM4-CN	—	—	—
NO-CN	CLM4-CN	GLASS LAI	8 天	LAI
C-N	CLM4-CN	GLASS LAI	8 天	LAI、Leaf C、Leaf N

4.1.3　利用卫星数据对同化 LAI 和模拟 LAI 进行的验证

本节选取 CTL、NO-CN 和 C-N 实验中 7 月和 11 月的 LAI 空间分布以及同时期的 MODIS LAI 进行对比分析,分别代表着北半球植被生长最旺盛和即将衰落又被积雪影响较小的月份。从全球分布角度出发,主要从以下两个方面着手:一是分析模拟和同化实验结果的全球性分布,并与遥感观测的月平均值进行对比;二是对比分析模拟场/真实场与"真值"的差异,以分析同化效果是否真正能够改善模式对 LAI 的估算能力。

4.1.3.1　不同同化方案模拟(同化)LAI 的全球分布

　　了解不同 PFTs 的全球分布,对理解和认识全球 LAI 的分布特征非常必要,因此,图 4-2 画出了 2002 年 MODIS 的地表覆盖类型分布图(MCD12C1),这种植被分类体系是根据地物类别、地物定义(植被覆盖率、树高)及乔木/灌木的树高定义的,其中 MCD12C1 的分类体系与 IGBP DISCover 一致(Loveland et al.,2000;Friedl et al.,2010),两者对乔木和灌木的树高界限定义为 5 m。结果表明:南半球(30°S~70°S)的植被覆盖面积远小于北半球,且覆盖类型多以稀疏草原、开放灌木丛等植被类型为主。在热带地区(尤其是亚马孙地区和非洲中部),日照充足,水汽充沛,主要覆盖着常绿阔叶林等热带雨林,同时这里也是植被覆盖类型相对比较单一的地区。在 15°N~40°N 范围内,尤其是非洲北部、中东地区以及中国西北部地区,分布着大范围的贫瘠或裸土区域,这主要是气候平均态的环流分布和地形导致的;即使在北美洲,也主要分布着开放灌木丛(西部)和草地(东部)这两种灌木型植被。值得一提的是,在 50°N~60°N 之间,分布着相当比重的常绿/落叶针叶林和混合森林,这也是温带森林和北方森林的主要组成部分。

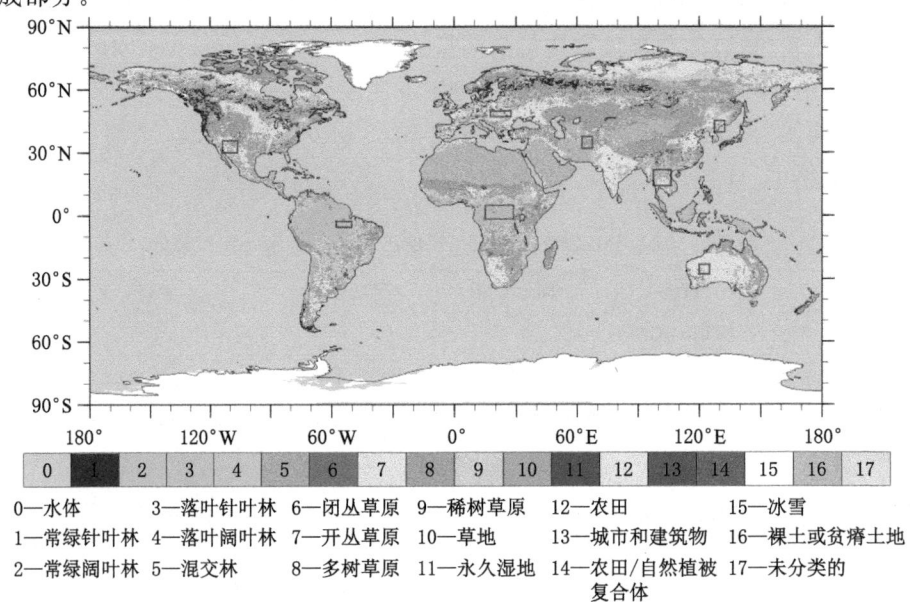

| 0 | 1 | 2 | 3 | 4 | 5 | 6 | 7 | 8 | 9 | 10 | 11 | 12 | 13 | 14 | 15 | 16 | 17 |

0—水体　　　　3—落叶针叶林　6—闭丛草原　9—稀树草原　12—农田　　　　　15—冰雪
1—常绿针叶林　4—落叶阔叶林　7—开丛草原　10—草地　　13—城市和建筑物　16—裸土或贫瘠土地
2—常绿阔叶林　5—混交林　　　8—多树草原　11—永久湿地　14—农田/自然植被　17—未分类的
　　　　　　　　　　　　　　　　　　　　　　　　　　　　　　　复合体

图 4-2　2002 年 MODIS 全球平均植被覆盖分布图

图 4-3 显示了 2002 年 7 月 MODIS 遥感观测的月平均值和模型模拟（同化）的 LAI 月平均值的全球分布。其中，图 4-3(a)所示为 MODIS LAI 的空间分布；图 4-3(b)所示为没有同化过程的模型模拟 LAI 的集合平均（CTL）；图 4-3(c)所示为有同化过程，但在同化过程中没有启动 C-N 约束的同化 LAI 的集合平均（NO-CN）；而图 4-3(d)所示为有同化过程，并同时伴随 C-N 约束的同化 LAI 值的集合平均（C-N）。图 4-3(a)描述了北半球夏季全球 LAI 的平均分布，其在热带有三个高值区，分别位于南美洲北部（亚马孙地区）、非洲中部和南亚太平洋沿岸以及东南亚岛屿区域，这些区域主要覆盖着以常绿阔叶林为主的热带雨林。在 50°N~60°N 之间的欧亚大陆中部和北美中部大西洋沿岸一带，也存在着 LAI 的次高值区，分别对应着落叶阔叶林、常绿针叶林、混合森林等温带（北方）森林。除了沙漠、高原等贫瘠或裸土覆盖地区（非洲北部、中东地区、中国青藏高原等），LAI 在北美洲西部、澳大利亚西部、非洲南部和南美洲的南部均呈现极小值，而这些地区主要对应着开放式灌木丛和零星草地。在 65°N 以北地区，主要覆盖着大范围的开放式灌木丛、零星草地和冰雪覆盖区，LAI 值也极低。CLM4-CN 能够模拟出北半球夏季 LAI 的全球分布特征，均在热带和 50°N~60°N 地区有明显集中的大值区，但是模拟的数值系统性高于 MODIS LAI，尤其是 LAI 较大的森林覆盖地区。NO-CN 实验和 CTL 实验的差别不大，在此不再赘述，这既表明模型模拟的不确定性，也说明了在没有启动 C-N 模块的情况下，同化对于模型模拟结果的约束效果并不明显。2002 年 7 月，C-N 实验同化 LAI 在全球的分布特征，与观测在全球分布形势上更趋于一致，并且在数值上，相对于 CTL 实验模拟结果与 MODIS 数据更加接近。例如，在亚马孙大部分地区、非洲中部地区、北美洲东部及东南部地区、亚洲南部（即东南亚群岛区域）以及中高纬北美及加拿大地区的温带/北方森林覆盖地区，模型模拟严重高估 LAI 的现象得到了很好的抑制。这体现了在启动了 C-N 模块时，同化过程对模型模拟的共同约束作用。值得一提的是，在草地、开放式灌木丛占主导区域的地区，如北美南部地区、中国西北部地区以及澳大利亚西部地区，同化后的 LAI 反而比 MODIS LAI 偏高，这可能是由于模型对开放式灌木丛的低模拟能力以及模型离散度在这些区域很小而不利于同化的进行导致的。

图 4-4 则显示了 2002 年 11 月 MODIS 遥感观测的月平均值和模型模拟（同化）的 LAI 月平均值的全球分布。其中，图 4-4(a)所示为 MODIS LAI 的空间分布；图 4-4(b)所示为没有同化过程的模型模拟 LAI 的集合平均（CTL）；图 4-4(c)所示为有同化过程，但在同化过程中没有启动 C-N 约束的同化 LAI 的集合平均（NO-CN）；图 4-4(d)所示为有同化过程，并同时伴随 C-N 约束的同化 LAI 值的集合平均（C-N）。由图 4-4(a)可以看出，11 月在热带地区依然存在三个 LAI 值

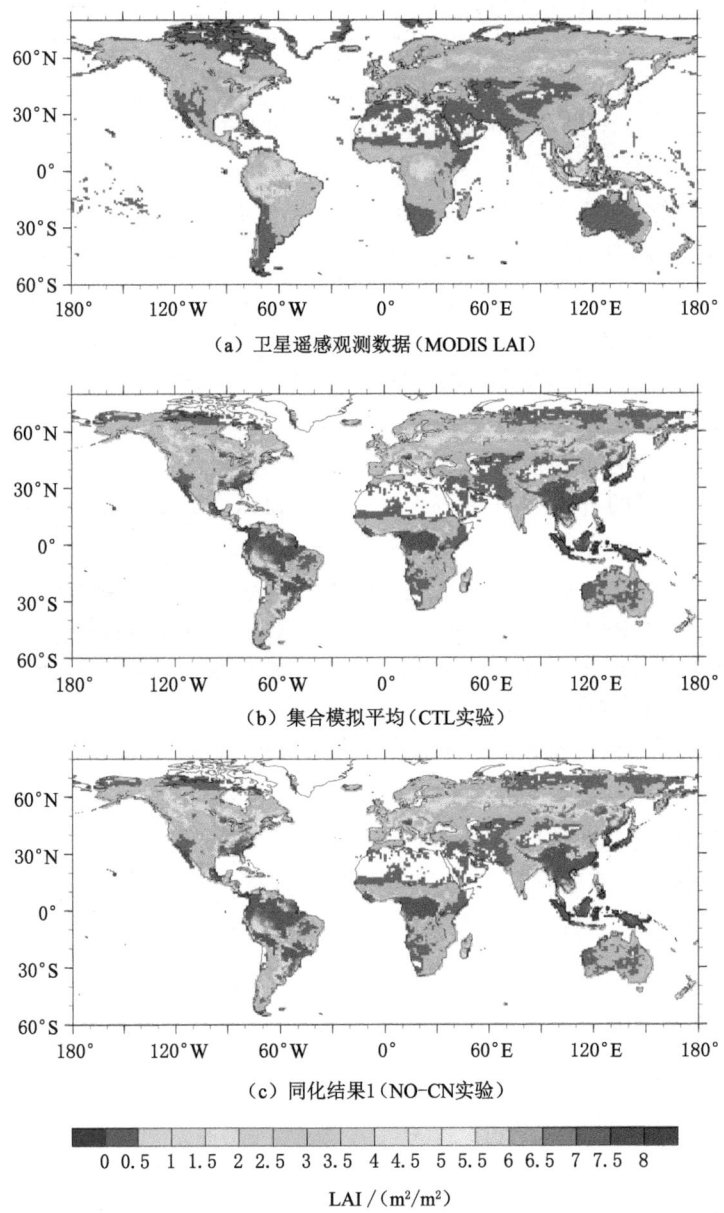

（a）卫星遥感观测数据（MODIS LAI）

（b）集合模拟平均（CTL实验）

（c）同化结果1（NO-CN实验）

0 0.5 1 1.5 2 2.5 3 3.5 4 4.5 5 5.5 6 6.5 7 7.5 8

LAI /（m²/m²）

图 4-3　2002 年 7 月得到的 LAI 月平均值的全球平均分布

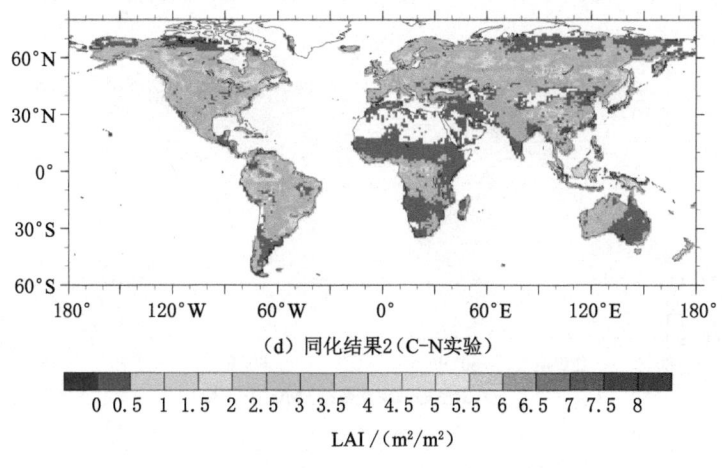

(d) 同化结果2（C-N实验）

LAI / (m²/m²)

图 4-3　（续）

较大且较为集中的区域,分别为亚马孙北部地区、非洲中部地区和南亚太平洋沿岸以及东南亚群岛地区;但 7 月存在于温带的大值区在 11 月就基本消失了,这主要由于温带区域主要分布的植被类型多为落叶阔叶林、常绿阔叶林或者混合森林,而 11 月为北半球温带大部分植物的非生长季,太阳直射角分布在南半球,不利于北方大多数植被生长;同时,除了由于北方的落叶林和落叶灌木在 11 月落叶会导致 LAI 减小,该地区同时还会受到冰雪覆盖等的影响。模型模拟的秋末冬初的 LAI 全球分布与观测的空间分布特征一致,但是模拟结果仍然系统性高于观测。NO-CN 实验依然和 CTL 实验的结果十分接近,且与观测相差较大。启动了 C-N 模块进行同化的模型模拟结果与观测更为接近,同化效果较好。值得注意的是,在图 4-4(d)中,C-N 实验同化的南美洲大值区向两边分离,一个偏向更低纬度分布,一个则偏向东南部的近大西洋沿岸。即使在植被的生长季,同化结果在澳大利亚西部的开放式草原覆盖地区也没有得到提高,这不仅和模型模拟精度有关,也和卫星观测数据并不能很好地描述这类型植被分布的LAI 值有关。

4.1.3.2　不同同化方案模拟（同化）LAI 与观测的偏差

为了更好地展示同化过程中是否启动 C-N 模块情况下的模拟（同化）效果,本小节主要分析了模型模拟/同化值与观测的偏差。图 4-5 分别画出了 2002 年7 月 CTL、NO-CN 和 C-N 实验与 MODIS LAI 差值的全球分布。由图 4-5(a)可以看出,CLM4-CN 高估了全球大部分地区的 LAI,尤其是非洲中部、整个南美洲、南亚太平洋沿岸和东南亚群岛,其偏差甚至大于 5 m²/m²;而在 50°N～

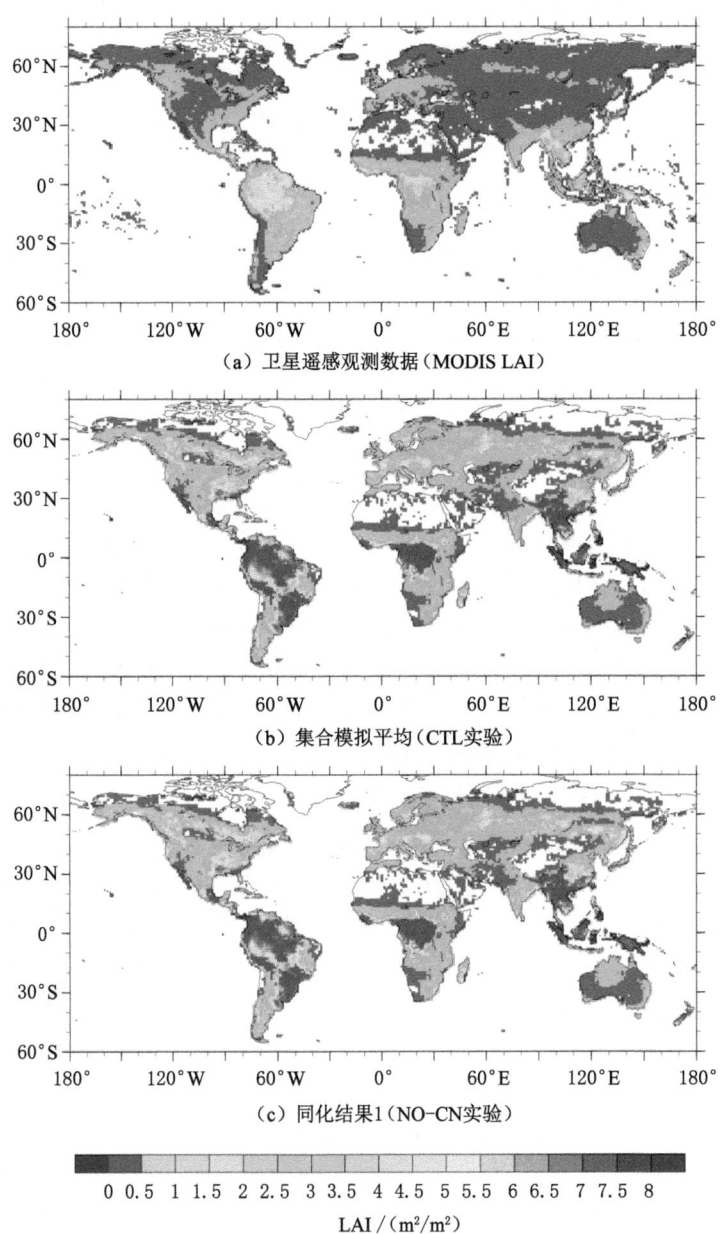

（a）卫星遥感观测数据（MODIS LAI）

（b）集合模拟平均（CTL实验）

（c）同化结果1（NO-CN实验）

0 0.5 1 1.5 2 2.5 3 3.5 4 4.5 5 5.5 6 6.5 7 7.5 8

LAI／（m²/m²）

图 4-4　2002 年 11 月得到的 LAI 月平均值的全球平均分布

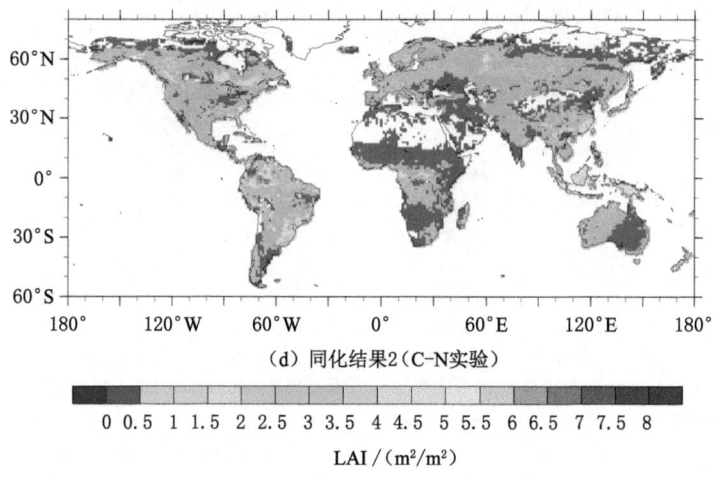

（d）同化结果2（C-N实验）

LAI / (m²/m²)

图 4-4　（续）

65°N 地区和北美东南部，模型模拟的正偏差也达到 2～4 m²/m²。CLM4-CN
在亚欧大陆北部靠近北冰洋和北美洲北部小部分区域低估了 LAI，但负偏差并
不明显，这主要由于这些地区植被的 LAI 本来就很小。另外，模型在南美洲南
部的模拟能力也明显偏差，模拟值与观测值的偏差达到 5 m²/m²，但是由于该地
区 LAI 本身很小，导致相对误差更大，这种现象在澳大利亚西部也有所体现。
图 4-5(b)与图 4-5(a)基本一致，表明在没有启动 C-N 模块的情况下，同化过程对
于模拟的约束或者修正效果并不明显，在此也不再赘述。由图 4-5(c)可以看出，同
化能够修正在北美东部、亚马孙北部地区、非洲中部和欧亚大陆50°N～60°N 纬度
带 LAI 严重高估的现象，使模式输出 LAI 与观测的偏差控制在±1 m²/m² 的范
围内。但同时，同化的 LAI 在北美西部、亚马孙南部、印度半岛和澳大利亚西部
地区偏高于观测，最高偏差达 2～3 m²/m²。另外，同化在亚洲南部、南美洲北
部、南美洲东部的太平洋西岸地区以及东南亚群岛区域仍存在较大的偏差，这可
能与模型运行的格点较粗而这些区域的格点中海洋往往也占有一定的比例有
关。除了之前提到的差值相对较大的区域，其他区域的偏差基本是靠近零值。
总体而言，C-N 实验的结果表明：在启动 C-N 模块的情况下，同化结果与观测的
偏差更小。

　　图 4-6 同时画出了 2002 年 11 月 CTL、NO-CN 和 C-N 实验与 MODIS LAI
差值的全球分布。就图 4-6(a)和图 4-6(b)来说，两者的差别依然不大。与 2002
年 7 月的结果相比，在热带低纬度的三个观测大值区，模拟（NO-CN 同化结果）
依然明显偏大，分布的位置也基本一致。不同的是，在亚欧大陆中部和北美洲北

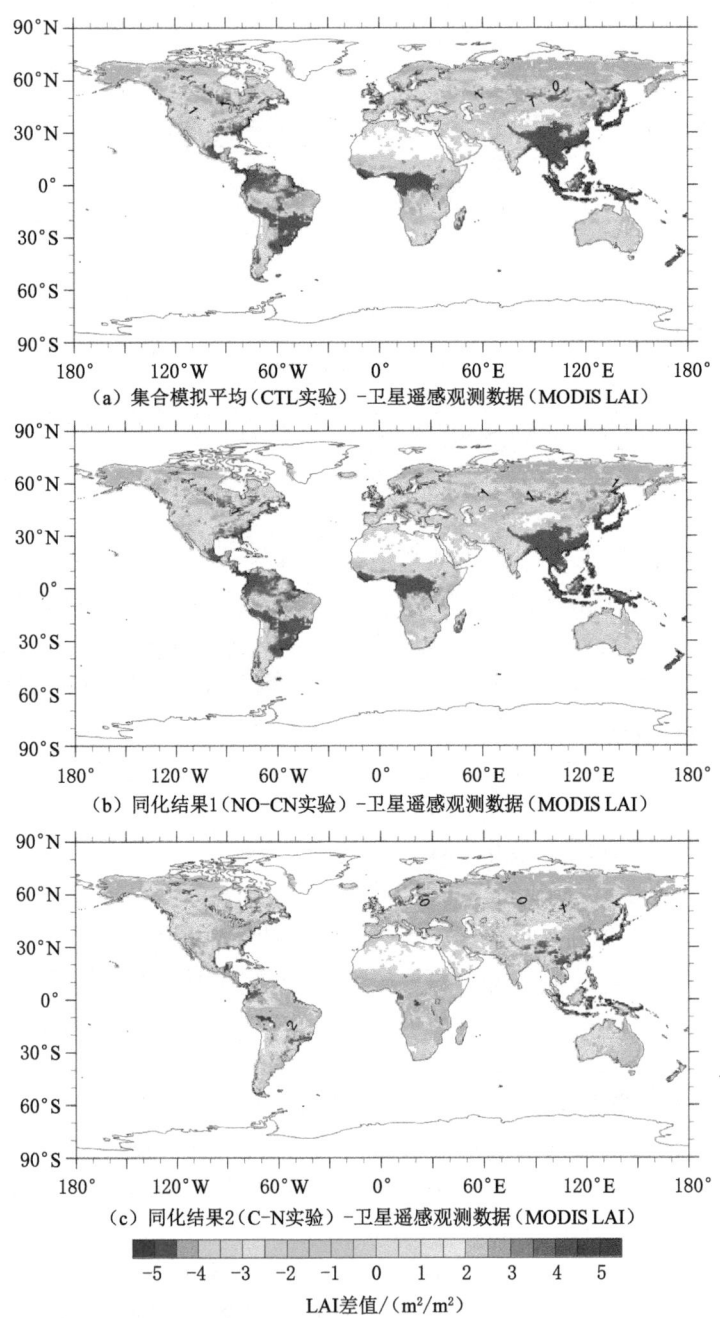

（a）集合模拟平均（CTL实验）—卫星遥感观测数据（MODIS LAI）

（b）同化结果1（NO-CN实验）—卫星遥感观测数据（MODIS LAI）

（c）同化结果2（C-N实验）—卫星遥感观测数据（MODIS LAI）

-5　-4　-3　-2　-1　0　1　2　3　4　5

LAI差值/（m²/m²）

图 4-5　2002 年 7 月集合模拟平均（CTL 实验）、同化结果 1（NO-CN 实验）和
同化结果 2（C-N 实验）与卫星观测遥感数据（MODIS LAI）差值的全球分布

部,11 月 CTL 和 NO-CN 的模拟(同化)结果与 7 月比出现了更加明显的正偏
差,差值可达 4 m²/m²,分布区域也更广,这主要由于 11 月为北半球中高纬度落
叶型植被的凋落季(非生长季),这也表明模型模拟植被的落叶过程并不理想。
就图 4-6(c)而言,在 7 月模拟结果的偏小区域(主要集中在亚马孙中部和非洲中
部地区),11 月的结果同样偏小,但相比之下 11 月的负偏差分布更接近 0,尤其
是在非洲中部区域。另外,在亚欧大陆中部和北美洲中部的较大区域,正偏差也
非常明显,差值可达 2~3 m²/m²。

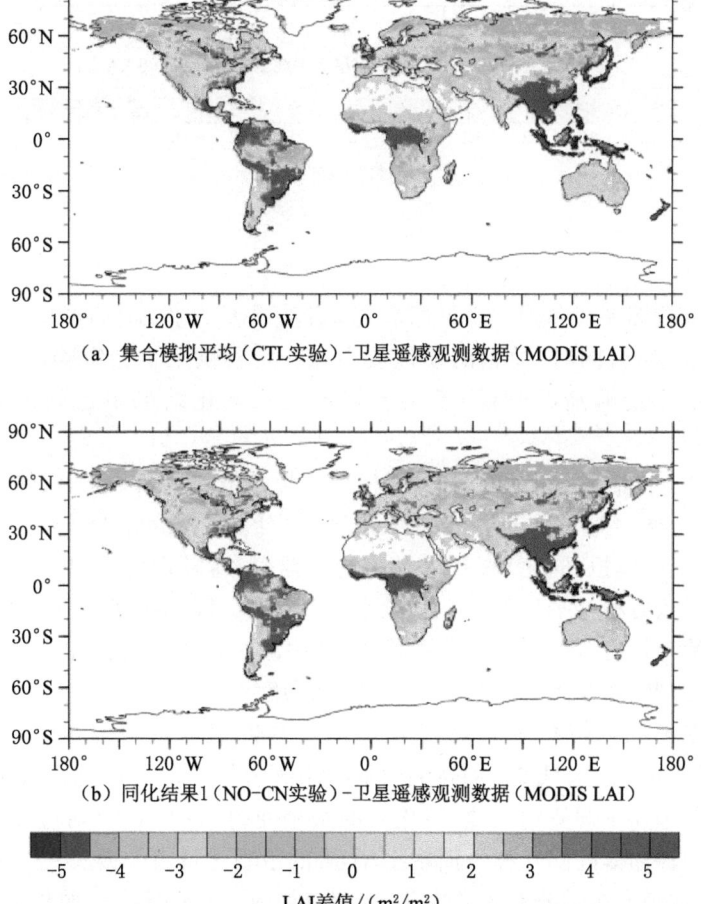

(a)集合模拟平均(CTL实验)-卫星遥感观测数据(MODIS LAI)

(b)同化结果1(NO-CN实验)-卫星遥感观测数据(MODIS LAI)

LAI差值/(m²/m²)

图 4-6　2002 年 11 月集合模拟平均(CTL 实验)、同化结果 1(NO-CN 实验)
和同化结果 2(C-N 实验)与卫星观测遥感数据(MODIS LAI)差值的全球分布

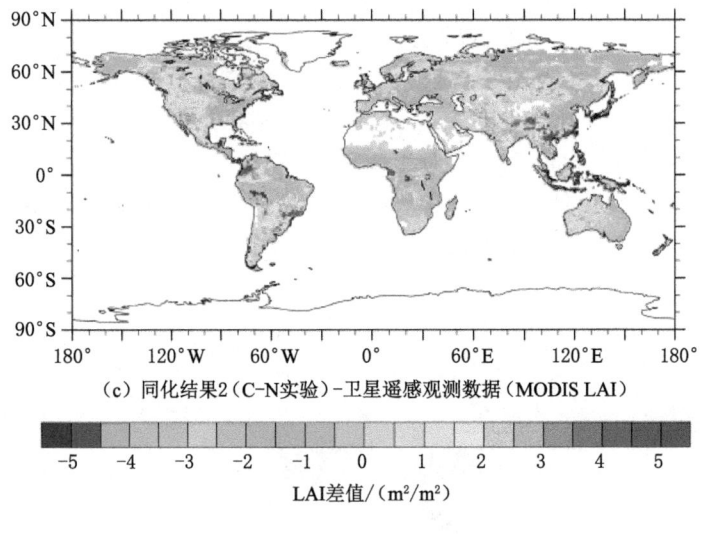

（c）同化结果2（C-N实验）-卫星遥感观测数据（MODIS LAI）

LAI差值/（m²/m²）

图 4-6　（续）

　　综合分析图 4-5 和图 4-6 可以看出,启动了 C-N 模块的同化过程的结果与观测更为接近;同时,模型的模拟能力在一定程度上也会影响同化结果,但在集合分散度足够高的时候,模型模拟能力在同化结果中占的比例会有所下降。

　　为了进一步描述同化后的 LAI 对模型模拟预报的地表状态量、陆-气通量产生的影响及分析相应的物理机制（见第 5 章）,图 4-7 首先给出 2002 年 7 月 C-N 实验和 CTL 实验模拟（同化）的 LAI 差值的全球分布,以找出 LAI 改变最明显且植被覆盖下垫面相对平均的区域。结果表明:在 C-N 约束条件下,LAI 值在低纬度地区的森林覆盖下垫面均有所减小,其中减小最明显的区域分布在非洲中部、亚马孙东部、欧亚大陆南部、中国东北部和欧洲西部（和图 4-2 的红框对应,分别对应图 4-7 的区域 1～5）,而在欧亚大陆中部、北美西南部和澳大利亚西部（分别对应图 4-7 的区域 6～8）,同化的 LAI 值则有明显的增大。总体而言,在 LAI 模拟值远高于观测的区域,同化后的结果使得 LAI 减小（对应植被类型多为常绿阔叶林和落叶阔叶林）;而在 LAI 值低于观测或者与观测差距不大的区域（对应植被类型多为开放式灌木丛、稀树草原或者贫瘠地区）,同化后的结果使得 LAI 值增大。根据 LAI 差值划分的区域具体见表 4-3,这个划分结果也作为依据在第 5 章中分析植被变化造成的地表状态量和陆-气通量的影响。

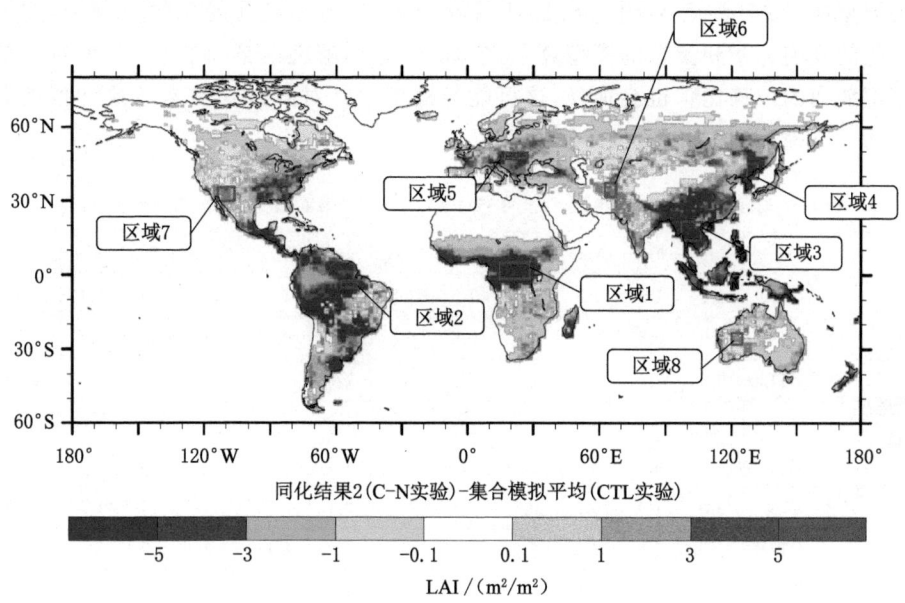

图 4-7 2002 年 7 月 C-N 实验和 CTL 实验得到的 LAI 差值的全球分布及其典型区域

表 4-3 C-N 实验与 CTL 实验差值明显的典型区域

名称	分布	经纬度	偏差	覆盖植被类型
Global	全球	180°W~180°E,90°S~90°N	+0.63	全部
区域 1	非洲中部	15°E~28.75°E,1.88°S~4.69°N	+9.05	常绿阔叶林
区域 2	亚马孙东部	57.5°W~50°W,5.63°S~2.81°S	+6.21	常绿阔叶林
区域 3	欧洲南部	97.5°E~106.25°E,14.06°N~21.56°N	+6.88	常绿阔叶林、农田
区域 4	中国东北部	127.5°E~132.5°E,39.38°N~45°N	+2.67	落叶阔叶林、混合森林
区域 5	欧洲西部	17.5°E~27.5°E,46.88°N~49.69°N	+2.87	混合森林、农田
区域 6	欧亚中部	62.5°E~67.5°E,31.88°N~37.5°N	−1.37	草地、开放灌木丛
区域 7	北美西部	113.75°W~106.25°W,30°N~35.63°N	−2.00	草地、开放灌木丛
区域 8	澳大利亚西部	120°E~125°E,28.13°S~23.44°S	−1.86	开放灌木丛

表 4-4 列出了 2002 年 CTL 实验和 C-N 实验 LAI 与 MODIS LAI 的均方根误差(RMSE)随时间的演变,以期待得到 C-N 实验同化的 LAI 值在不同区域的同化效果。就全球范围看,有 C-N 约束的同化结果与观测更加接近,同化/模拟得到的 LAI 与观测的年平均 RMSE 分别为 1.4/0.8,而这种偏差在 LAI 值很大的区域 1、区域 2、区域 3 和区域 5 尤其明显。另外,在开放灌木丛为主要植被覆

盖类型区,LAI值很小,同化的LAI偏高于模拟值,可见在同化的过程中,如果同化的观测算子和集合的模型算子之间的偏差不够大的话,同化的结果对模型模拟能力的依赖比重也会加强,这可能与模型中针对开放式灌木丛这种植被类型的C-N循环模块的机理有关。

表4-4 2002年CTL实验和C-N实验LAI与MODIS LAI RMSE随时间的演变

		Jan	Feb	Mar	Apr	May	Jun	Jul	Aug	Sep	Oct	Nov	Dec
全球	CTL	1.3	1.3	1.3	1.4	1.5	1.5	1.5	1.5	1.6	1.5	1.4	1.3
	C-N	0.9	0.8	0.7	0.8	0.8	0.8	0.8	0.8	0.8	0.8	0.7	0.7
区域1	CTL	8.5	7.9	8.2	7.5	7.2	7.3	7.6	7.7	7.9	8.4	8.3	8.2
	C-N	1.9	0.1	0.6	1.4	1.9	1.9	1.8	1.9	1.9	1.4	1.5	1.7
区域2	CTL	6.5	6.6	6.9	6.3	5.7	4.7	4.2	3.9	4.2	4.8	5.2	5.5
	C-N	2.0	1.0	0.7	0.1	0.8	1.9	2.4	2.7	2.4	1.6	1.2	0.9
区域3	CTL	7.5	7.6	7.0	7.0	7.6	8.4	8.8	8.1	7.3	6.9	7.1	7.4
	C-N	1.5	1.1	0.3	0.2	0.7	1.5	1.8	1.1	0.1	0.3	0.1	0.1
区域4	CTL	0.9	0.9	0.8	2.7	5.6	4.9	4.7	4.6	5.5	3.2	2.4	1.1
	C-N	0.9	0.9	0.8	2.5	1.2	0.5	0.9	1.1	0.3	0.6	0.7	0.7
区域5	CTL	6.5	6.6	6.9	6.3	5.7	4.7	4.2	3.9	4.2	4.8	5.2	5.5
	C-N	2.0	1.0	0.7	0.1	0.8	1.9	2.4	2.7	2.4	1.6	1.2	0.9
区域6	CTL	0.7	0.7	0.6	0.3	0.1	0.2	0.4	0.5	0.5	0.6	0.6	0.7
	C-N	1.1	1.4	1.5	1.2	1.6	2.2	2.5	2.4	2.3	1.9	2.0	2.1
区域7	CTL	0.4	0.3	0.2	0.2	0.1	0.1	0.1	0.1	0.1	0.1	0.3	0.6
	C-N	1.0	1.8	1.9	1.9	1.9	1.6	2.4	2.6	2.7	2.6	2.9	2.9
区域8	CTL	0.4	0.4	0.4	0.4	0.4	0.4	0.3	0.2	0.1	0.2	0.2	0.4
	C-N	1.4	2.2	2.3	1.8	2.4	2.0	1.9	2.1	2.0	2.2	2.5	2.5

4.1.3.3 C-N约束在同化过程中的作用

由以上分析得到,在同化的过程中,同时考虑C-N动力循环的约束这一方案,能对LAI值起到很好的修正作用。另外,不同纬度带,同化的结果也不尽相同,这不仅与不同纬度带上植被覆盖类型种类差异有关,也与不同纬度带上的气候分布特征有关。

图4-8给出了2002年CTL实验、C-N实验和MODIS LAI在全球、北方生物带、北半球温带、北半球热带、南半球热带和南半球温带地区平均LAI的年变化。总体而言,除了在23°S以南的南半球地区,其他地区同化后的LAI值均更

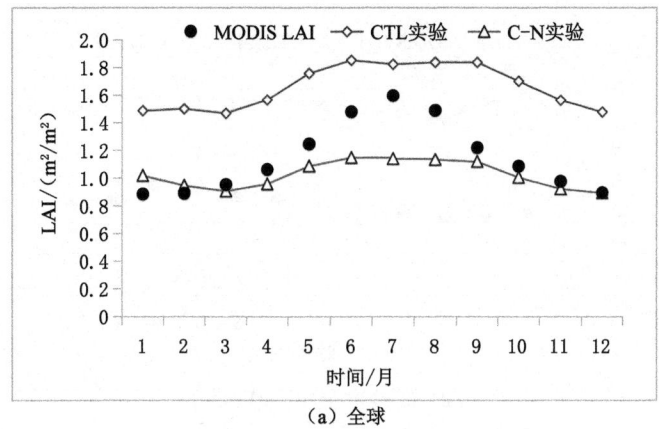

（a）全球

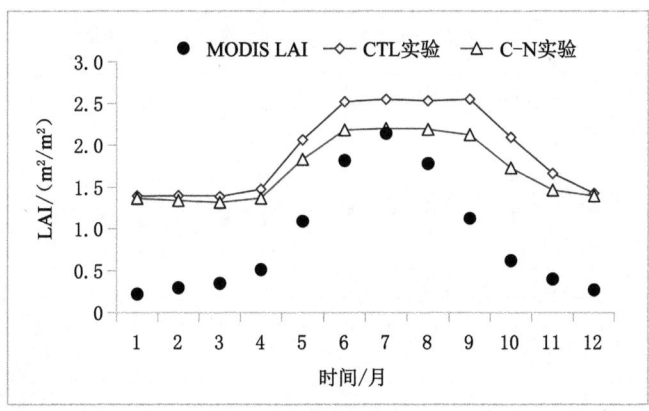

（b）北方生物带（45°N～65°N）

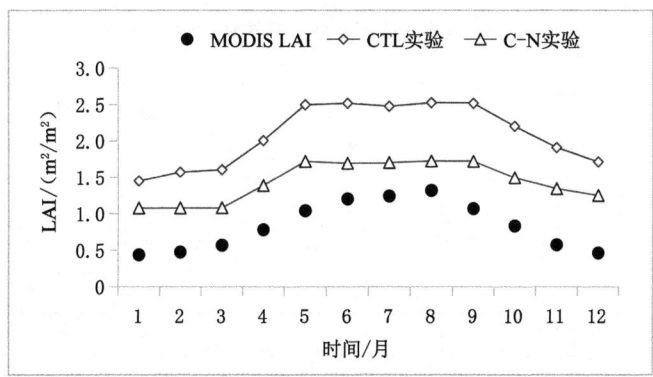

（c）北半球温带（23°N～45°N）

图 4-8　2002 年 CTL 实验、C-N 实验和 MODIS 卫星 LAI 在全球、北方生物带、
北半球温带、北半球热带、南半球热带和南半球温带地区平均 LAI 的年变化

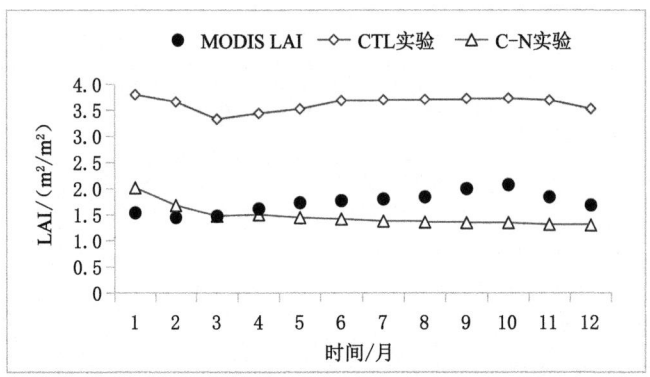

（d）北半球热带（0°～23°N）

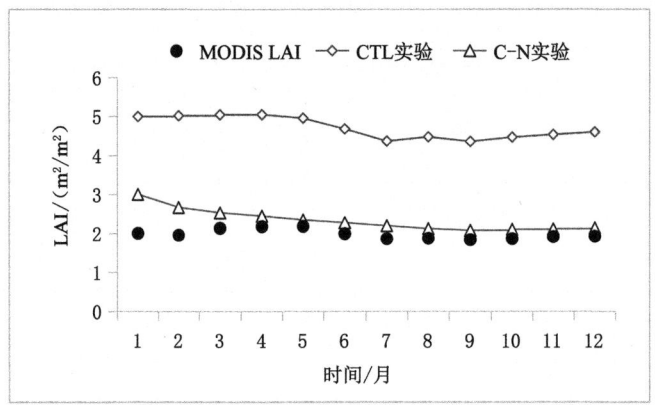

（e）南半球热带（0°～23°S）

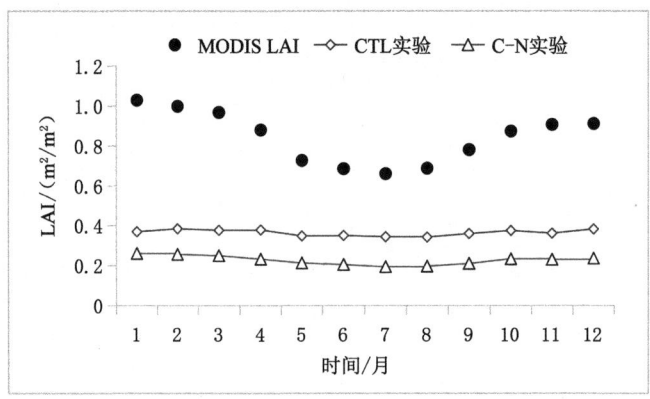

（f）南半球温带（23°S～90°S）

图 4-8 （续）

加接近于观测,且模拟值最接近观测的地区是低纬度热带地区(热带南部地区优于热带北部地区),差值最大的地区在北方生物带地区。另外,同化后的值在数值上更接近于观测,而在年变化的范围趋势上则更接近于模拟的分布,因此提高模型对 LAI 的年变化的模拟能力也非常重要。在北方生物带[图 4-8(b)],观测到 LAI 的年变化更剧烈,北半球冬季和初春(1—3 月),植被处于休眠状态,LAI 值很小;5—9 月为植被生长季,LAI 迅速增大并于 7 月达到最高,10 月后 LAI 值迅速减小。模拟的 LAI 呈现与观测一致的年变化曲线,全年均偏高于观测,且模拟和同化 LAI 的年变化均更加平缓。同化值与模拟值从植被的生长季开始出现较大偏差,生长季模拟的区域平均 LAI 差值的波动范围是 $0.4 \sim 1.4$ m^2/m^2,而同化后的偏差波动范围减小到 $0.1 \sim 1.0$ m^2/m^2。北半球温带模拟和同化的 LAI 年变化趋势与观测一致[图 4-8(c)],但是分别比观测系统性偏高平均 1.0 m^2/m^2 和 0.5 m^2/m^2。热带低纬度地区[图 4-8(d)和图 4-8(e)]模拟的 LAI 比观测平均偏高 1.9 m^2/m^2(北半球热带)和 2.7 m^2/m^2(南半球热带),可见模型在低纬度热带地区对植被的模拟能力很低;同化后的 LAI 与观测的偏差均减小到 0.4 m^2/m^2,可见同化对该地区 LAI 的改进。在南半球 23°S 以南地区[图 4-8(f)],模型对 LAI 的模拟远低于观测,且无法呈现该地区 LAI 的年变化特征;同化后的 LAI 分布增大了模型输出 LAI 与观测的偏差,同样也无法呈现 LAI 的变化特征,这可能是由于模型对南半球模拟能力很低造成的,尤其是开放式灌木丛和草地等下垫面的能力还有待提高。

　　为了进一步验证同化结果,图 4-9 画出了 2002 年 CTL 实验、C-N 实验和 MODIS LAI 的 RMSE 在全球、北方生物带、北半球温带、北半球热带、南半球热带和南半球温带地区平均 LAI 的年变化过程。可以看出,除了南半球中高纬度地区,所有纬度区域平均后的同化 LAI 与观测的 RMSE 均小于模拟值,可见同化后的结果趋近于一个相对统一的值。另外,植被生长越旺盛(见 LAI 的变化趋势),同化后的 LAI 与观测更加接近。在南半球中高纬度地区,同化 LAI 与观测的 RMSE 高于模拟值,可见同化效果并没有好转,这可能与该区域分布的主要下垫面是开放式灌木丛和草地有关。

　　图 4-10 和图 4-11 显示了在全球、北方生物带、北半球温带、北半球热带、南半球热带和南半球温带地区平均的集合模拟(CTL)和同化(C-N)的 LAI 随时间的演变过程。同样得到,集合变量的 LAI 在北方生物带和北半球温带存在明显的年变化,且 LAI 的波动范围很大。其中,北方生物带的 LAI 值在 1—4 月变化平缓,于 4—5 月迅速增大,并在 6—9 月保持在峰值附近波动,然后再迅速减小,这也很好地描述了北方生物带覆盖主要植被的生长和凋落过程;北半球温带的植被变化同理保持一致,但是植被的生长季更长,但是 LAI 波动范围小于北方

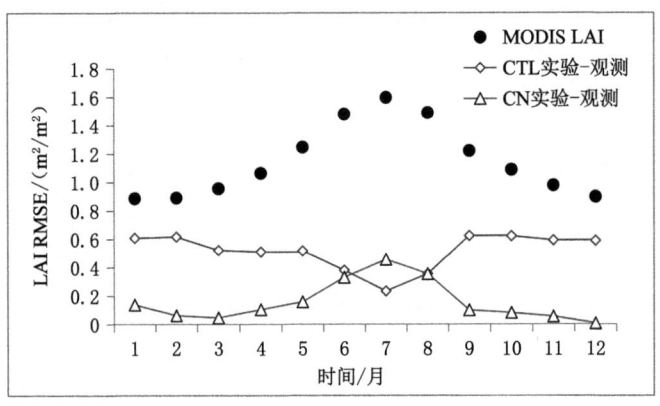

（a）全球

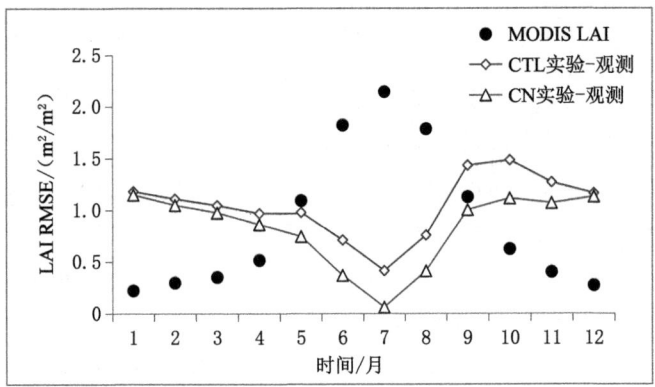

（b）北方生物带（45°N～65°N）

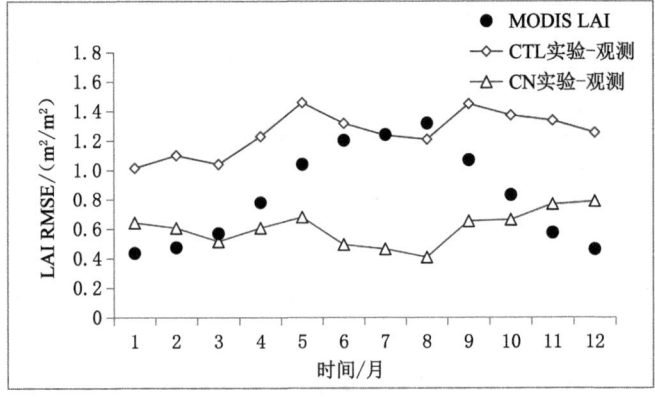

（c）北半球温带（23°N～45°N）

图 4-9　2002 年 CTL 实验、C-N 实验和 MODIS 卫星 LAI 的均方根误差（RMSE）在全球、北方生物带、北半球温带、北半球热带、南半球热带和南半球非热带地区平均 LAI 的年变化

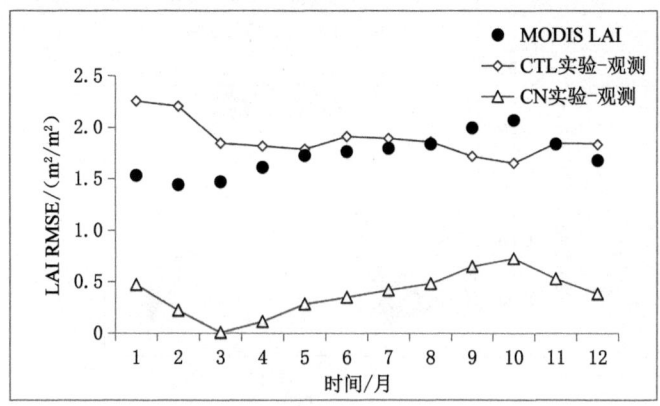

（d）北半球热带（0°~23°N）

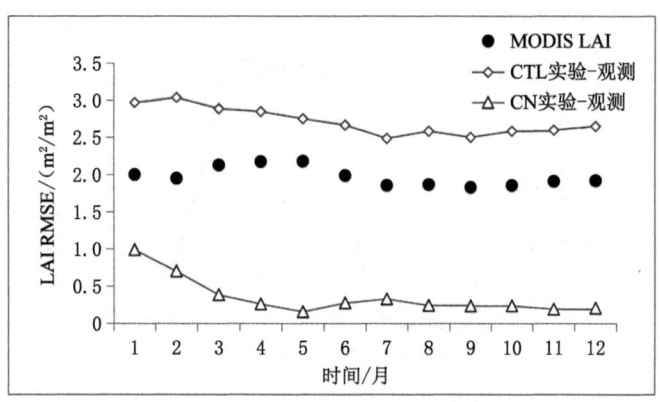

（e）南半球热带（0°~23°S）

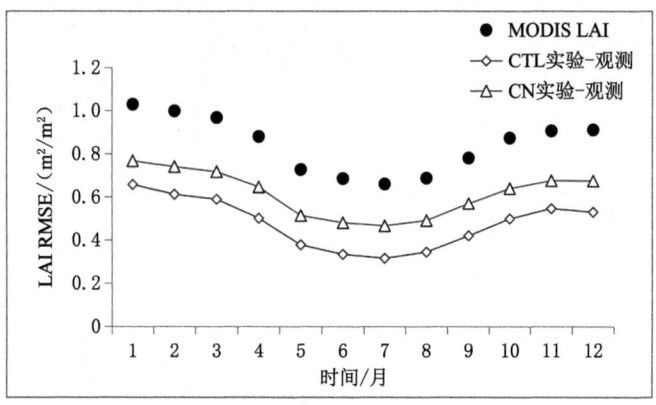

（f）南半球温带（23°S~90°S）

图 4-9　（续）

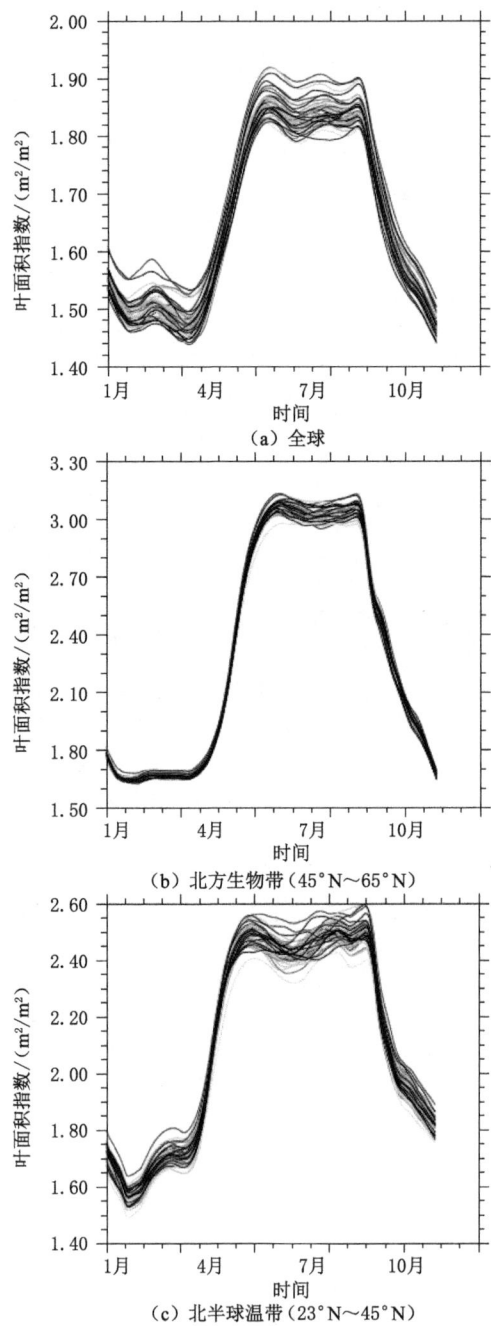

图 4-10　CTL 实验 40 个集合在全球、北方生物带、北半球温带、
北半球热带、南半球热带和南半球温带地区平均 LAI 随时间的演变

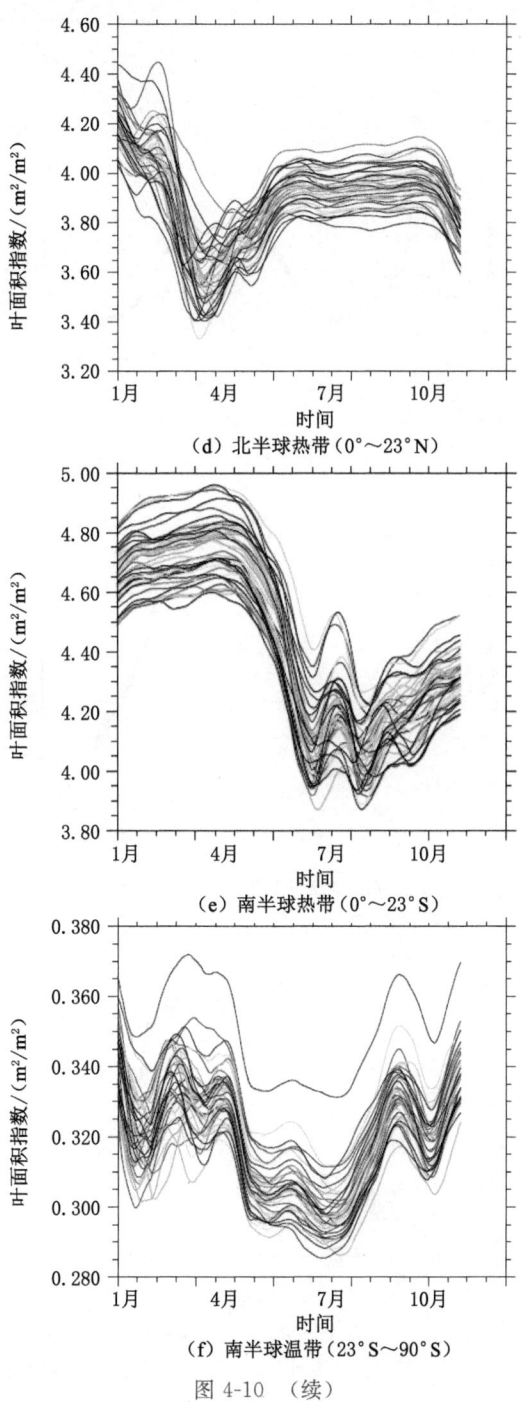

（d）北半球热带（0°～23°N）

（e）南半球热带（0°～23°S）

（f）南半球温带（23°S～90°S）

图 4-10 （续）

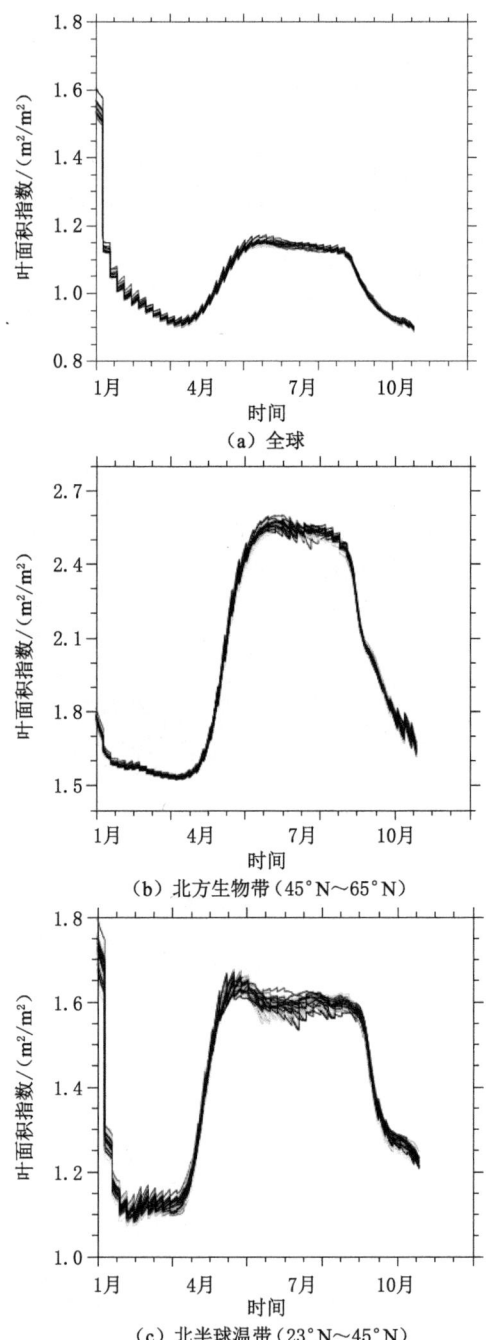

（a）全球

（b）北方生物带（45°N～65°N）

（c）北半球温带（23°N～45°N）

图 4-11　C-N 实验 40 个集合在全球、北方生物带、北半球温带、
北半球热带、南半球热带和南半球温带地区平均 LAI 随时间的演变

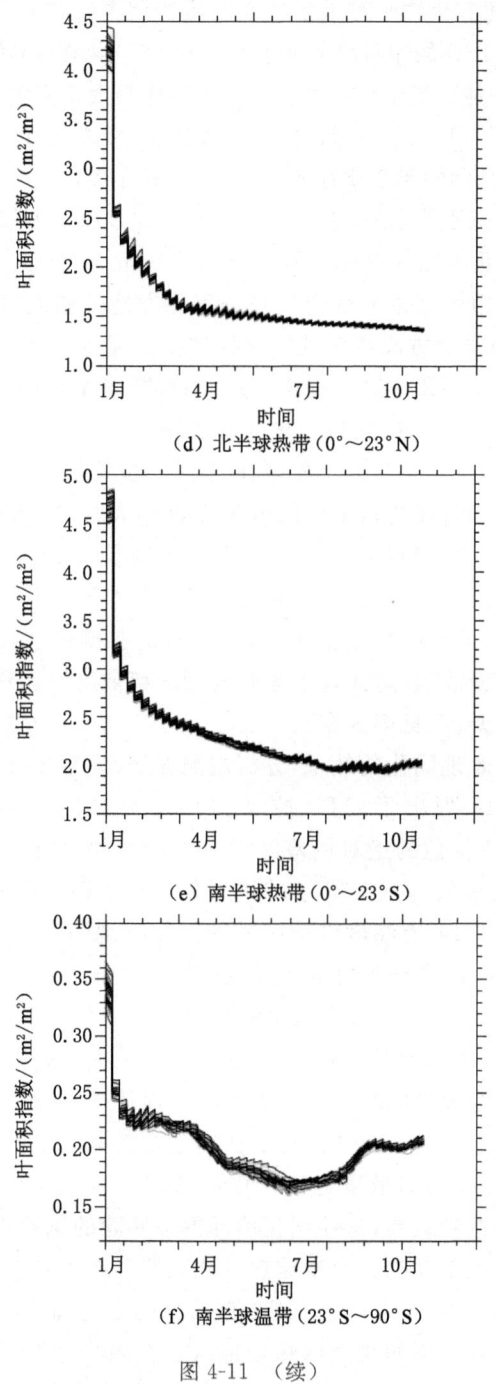

（d）北半球热带（0°～23°N）

（e）南半球热带（0°～23°S）

（f）南半球温带（23°S～90°S）

图 4-11 （续）

生物带,这可能与北方生物带覆盖了较大区域的北方森林有关。40个模型集合变量模拟热带地区 LAI 的相对离散度很大,LAI 年变化在北(南)赤道也分别呈现先减小后增加(先增加后减小)的变化趋势,这同样与太阳直射点分布随时间的转移过程保持一致[图 4-10(d)、(e)]。与北半球温带的 LAI 变化特征相反,LAI 在南半球温带(非热带地区)的年变化在 6—9 月出现最小值,而在 2 月和 11 月达到峰值[图 4-10(f)]。全球平均 LAI 也呈单峰型分布,这是由于太阳高度角的变化使得每年 4—10 月作为北半球的春季和夏季更有利于北方地区植被的生长导致的;而热带地区的植物由于其季节性变化相对于北方地区幅度较小,所以全球性植被 LAI 的变化特征与北方高纬度地区的植被特征保持一致。另外,也由于北半球中高纬度植被覆盖面积远高于南半球所导致的[图 4-10(a)]。

同化结果能够呈现 LAI 区域平均的季节变化,且对季节变化的强度模拟优于模型模拟(图 4-11);同化后的 LAI 在每个时间步长都有一个跳跃性的改变和调整,尤其是同化初期,在初始条件的分散度足够大时,同化在其基础上也会进行非常明显的调整[图 4-11(d)~(f)]。但是,参见图 4-10(b)和图 4-10(c)的北方生物带和北半球温带地区,在初始条件离散度较小时,尽管集合的模型会根据观测算子有所调整,调整的幅度也相对较小,但是在植被进入生长季后,同化的调整作用才开始慢慢放大,这体现了集合模型的离散度对同化的重要性,也验证了模型初始化的重要性(见第 3 章)。

为了更加直观表现同化的效果,分析观测算子、模型集合变量在同化的过程中占的比重,图 4-12 列出了 CTL 控制实验和 C-N 同化实验中集合离散度(RMS)、同化值与模拟值的绝对偏差(|CN-CTL|)、同化值与观测算子的绝对偏差(|CN-OBS|)、模拟值与观测算子的绝对偏差(|CTL-OBS|)随时间的演变。结果表明:全球平均和所有纬度带子区域的同化与观测算子的偏差均小于模拟与观测算子的偏差,这也证明了同化的有效性。分区域而言,在北方生物带[图 4-12(b)],模拟 LAI 的离散度呈单峰型,且在 8—9 月达到峰值,并且离散度越大,同化值与模拟值的绝对偏差越大,这证明比较大的离散度有利于集合同化的顺利进行。北半球温带的趋势与北方生物带保持一致[图 4-12(c)],只是其在非生长季 LAI 的离散度更大,更有利于初期数据的同化。图 4-12(d)表现了在北半球热带地区,LAI 的离散度远高于中高纬度地区,且全年模拟的离散度都很高,并在 2—5 月达到最高,这使同化值和模拟实验的偏差也处于较高的水平,得到的同化值更趋近于观测。南半球热带地区的分布也是如此[图 4-12(e)],但是由于南半球 LAI 模拟的离散度呈现先低后高的变化趋势,所以同化使 LAI 在南半球热带地区的调整不如北半球热带地区。在南半球温带区域,模型的离散度很低,不利于同化的进行。在热带地区(南、北半球热带地区),同化后 LAI 与

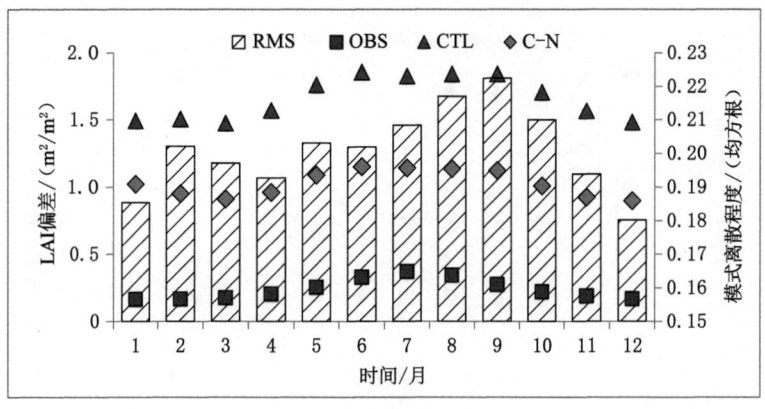

（a）全球

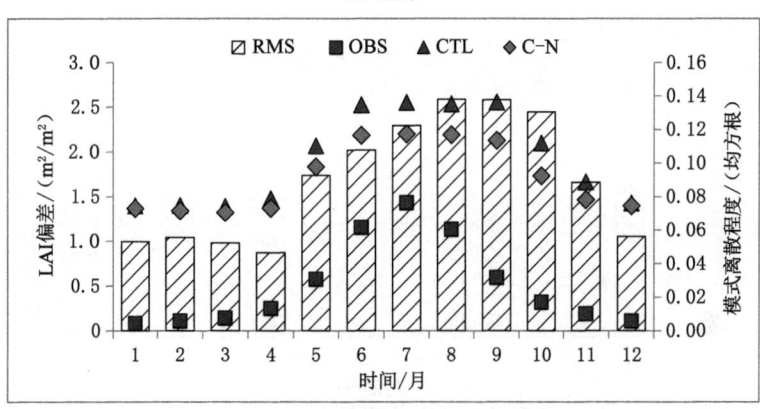

（b）北方生物带（45°N～65°N）

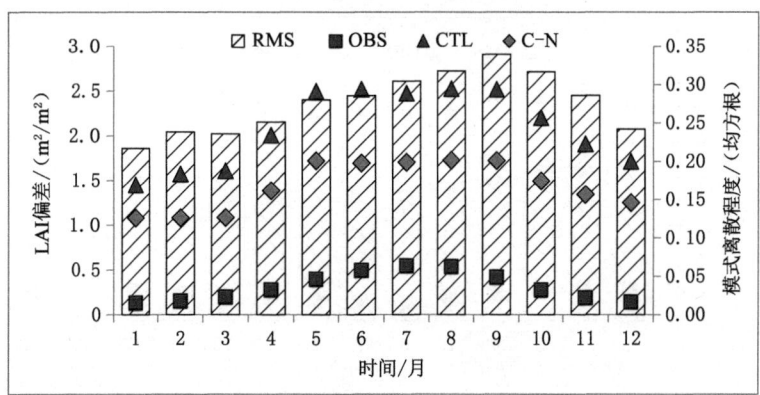

（c）北半球温带（23°N～45°N）

图 4-12 CTL 实验、C-N 实验在全球、北方生物带、北半球温带、
北半球热带、南半球热带和南半球温带地区的模拟效果

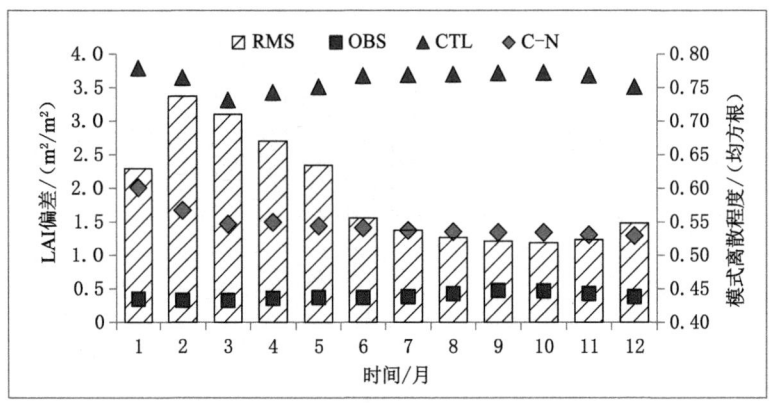

（d）北半球热带（0°～23°N）

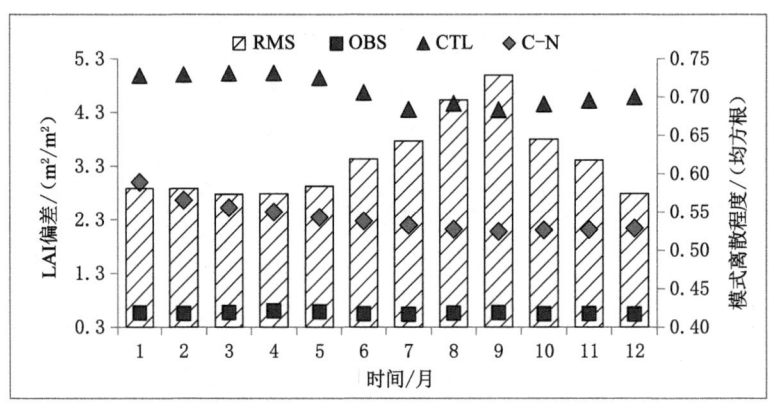

（e）南半球热带（0°～23°S）

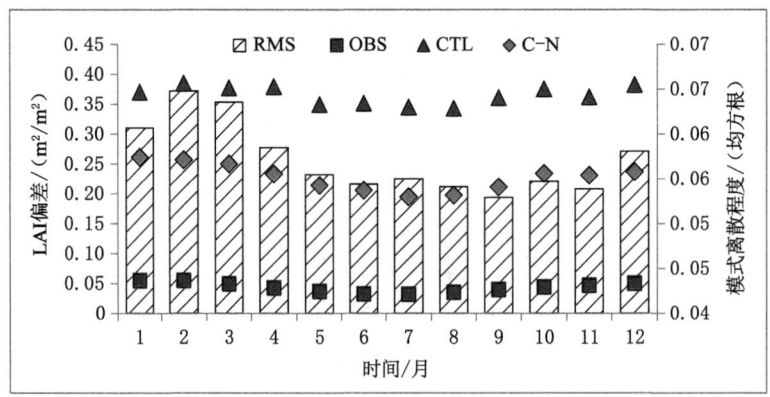

（f）南半球温带（23°S～90°S）

图 4-12 （续）

观测的偏差较小,而在其他地区甚至全球平均,同化 LAI 与模拟的偏差更小。这表明在同化的过程中,不仅依赖观测算子,也依赖动力模型的模拟能力和集合的离散度,在中高纬度尤其如此,但是足够大的离散度可以削弱同化结果对模型模拟能力的要求。由此可以看出,同化结果在低纬度地区对观测值的依赖强于动力模型,这不仅要求模型模拟的过程中要有足够强的离散程度,同时更加要求同化的观测变量要足够值得信任,同化的结果才会更加令人信服;而在离散度不够大的中高纬度地区,同化结果还对模型模拟能力有很高的要求。

综上所述,本节结果可以概括为:① 与观测 LAI 对比,模型模拟系统性高估了热带低纬度地区的 LAI,尤其是南美洲中部、非洲中部和东南亚地区,且 7 月比 11 月更甚;② 启动了 C-N 循环模块时,同化过程对于模型模拟的修正效果明显,这体现了植被动态物理约束过程(C-N 循环)的加入对同化过程具有很好的约束和修正作用。

4.2　不同同化算法对 LAI 同化的影响

4.2.1　不同同化算法介绍

4.2.1.1　卡尔曼滤波(KF)

卡尔曼滤波(Kalman Filter,KF)是一种基于方差最小化原理计算最佳分析场的顺序资料同化算法的理论基础(Kalman,1960),其核心思想是利用一切可能的观测信息、模型与观测数据的误差统计特征对状态量进行估计,使状态量的估计值误差达到最小。

卡尔曼滤波的主要步骤是:模型根据当前 t 时刻的状态预测 $t+1$ 时刻的状态量,在 $t+1$ 时刻如果存在观测数据,则利用同化算法对当前时刻的状态量进行分析调整,得到该时刻的最优估计值;然后,随着时间的推移,利用 $t+1$ 时刻的调整估计值重新初始化模型,按照同样的预测-分析步骤进行后面每一个时次有观测条件下的调整更新,即完成了一次同化过程。

卡尔曼滤波的预报误差随着其模型的动力状态变化,与传统的统计最优插值算法相比更有优势;同时,其可以提供状态量的均值及误差协方差矩阵,与传统的变分方法无法提供状态量的协方差矩阵相比更好。另外,其实现不需要编写模型的伴随模式,更容易实现。但同时,卡尔曼滤波是假定在状态线性变化和高斯分布的前提下进行的,而大气中许多变量呈非线性变化,因此,就发展和演变出针对非线性也一样适用的集合卡尔曼滤波及其延伸方法。

4.2.1.2 集合卡尔曼滤波(EnKF)

集合卡尔曼滤波(EnKF)是通过蒙特卡洛方法计算状态的预报误差协方差,从而把集合预报和卡尔曼滤波方法结合在一起的新型方法,它最大的好处就是利用了集合的思想解决了实际应用中背景误差协方差矩阵的估计和预报困难的问题,可以用于非线性系统的数据同化,同时可以有效降低数据同化计算量(Evensen,2003)。其后,在此基础上又发展出许多新的集合同化算法,并且广泛地应用到大气、海洋和陆地数据同化中。

与卡尔曼滤波的原理相同,集合卡尔曼滤波也分为预报和分析两个阶段。在预报阶段,利用生成的初始状态向量集合获得预报场的集合,然后模型针对每一个样本进行预测,对预报集合变量分析得到预报误差协方差矩阵;接着是分析阶段,在观测向量存在的情况下,集合卡尔曼滤波利用观测向量和状态向量的误差协方差矩阵更新每一个集合,得到分析场的集合,而最终的集合平均值即我们所需的状态量的后验估计值。

实际操作中,由于实际观测的维数往往非常大,导致增益矩阵的计算会产生较大的计算负荷,同时也不一定存在逆矩阵(逆矩阵只针对正定矩阵存在),所以增益矩阵的获得及应用非常困难。为了解决这个问题,Evensen(埃文森)提出了一种均方根经验算法。在这个算法中,可以避免观测中的随机扰动,且不存在观测误差不相关和观测误差协方差矩阵可逆等要求的假设,避免了观测扰动带来的额外影响。

4.2.1.3 集合平方根滤波(EnSRF)和集合调整卡尔曼滤波(EAKF)

虽然呈现形式不同,但由 Whitaker 等(2002)提出的集合平方根滤波(EnSRF)和 Anderson(2001)提出的集合调整卡尔曼滤波(EAKF)是同一种算法。该方案对传统 EnKF 中增益矩阵的更新进行了调整,使其在不低估分析误差协方差的前提下对观测场产生尽量小的扰动,避免采样误差以及由此产生的滤波发散问题。在新提出的 EAKF 方案中,首先利用观测算子计算观测的集合成员,并计算每个成员的增量 ΔY_i;接着,计算每个状态变量的每个集合成员的增量:

$$\Delta X_{ij} = \frac{\sigma_{jo}^p}{\sigma_o^p} \Delta Y_i$$

式中,i 表示集合成员;j 表示状态变量;σ_{jo}^p 表示第 j 个状态变量与观测之间的先验协方差;σ_o^p 表示观测的先验方差。

根据 Anderson(2003)的研究,有:

$$X_{ij}^u = X_{ij}^p - \bar{X}_j^p + \sigma_{jo}^p \Gamma(Y_i^p - \bar{Y}^p) + \bar{X}_j^u$$

式中，$\bar{Y}^p$ 是观测 Y^o 的先验均值；Y_i^p 表示观测 Y^o 第 i 个先验集合成员；X_{ij}^p 和 X_{ij}^u 表示 X_{ij} 的先验和后验取值；$\bar{X}_j^p$ 和 $\bar{X}_j^u$ 表示第 j 个状态变量的先验和后验均值。后验均值计算如下：

$$\bar{X}_j^u = \bar{X}_j^p + \frac{\sigma_{jo}^p}{r + \sigma_o^p}(Y^o - \bar{Y}^p)$$

$$X_{ij}^u = X_{ij}^p + \sigma_j^p \left[\Gamma(Y_i^p - \bar{Y}^p) + (r + \sigma_o^p)^{-1}(Y^o - \bar{Y}^p) \right]$$

式中，r 是观测 Y^o 的方差；公式表示第 j 个状态变量第 i 个集合成员的更新表达式。对 m 个观测，利用公式顺序进行同化，更新后的状态变量就能严格地服从后验高斯分布。在 EAKF 中，仅使用了一阶和二阶矩（线性），因此先验分布的高阶矩结构得以保留。

4.2.1.4　粒子滤波(PF)

粒子滤波(Particle Filter,PF)又叫顺序蒙特卡洛滤波，是基于贝叶斯采样估计的顺序重要采样滤波思想发展起来的(胡士强 等,2005)。粒子滤波算法通过寻找一组在状态空间中传播的随机样本对概率密度函数进行近似，以样本均值代替积分运算，从而获得状态最小方差估计的过程，这些样本即为"粒子"。粒子滤波算法同样分为预测和分析两个阶段。不同的是，其预测步骤根据系统随时间变化过程，实现上一时刻分析值后验概率 $P(X_{k-1}^a | Y_{1:k-1})$ 至当前时刻预报值的先验概率 $P(X_k^a | Y_{1:k-1})$ 的推导；更新步骤则是根据状态观测值 Y_k 将当前时刻的先验概率 $P(X_k^f | Y_{1:k-1})$ 至后验概率 $P(X_k^a | Y_{1:k})$ 的推导，其核心是用 SIS 算法得到个采样点 $X_{i,k}^a$ 和相应的权重 $w_{i,k}$。

当粒子数足够多时，状态的后验概率可以用下式计算：

$$P(X_k^a | Y_{1:k}) \approx \sum_{i=1}^{N} w_{i,k}\delta(X_k^a - X_{i,k}^a)$$

式中，$\delta(*)$ 是 Dirac 函数，且满足 $\sum_{i=1}^{N} w_{i,k} = 1$。

相比卡尔曼滤波系列算法，粒子滤波考虑了不同粒子的权重，采用近似后验概率分布，能够更好地表现非线性系统的变化，也更容易实现并行计算。但是，经过一段时间的迭代以后，许多粒子的权重会变得非常小，只有很少数粒子具有较大权重，大量的计算负担用于更新对后延概率的计算贡献几乎为 0 的粒子，也就是粒子退化(Doucet et al.,2000)的问题。为解决这些问题，有效的方法包括采用其他采样算法对粒子进行重采样，或者选择更为合理的重要性函数等。

综上所述，针对不同观测算子和模型算子，选择合适的同化算法就显得非常必要。

4.2.2 不同同化算法对 LAI 同化的对比验证

在 4.1 节中,确定了在同化的过程中加入 C-N 约束才是有效的同化方案;同时作为数据同化研究平台,DART 界面还可以提供不同的同化算法为研究者所用,以寻求最适合观测算子和模型算子的同化算法。因此,本节也针对不同同化算法对同化结果的影响做了对比分析。需要指出的是,在这四种同化算法的比较中,所用的同化方案均是在同化的过程中加入了 C-N 循环的约束。

图 4-13 和图 4-14 分别画出了 2002 年 7 月和 11 月不同同化算法集合调整卡曼滤波(EAKF)、集合卡曼滤波(EnKF)、卡曼滤波(KF)和粒子滤波(PF)分别同化的 LAI 值与观测 LAI 差值的全球分布。从中可以看出,EAKF 和 EnKF 同化后的 LAI 在热带低纬度地区和北半球高纬度地区偏低于观测,且负偏差在亚马孙地区、非洲中部和中国东北部地区达到最大,这些地区主要覆盖植被是常绿/落叶阔叶林、混合森林等;模拟偏高的区域则主要出现在中高纬度,且最大正偏差出现在北美西部、亚马孙东部、中国西北部以及澳大利亚西部地区,且这些地区的主要覆盖下垫面以开放式灌木丛和草地为主。KF、PF 算法得到的 LAI 与观测的偏差高于 EAKF、EnKF 算法,尤其在亚马孙北部和东部、非洲中部以及欧亚大陆南部和东南亚群岛,同化的结果依然远高于观测,这证明同化算法并没有产生十分有效的作用。另外,从偏差空间分布的连续性上可以看出,EAKF 得到的 LAI 相比 EnKF 更加连续,并且在南美洲地区中部和非洲中部,EAKF 得到的同化 LAI 更接近观测,而 EnKF 在这两个地区的偏差可以达到$-4\ m^2/m^2$。同时,同化对模型高估 LAI 的修正明显优于对低估 LAI 的修正,这主要是由于在高估 LAI 的地区,集合模型的离散程度也偏大、有利于同化进行造成的。

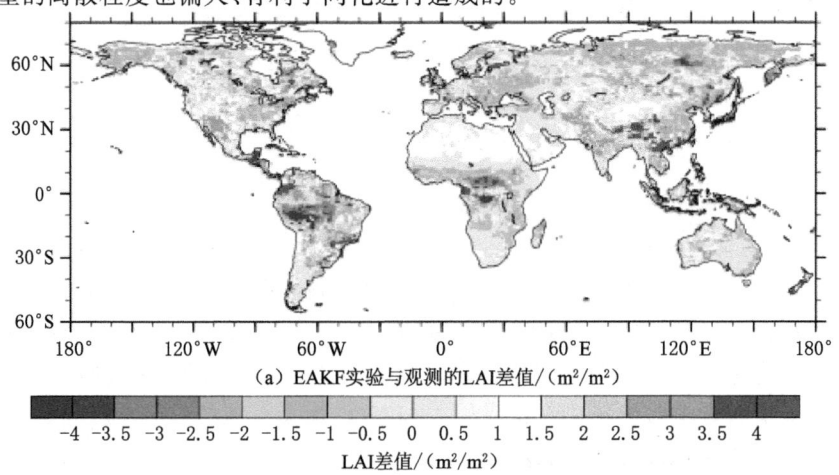

图 4-13　2002 年 7 月 EAKF、EnKF、KF 以及 PF 同化的 LAI 与观测的差值的全球分布

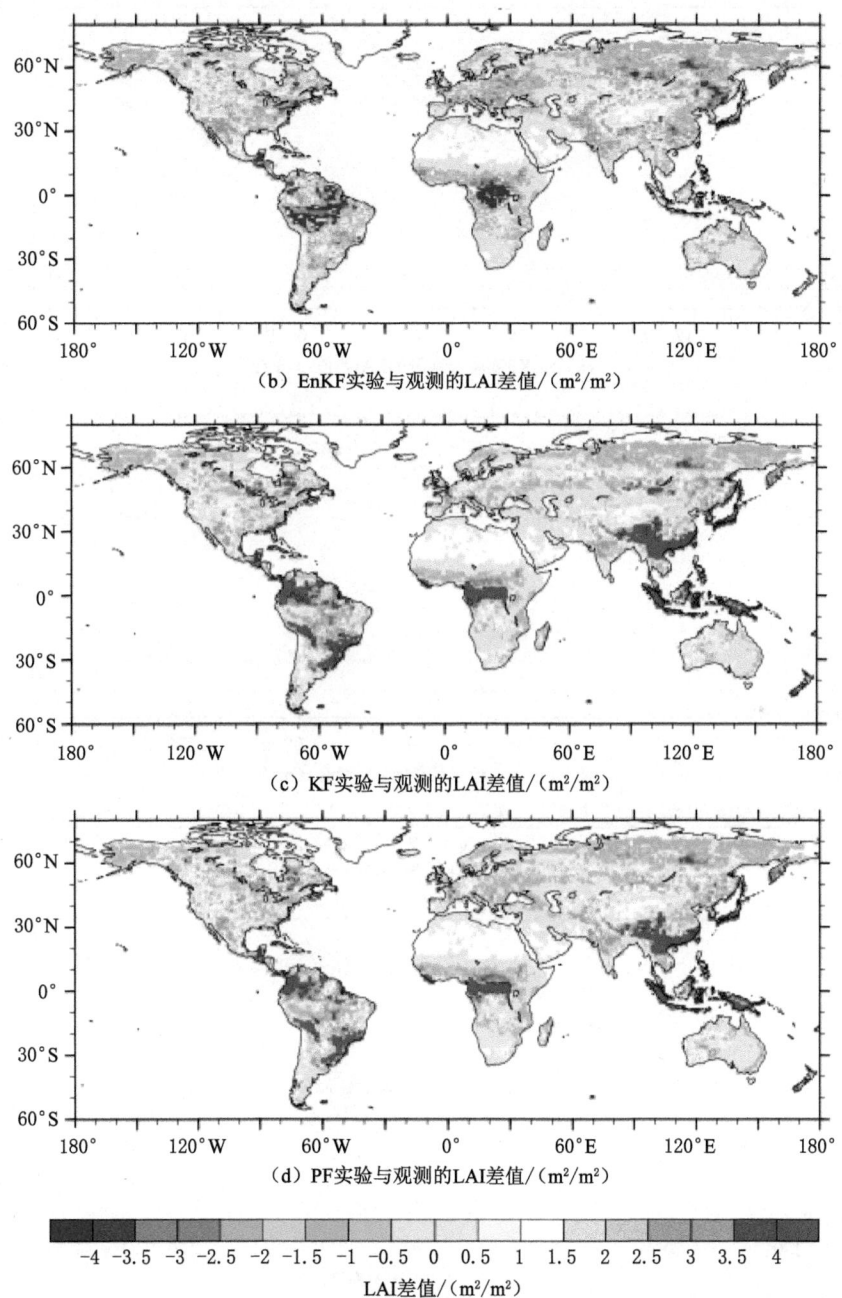

（b）EnKF实验与观测的LAI差值/（m²/m²）

（c）KF实验与观测的LAI差值/（m²/m²）

（d）PF实验与观测的LAI差值/（m²/m²）

-4 -3.5 -3 -2.5 -2 -1.5 -1 -0.5 0 0.5 1 1.5 2 2.5 3 3.5 4

LAI差值/（m²/m²）

图 4-13 （续）

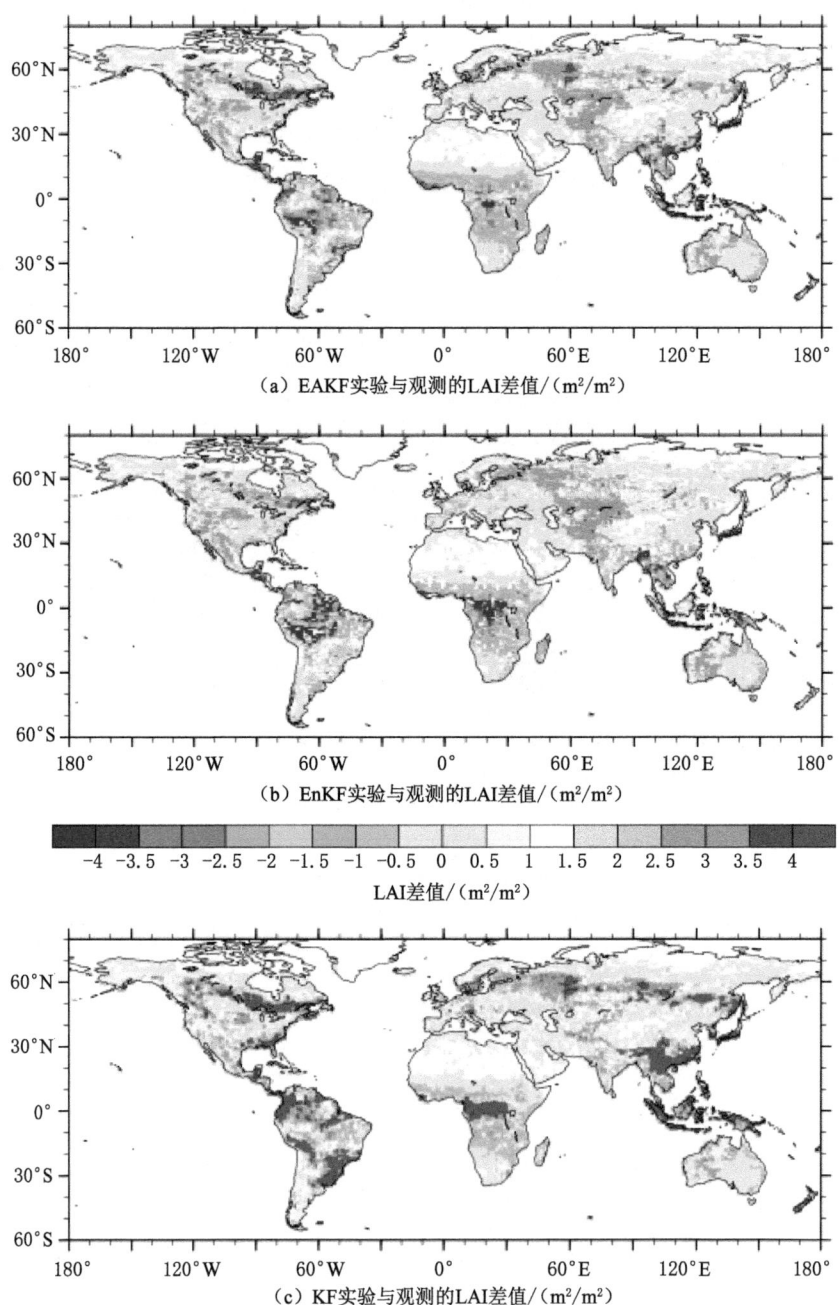

（a）EAKF实验与观测的LAI差值/（m²/m²）

（b）EnKF实验与观测的LAI差值/（m²/m²）

-4 -3.5 -3 -2.5 -2 -1.5 -1 -0.5 0 0.5 1 1.5 2 2.5 3 3.5 4

LAI差值/（m²/m²）

（c）KF实验与观测的LAI差值/（m²/m²）

图4-14 2002年11月 EAKF、EnKF、KF 以及 PF 同化的 LAI 与观测的差值的全球分布

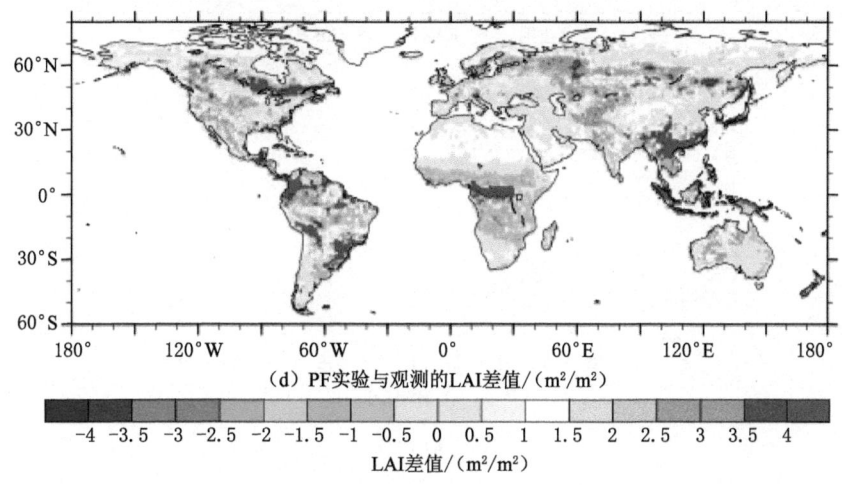

（d）PF实验与观测的LAI差值/（m²/m²）

-4 -3.5 -3 -2.5 -2 -1.5 -1 -0.5 0 0.5 1 1.5 2 2.5 3 3.5 4

LAI差值/（m²/m²）

图 4-14　（续）

　　图 4-14 同时也描述了北半球冬季不同同化算法对同化效果的作用,同样可以得到 EAKF 和 EnKF 明显优于 KF、PF 的结论。同时可以得到,北半球冬季地区,EAKF 比 EnKF 的同化结果更有优势,尤其在亚马孙地区、非洲中部地区和欧亚大陆南部地区。另外,在北半球高纬度地区,同化后的 LAI 与观测的偏差增大,这可能是由于 11 月是北半球冬季,植被生长不茂盛且变化范围也很小造成的。同时,在澳大利亚西部地区和欧亚大陆中部地区,其对偏低值的改进并没有明显优于夏季,这表现了模式在模拟灌木丛和草地等植被下垫面的能力较低。

　　图 4-15 描述了 2002 年各子区域不同同化算法同化 LAI 与观测 LAI 的 RMSE 随时间的演变。总体而言,在北半球高纬度地区,分析结果与观测的偏差在植被生长季达到峰值,而在南半球高纬度地区则一致,在南半球植被的生长季两者的 RMSE 达到最大;然而,在低纬度地区,即常绿/落叶阔叶林占主导植被的区域,植被生长并没有明显生长季,分析得到的 LAI 与观测结果的偏差并没有随着时间的演变而减小。另外,同化后的分析值与观测的 RMSE 明显小于模拟值与观测值的 RMSE,可见同化确实达到了改进 LAI 的效果。另外,就同化算法而言,EAKF、EnKF 优于 KF、PF 的结果,尽管 PF 也是集合同化,但是在同化的过程中过分依赖一些粒子的权重而忽略了观测 LAI 在同化过程中的重要性。这是由于模型模拟 LAI 值系统性高于观测 LAI,在粒子滤波的迭代过程中出现了粒子退化的现象,其同化效果也不如 EAKF、EnKF 效果明显。就 EAKF 和 EnKF 而言,EAKF 在迭代的过程中对模型模拟的 LAI 和观测 LAI 的方差进行了调整,EAKF 同化后的 LAI 与观测 LAI 的 RMSE 最小,可以看出 EAKF 是较优的同化算法。

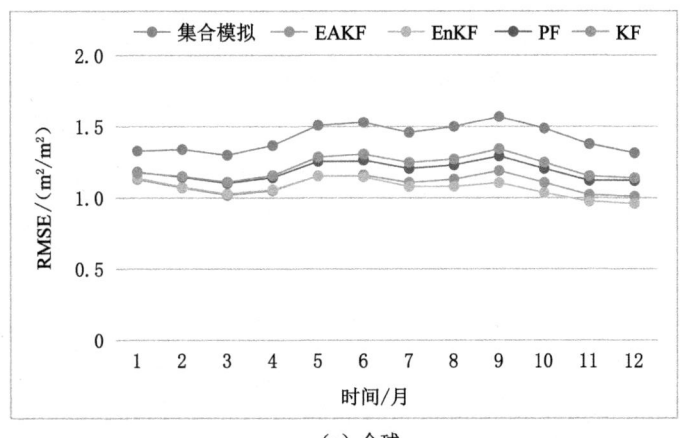

（a）全球

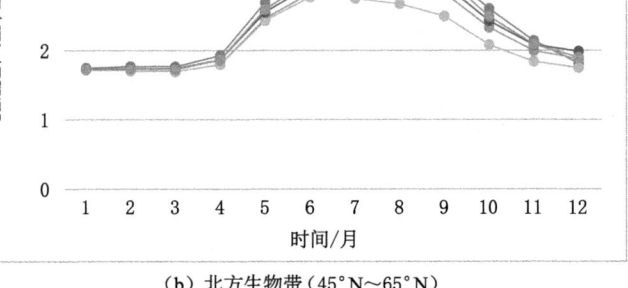

（b）北方生物带（45°N~65°N）

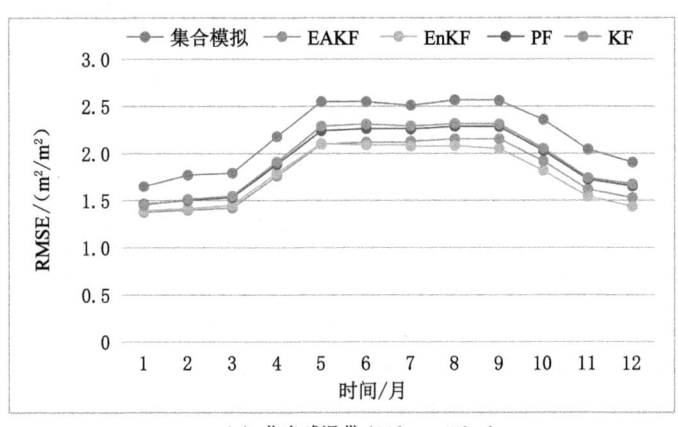

（c）北半球温带（23°N~45°N）

图 4-15　2002 年不同子区域各种同化算法同化结果与观测的 RMSE 随时间的演变

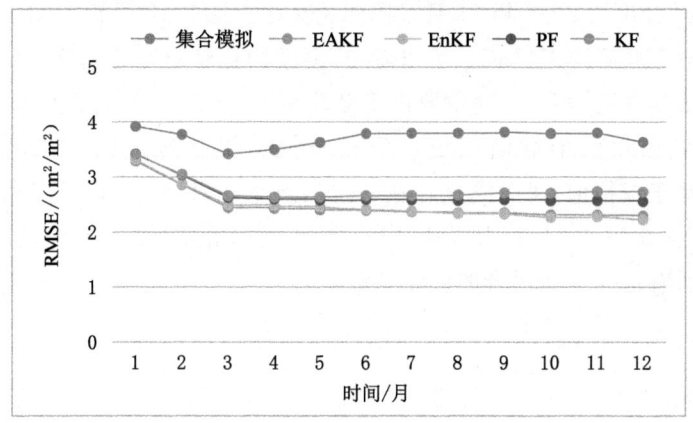

（d）北半球热带（0°～23°N）

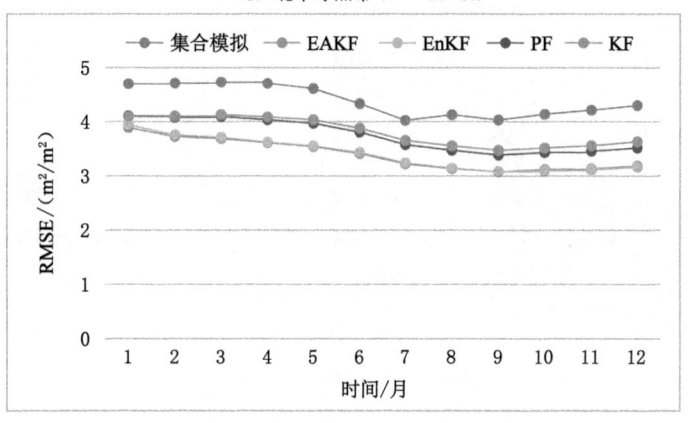

（e）南半球热带（0°～23°S）

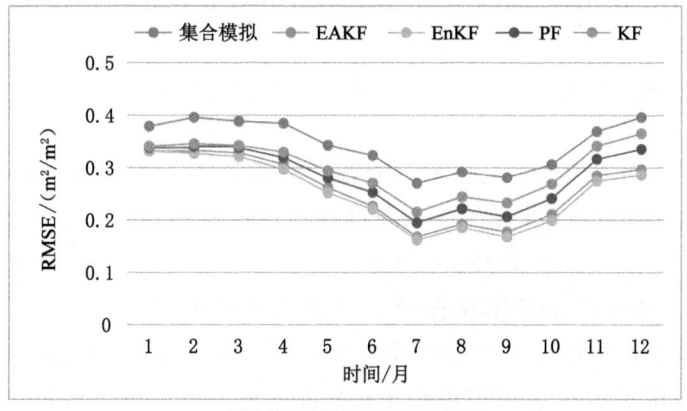

（f）南半球温带（23°S～90°S）

图 4-15　（续）

图 4-16 画出了 2002 年 11 月不同同化算法模拟 LAI/同化 LAI 与观测 LAI 差值的全球区域平均 RMSE。可以看出,夏季同化结果与 MODIS LAI 的不确定性相比较冬季更加明显,这主要由于夏季是北半球主要植物的生长季,而北半球植被覆盖相比南半球面积更广且植被类型更多造成的。同化后的 LAI RMSE 均小于模拟值,可见同化存在一定的效果。另外,用 EAKF 得到的同化 LAI 值与 MODIS LAI 的 RMSE 均小于其他同化算法。可见,在本研究中 EAKF 是所有选择中最适合的同化算法。

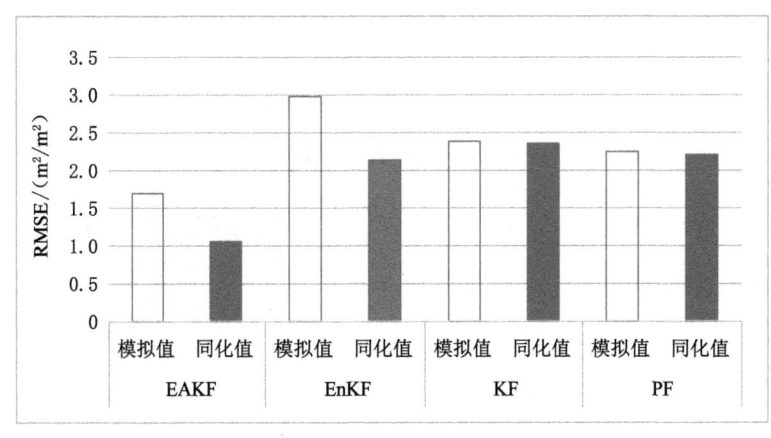

图 4-16 2002 年 11 月 EAKF、EnKF、KF 以及 PF 方法
同化的 LAI 的全球分布平均值与 MODIS LAI 的 RMSE

4.3 观测算子在同化过程中占的比重

同化结果对观测值不仅依赖模型算子和同化算法,同时也依赖观测算子。这不仅要求模型模拟的过程中要有足够强的离散程度,同时更加要求同化的观测变量要足够值得信任,同化的结果才会更加令人信服。

图 4-17 描述了 2002 年各子区域不同同化算法接受的观测数据所占比例随时间的演变。可以看出,不同植被类型占主导区域,同化过程中接受的叶面积指数比例也有所不同,且接受观测数比例最高的算法是 EnKF 和 EAKF,其次是 PF 和 KF。总体而言,低纬度地区,同化接受的观测 LAI 所占比例在 75% 左右分布,而高纬度地区接受的 LAI 比例则相对更大,尤其是南半球,这可能与模型

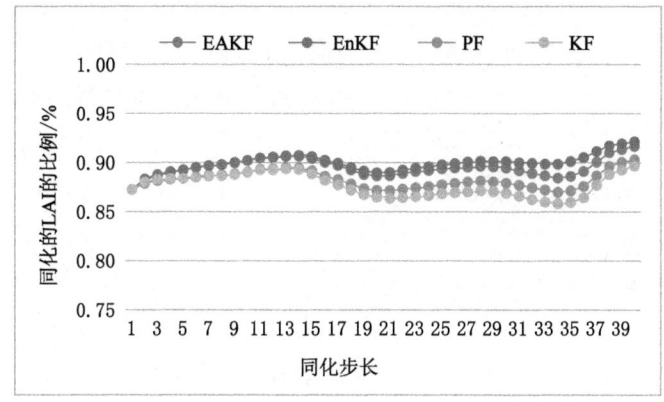

（a）全球

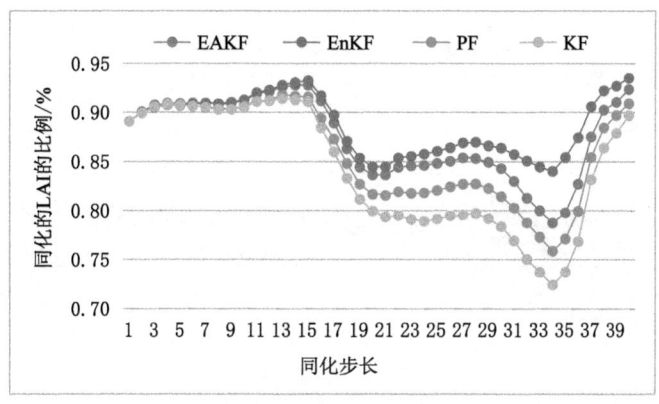

（b）北方生物带（45°N～65°N）

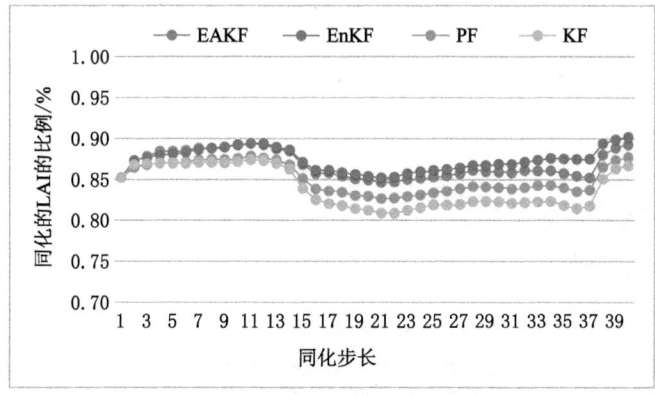

（c）北半球温带（23°N～45°N）

图 4-17　2002 年不同子区域各种同化算法接受观测数据所占比例随时间的演变

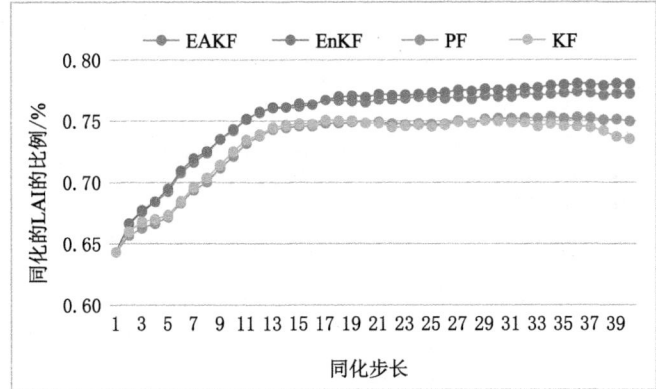

（d）北半球热带（0°～23°N）

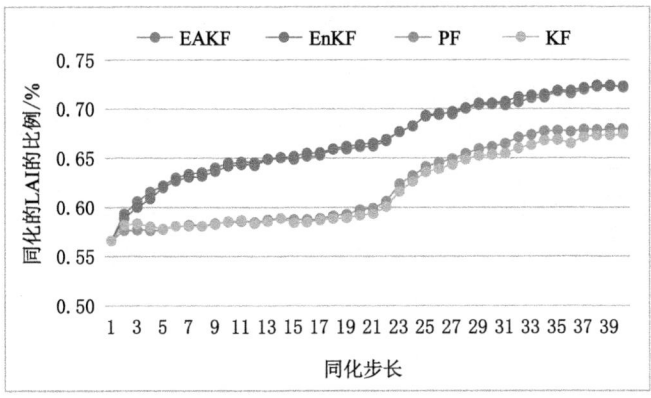

（e）南半球热带（0°～23°S）

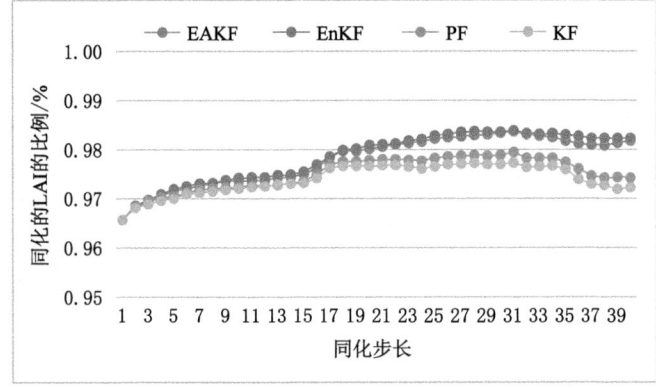

（f）南半球温带（23°S～90°S）

图 4-17　（续）

模拟的叶面积指数和观测的结果相差较大造成的。另外,也与 CLM 在低纬度地区针对阔叶林植被类型的设计有关,在热带地区植被可以无限制生长,这不仅导致模型模拟的 LAI 远大于观测值,同时,也导致在同化的过程中,由于模型集合模拟值普遍系统性高于观测,在未设置观测权重的前提下,同化过程中接受的观测 LAI 则会相对减少。

　　综上所述,在同化的过程中,充分考虑 LAI 观测值的权重是十分必要的。在北方生物带地区的 5—9 月、北半球温带地区的 4—9 月、热带地区的同化后期,同化过程接受的观测 LAI 远小于其他地区,而这些时段均对应模型模拟离散度较大的时间段(图 4-18)。

　　通过分析同化过程中不同同化算法导致的接受观测 LAI 比重的改变,可以得到 EnKF、EAKF 普遍优于 PF 和 KF;而对于粒子滤波 PF,同化效果并不明显,这可能是由于在同化的过程中,模型模拟的 LAI 值系统偏高于观测,导致粒子滤波在迭代的过程中,模拟的 LAI 占的比重远高于观测 LAI,观测 LAI 的权重非常小,其对同化过程中后验概率的计算贡献几乎为 0,即出现了粒子退化的现象(Doucet et al.,2000)。

　　图 4-19 描述了 2002 年 7 月和 11 月接受观测值的 EAKF 同化 LAI 与观测 LAI 的差值的空间分布,同时对比图 4-13(a)和图 4-14(a),在没有设置接受全部 LAI 的情况下,同化得到的 LAI 的全球分布效果不如全部接受观测的结果。另外,最大偏差依然出现在亚马孙地区、非洲中部、欧亚大陆南部以及北半球中高纬度的北方森林、温带森林密集区域(图 4-20)。

　　图 4-21 描述了 2002 年各子区域模拟值/同化值与观测 LAI 的 RMSE 随时间的演变,以分析在同化的过程中接受的观测值的多少对同化结果的影响。总体而言,同化值与观测值的 RMSE 均远小于模拟值与观测值的 RMSE,可见同化效果确实改进了模型对 LAI 的再现能力;而在同化的过程中,如果适当增加观测算子数目所占的比例,如本次实验使用的,设置同化的过程中完全接受所有的观测值,则同化值与观测值的 RMSE 小于拒绝了部分观测的实验方法。另外,模拟值/同化值与观测的 RMSE 均在中高纬度存在明显的年变化,即在植被生长旺盛的季节达到极值,而在低纬度地区变化并不明显。

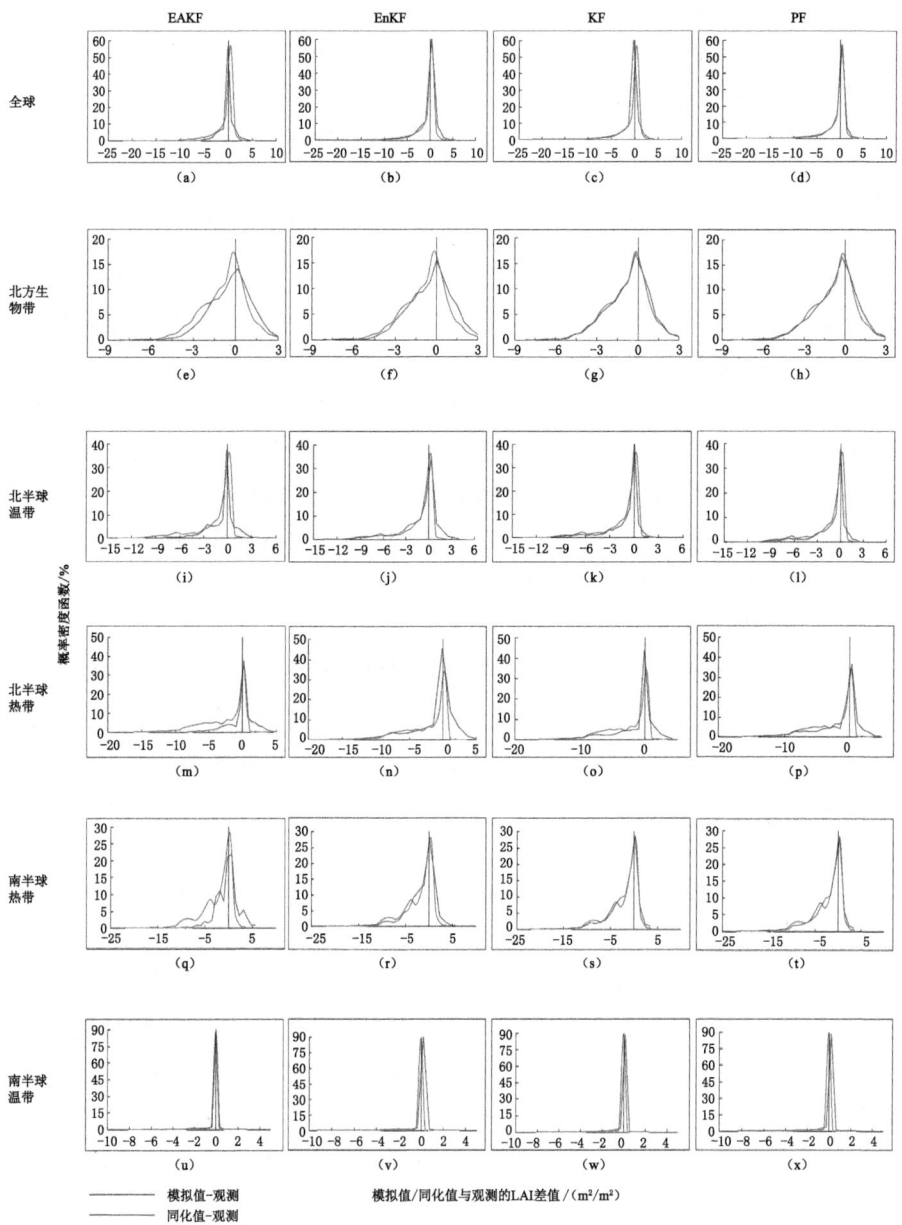

图 4-18　2002 年 7 月不同子区域所有同化方法同化的 LAI 和
模拟的 LAI 分别与观测的差值

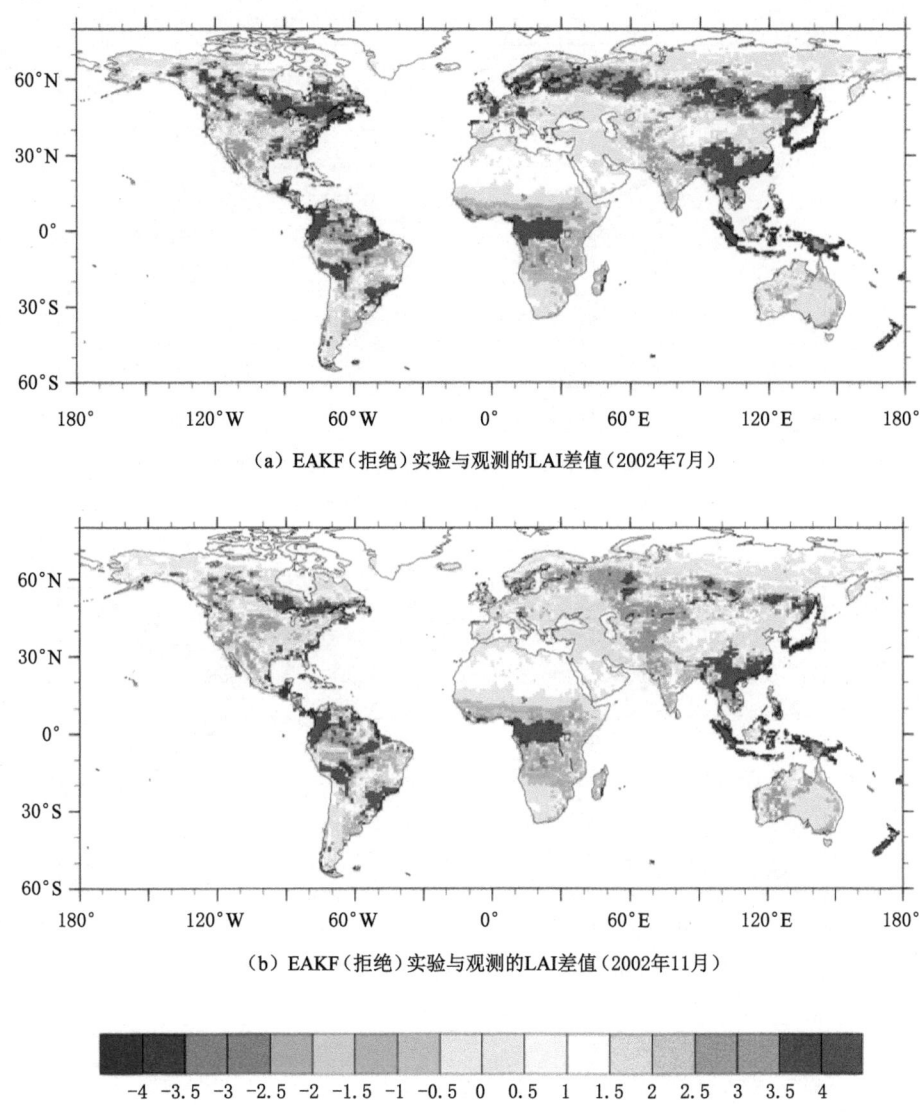

（a）EAKF（拒绝）实验与观测的LAI差值（2002年7月）

（b）EAKF（拒绝）实验与观测的LAI差值（2002年11月）

-4　-3.5　-3　-2.5　-2　-1.5　-1　-0.5　0　0.5　1　1.5　2　2.5　3　3.5　4

LAI差值/（m²/m²）

图 4-19　2002 年 7 月和 11 月接受观测值比例的 EAKF
同化 LAI 与观测 LAI 的差值的空间分布

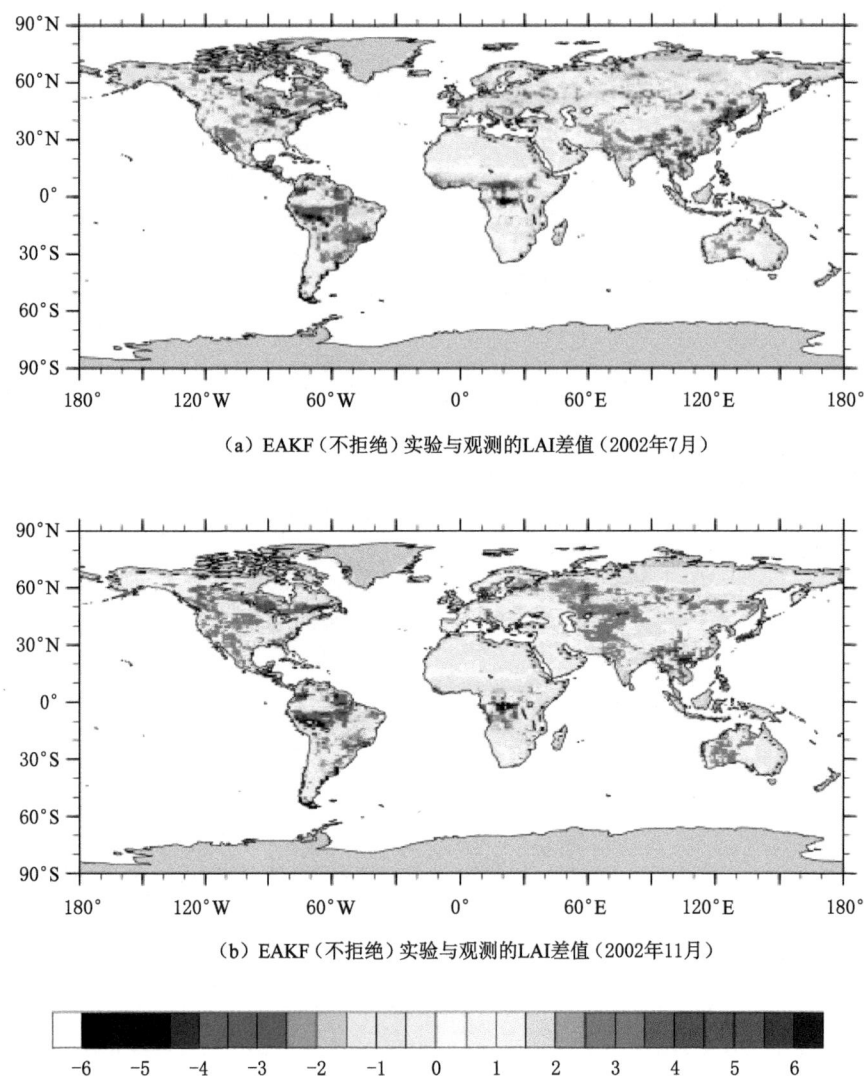

（a）EAKF（不拒绝）实验与观测的LAI差值（2002年7月）

（b）EAKF（不拒绝）实验与观测的LAI差值（2002年11月）

LAI差值/（m²/m²）

图 4-20　2002 年 7 月和 11 月接受所有观测的 EAKF
同化 LAI 与观测 LAI 的差值的空间分布

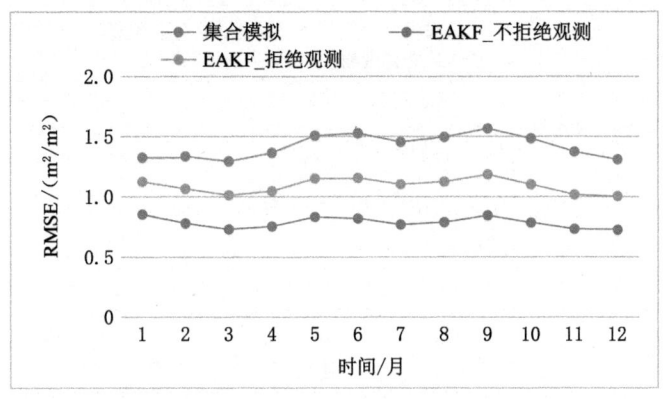

（a）全球

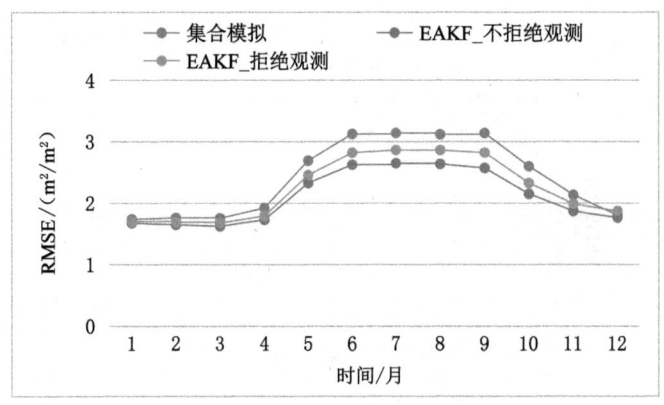

（b）北方生物带（45°N～65°N）

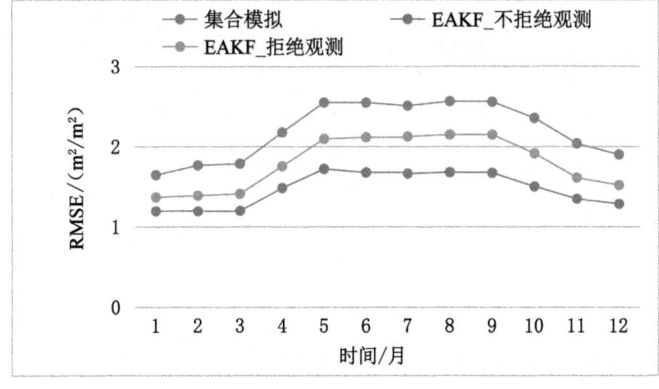

（c）北半球温带（23°N～45°N）

图 4-21　2002 年不同子区域模拟值/同化值与观测值的 RMSE 随时间的演变

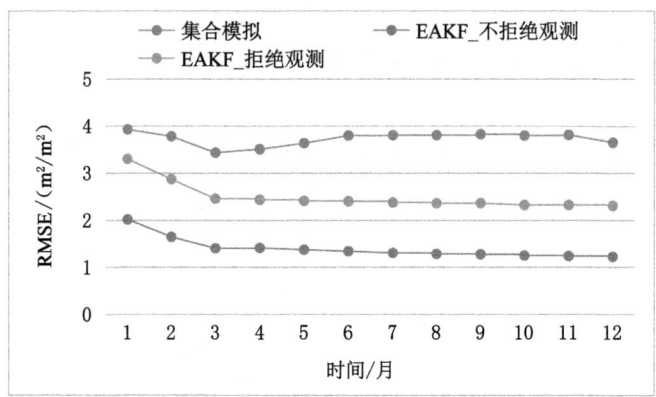

（d）北半球热带（0°～23°N）

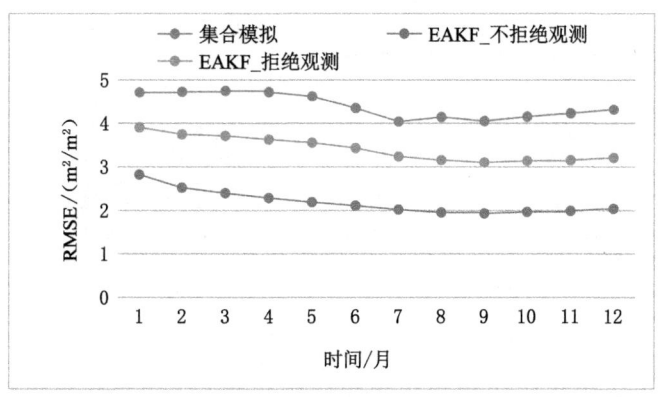

（e）南半球热带（0°～23°S）

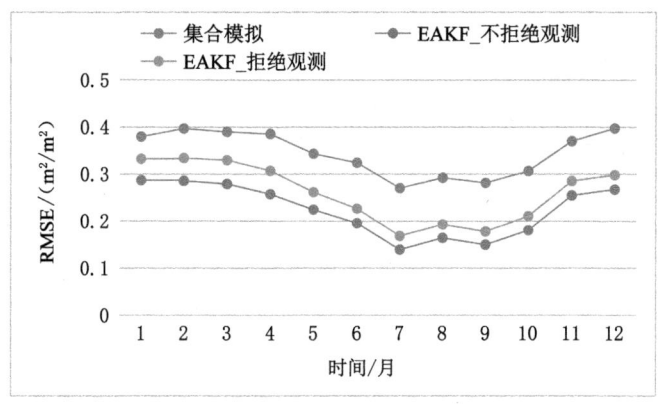

（f）南半球温带（23°S～90°S）

图 4-21　（续）

4.4　本章小结

本章在得到离散度足够大的初始条件的基础上,根据 CLM4 中 LAI 是否通过 C-N 循环约束的计算机制,设计了不同的同化方案;接着,利用不同的同化算法,并同时考虑在同化的过程中接受的观测数据的权重,设计了不同的对比实验,以分析模拟(同化)LAI 以及与观测 LAI 差值的空间分布,期望找出最适合的同化方法。

首先,4.1 节根据 CLM4-CN 中的 C-N 约束模块在同化过程中是否启动,设计了三组对比实验,分别为:① 完全不考虑同化的 CTL 实验;② 同化过程中不进行 C-N 约束的 NO-CN 实验;③ 同化过程中同时进行 C-N 约束的 C-N 实验。结果表明:CTL 实验输出的 LAI 系统性高于观测的 LAI,且最大偏差出现在亚马孙地区、非洲中部地区、欧亚大陆南部及东南亚群岛等低纬度地区和 50°N～60°N 的森林覆盖区。同化过程中不进行 C-N 约束时,同化的结果相对 CTL 并没有太大的改进;而如果在同化的过程中进行 C-N 约束,模型输出的 LAI 能够较好地描述全球的 LAI 分布特征,尤其在低纬度地区修正了模型明显高估该地区 LAI 的问题。另外,同化结果因地区和植被覆盖类型的不同而不同,在低纬度的阔叶林覆盖集中地区,同化的 LAI 能够修正模型严重高估该地区 LAI 的问题;而在中高纬度的草地或者开放式灌木丛地区,同化的 LAI 则高于观测值,同化的效果有待进一步的改进。

在确定同化过程中加入 C-N 约束是更优的同化方案后,4.2 节具体分析对比了时下比较流行的同化算法[包括集合调整卡尔曼滤波(EAKF)、集合卡尔曼滤波(EnKF)、卡尔曼滤波(KF)和粒子滤波(PF)]对不同同化效果的影响。就本节结果而言,EAKF、EnKF 的同化结果优于 KF、PF;EAKF 在每一步都对增益矩阵的更新进行了调整,使其在不低估分析误差协方差的前提下对观测场产生尽量小的扰动,避免采样误差和因此带来的滤波发散问题,所以,确定本实验中最合适的同化算法是 EAKF。

在此基础上,4.3 节通过在同化的过程中对遥感观测数据(观测算子)的权重设置,对比分析了观测算子在此同化系统中的重要性。结果表明:不同植被类型占主导的区域,同化过程中接受的叶面积指数比例也不尽相同。低纬度地区,由于集合模型模拟的 LAI 值变化剧烈,且系统性高于观测,同化结果接受的观测数量所占比例比高纬度地区低 10%～20%。另外,同化结果对观测值的依赖强于模型。这不仅要求模型模拟的过程中要有足够强的离散程度,同时更加要求同化的观测变量要足够值得信任,同化的结果才会更加令人信服。

在此基础上,也具体分析了不同植被类型导致不同同化效果的主要原因。首先,植被类型不同,导致 LAI 的季节性变化也不一致,在低纬度的阔叶林区域,LAI 全年高于观测,且年变化不明显,尽管模型严重高估该地区的 LAI,但是由于模型的初始离散度足够高,同化的过程中会同时考虑观测的权重;而对于年变化比较明显的区域,尤其是北半球落叶林和草地、灌木丛等地区,集合的模型初始条件在这些区域还是处于非常不离散的程度,同化的过程会倾向于相信变化趋于一致的模型集合变量,这时候观测在这些区域所占的比重也相对减弱。

第 5 章　全球尺度上同化 LAI 后对陆面模型模拟能力的影响

第 4 章通过对不同对比实验的结果分析,得到在同化的过程中启动 C-N 循环动力模块,同时充分考虑观测的权重,才能使得到的 LAI 与观测更为接近,这也很好地体现了同化过程和 C-N 模块的共同约束和修正作用。CTL 实验和 C-N 实验的大气驱动场、初始条件以及地表参数等变量完全一致,唯一区别在于地表植被特征参数 LAI 的不同(模拟 LAI 与同化 LAI)。因此,本章首先利用 GLDAS 再分析数据对同化前后模型输出地表状态量、陆-气通量进行了验证,并在此基础上从能量平衡、水分平衡的角度出发,期望找到 LAI 改变导致地表状态量及陆气通量变化的物理机制。

5.1　CLM4 陆面模型的计算流程

CLM4 陆面模型的计算过程如图 5-1 所示。

① 模型首先读入需要模拟的网格点、格点经纬度、模拟时间,以及格点中的土壤/植被的物理化学生物参数;同时,输入大气强迫场,CLM4 的大气强迫场包括温度、气压、湿度、地面风变量以及入射太阳辐射。

② 确定模型的参数,得到模式运行的初值状态场。如果存在降雪,模式会根据雪深给雪盖分层,同时根据大气强迫场的状况,得到雪水当量和雪温初值。

③ CLM4 的生物物理过程中,计算流程如下:

a. 模型根据模拟时间和格点经纬度计算太阳天顶角,得到相关辐射变量。

b. 有降水时,根据气温判断是降雨还是降雪;如果是降雨,则计算降水温度和冠层截留等参数;如果是降雪,则计算雪层的分布。

c. 计算植被冠层的热容量、拖曳系数、湍流阻抗等参数。

d. 求解下层雪和土壤间的水分和能量平衡方程,得到各层土壤温度,并用于订正湍流通量。

e. 计算植被的滴落水量、地表径流等变量,计算水汽的变化,同时得到各层土壤水分。

f. 利用新生成的土壤/植被的温度、湿度等变量计算湍流通量,并进行下一个陆面网格的计算。

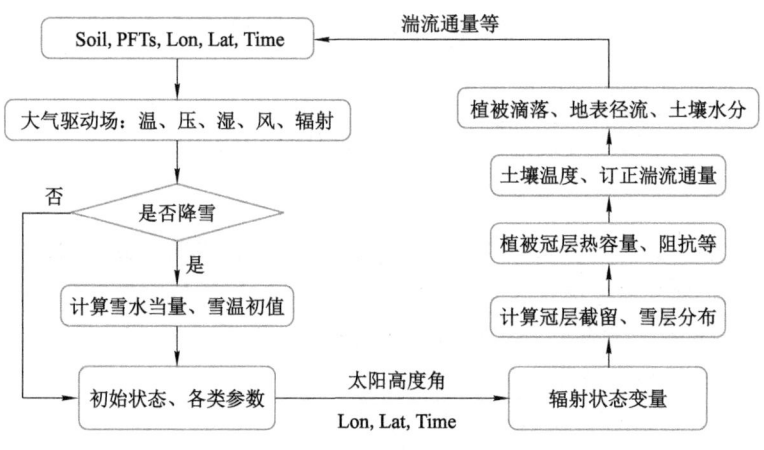

图 5-1 CLM4 中生物物理过程流程图

因此,从理论上看,LAI 作为植被的物理特征参数,从初始条件就开始对整个网格点中的地表状态量、陆-气通量等产生不可忽视的影响。本节的主要目的就是从全球范围内、区域范围内分析,在修正了全球 LAI 分布的情形下,探究其对地表状态量、陆-气通量产生何种影响,进而分析植被在全球/区域尺度上,在天气乃至气候变化中所起的作用。

5.2 全球范围 LAI 对地表状态量、陆-气相互作用通量的影响与其机理

如 5.1 节所述,根据 CLM4 的生物物理过程模型的计算流程,分析顺序也从植被特征参数响应、辐射响应、温度响应、水汽响应、湿度响应以及陆-气通量响应依次进行。在此基础上,本节还利用来自全球陆面数据同化系统(GLDAS-1)生成的全球尺度再分析数据,对模型未同化和同化后对地表状态变量和陆-气通量的再现能力进行了进一步的验证。

前文得到,同化后的分析 LAI 与模拟 LAI 相比更接近于观测,并且在常绿/落叶阔叶林等热带森林或者北方/温带森林等地区的改进尤其明显,但在开放式

灌木丛和草地下垫面的改进很小;同时,表 4-2 还挑选出 LAI 改变最明显且有典型植被覆盖的 8 个子区域,分别位于非洲中部(常绿阔叶林)、亚马孙东部(常绿阔叶林)、欧洲大陆南部(常绿阔叶林、农田)、中国东北部(落叶阔叶林、混合森林)、欧洲西部(混合森林、农田)、欧洲中部(草地、开放式灌木丛)、北美西部(草地、开放式灌木丛)和澳大利亚西部(开放式灌木丛),作为本节重点研究子区域,来研究 LAI 改变对地表状态量、陆-气通量等变化的影响。

5.2.1　地表植被特征参数响应

本节主要在北半球植被生长比较旺盛的时间范围内(2002 年 7 月)对这种差异进行分析。首先,根据图 4-7 所述,C-N 实验和 CTL 实验的地表 LAI 之差在低纬度地区明显高于高纬度地区,尤其是常绿阔叶林、落叶阔叶林占主导影响的亚马孙区域和非洲中部,而在开放式灌木丛、草地等作为主要植被类型覆盖的中高纬地区,C-N 实验往往会高估地表 LAI。具体而言,在北美洲东南地区,南美洲大部分地区,非洲中部和北部,亚欧大陆西部、北部和东南沿海地区,以及东南亚岛屿及澳大利亚东部地区,差值为负,即同化后的 LAI 在这些地区有所减小。在北美洲中部西岸、亚欧大陆中部和澳大利亚西部地区,LAI 的差值为正,意味着同化后的 LAI 在这些地区比模拟值大。图 5-2 给出了 C-N 实验和 CTL 实验的叶面积指数 C(Leaf C)和叶面积指数 N(Leaf N)的全球分布。可以看出,尽管 Leaf C 比 Leaf N 高出 1~2 个量级,但是 Leaf C 和 Leaf N 的全球分布特征和 LAI 保持一致。可见,在叶片上进行光合作用、呼吸作用等生物化学过程中,C 和 N 的变化与 LAI 息息相关,其不仅是植被生物物理特征的体现,还会同时影响光合作用产物以及呼吸作用消耗能量在整个生物化学过程中的再分配,因此在同化过程中同时更新 Leaf C 和 Leaf N 是必要的。

5.2.2　地表辐射通量响应

图 5-3 是 2002 年 7 月 GLDAS 地表净长波辐射、CTL 实验地表净长波辐射、CTL 实验与 GLDAS 地表净长波辐射差值、C-N 实验与 CTL 地表净长波辐射差值的空间分布。可以看出,CTL 模拟实验能够模拟出地表净长波辐射的全球分布特征,但是在数值上呈现"低值更低、高值更高"的变化特征。具体而言,在非洲北部地区、中东区域以及中国西北及北部地区、澳大利亚北部这些植被分布稀少的地区,地表长波辐射更大,而在植被分布密集地区,尤其是亚马孙流域、非洲中部、中国南部等热带森林分布区域,地表长波辐射值偏小,这是由于植被的存在使得太阳辐射在地表的传输过程导致的。由于 GLDAS 数据是用来验证模式的模拟/同化结果,因此,只有在图 5-3(c)和图 5-3(d)的差值分布特征呈现

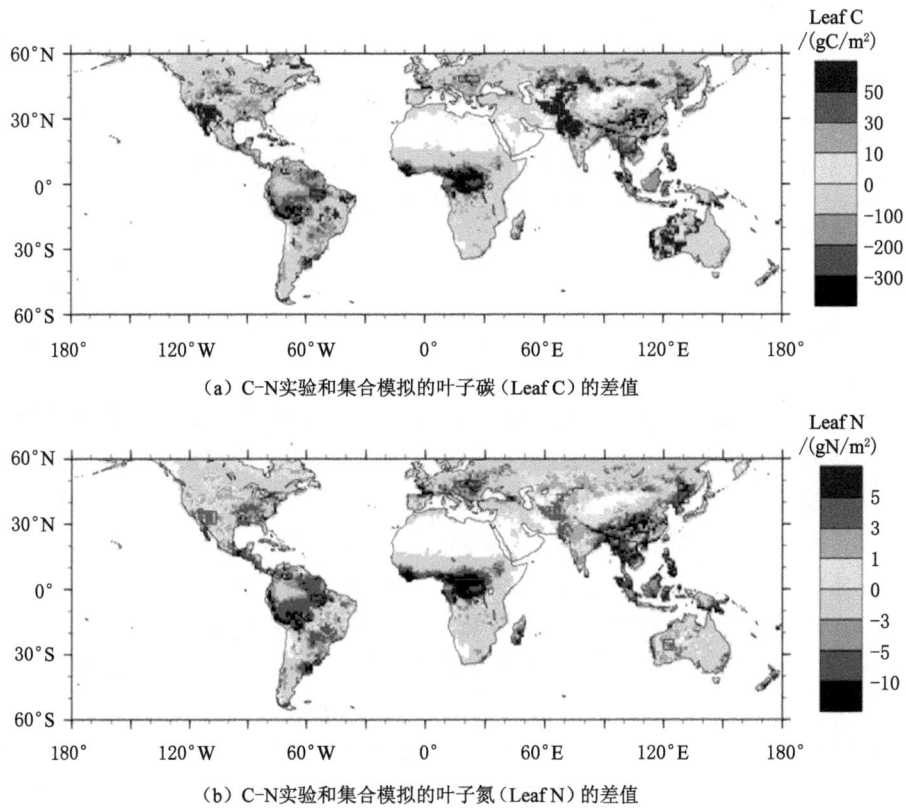

（a）C-N实验和集合模拟的叶子碳（Leaf C）的差值

（b）C-N实验和集合模拟的叶子氮（Leaf N）的差值

图 5-2　2002 年 7 月 Leaf C、Leaf N 的 C-N 实验与 CTL 实验的差值

反向变化时，同化的 LAI 才会显示出对模型模拟结果的改进。因此可以看出，就地表净长波辐射而言，除了北美洲中东部和北部、亚欧大陆中部、非洲最南端以及澳大利亚的小部分区域是减小的以外，其他大部分地区是增大的，其中南美洲中部、非洲中南部、欧洲中部以及亚洲东北部增大较明显。与 LAI 的变化图相比来看，两者的对应情况较好，在 LAI 基本减小的区域，净长波辐射是增大的，反之亦然。这是由于在太阳辐射相同的前提下，LAI 增大，会影响光在植被中间的传输，导致地面接受的净短波辐射减小，伴随着地面接受总能量的减小，地面放出的长波辐射也相应减小。另外，与 LAI 的变化对比来看，在 LAI 变化最明显的区域，尽管地表吸收/放出的净长波辐射与 LAI 的改变呈反向变化，但在非洲中部地区，地表长波辐射的响应却在 LAI 改变最强烈的其他区域更加强烈。究其原因，这是由于常绿阔叶林本身的调节作用造成的，LAI 的相对误差

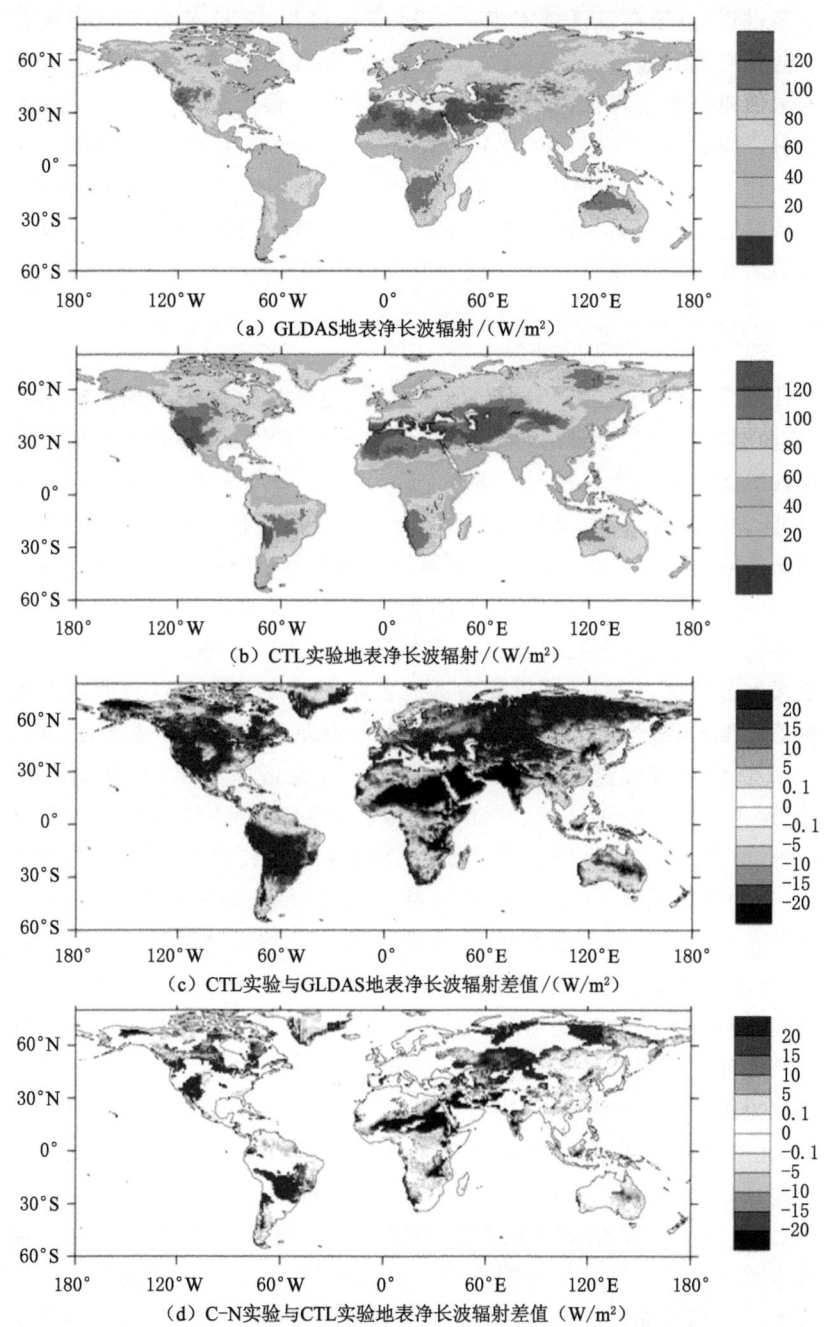

（a）GLDAS地表净长波辐射/（W/m²）

（b）CTL实验地表净长波辐射/（W/m²）

（c）CTL实验与GLDAS地表净长波辐射差值/（W/m²）

（d）C-N实验与CTL实验地表净长波辐射差值（W/m²）

图 5-3　2002 年 7 月 GLDAS 地表净长波辐射、CTL 实验地表净长波辐射、CTL 实验与
GLDAS 地表净长波辐射差值、C-N 实验与 CTL 实验地表净长波辐射差值的空间分布

改变很多,但是由于在该区域本来的 LAI 就已经很大,植被分布一定程度的减小并不会对当地的地表覆盖造成太大的影响;而其周围格点主要的植被覆盖类型为木本稀树草原或者稀树草原,LAI 的改变会在很大程度上影响到达地面的长波辐射。同时可以看出,在 LAI 本来就很大的区域,LAI 改变对地表辐射的影响并不如 LAI 值本来很小的区域大。另外,低纬地区如稀树草原植被类型、森林与草原的混合交错带区域,中高纬地区如落叶阔叶林、混合森林、农田这类植被类型的地表长波辐射对 LAI 改变的反映更强。

5.2.3 地表温度响应

LAI 的变化首先就会影响下垫面的状况,包括地表反照率和粗糙度等重要因素,从而影响到地表能量的收支情况,因此地表和土壤温度的变化能在一定程度上反映地面能量的变化情况。图 5-4 给出了 2002 年 7 月 GLDAS 2 m 温度、CTL 实验 2 m 温度、CTL 实验与 GLDAS 2 m 温度差值、C-N 实验与 CTL 实验 2 m 温度差值的空间分布。模拟的地表气温与再分析的结果存在较大偏差。其中,在亚马孙中部、北美北部地区、非洲北部及中部以及欧亚大陆大部分地区,模型均低估了地表温度;而在北美中部及南部、欧亚大陆东部及东南部地区以及澳大利亚大部分地区,模型则严重高估了地表温度。由于图 5-4(d)所示为同化值与模拟值的偏差,故当图 5-4(c)与图 5-4(d)的偏差分布呈反号变化时,则代表同化的 LAI 对结果有改进作用,反之亦成立。首先可以看出,在使用同化后的 LAI 后,除了亚马孙中部区域、非洲中部地区和欧亚大陆的西部地区存在温度的高估外,改进的 LAI 降低了全球大部分地区的地表温度。就改进的效果而言,在北美的西部地区、北美南部、亚马孙大部分区域、非洲中部地区、欧亚大陆的东部及东南部以及整个澳大利亚,改进后的 LAI 使得这种高估的形式有所缓解;而对于非洲南部、亚马孙中部地区以及欧亚大陆的中西部地区,改进后的 LAI 缓解了高估地表温度的情况。总体而言,同化后的 LAI 对低估地表气温的改进效果明显好于对高估地表气温的改进效果,这大概与叶面积指数的全球效应有关。由图 5-4(a)和图 5-4(b)可以看出,模型能够模拟出全球气温的分布特征,但在北美洲的南部地区、澳大利亚大部分地区、中国青藏高原以及欧亚大陆东北部地区,模拟的气温则高于再分析数据,其他地区模拟的 2 m 温度则小于再分析数据。另外,低估的 2 m 气温的变化幅度比高估的值大,且在全球所占的比重也高于高估的地区。由图 5-4(d)可以看出,2 m 地表气温和地面接受净长波辐射的全球分布特征一致,在北美西部和亚欧大陆中部,2 m 地表气温由于 LAI 的增加,呈现降低的趋势。这是由于 LAI 的增加影响了到达地表的太阳辐射,使得地表吸收的长波辐射减小,同时分配给地表的感热通量同时减小,最终

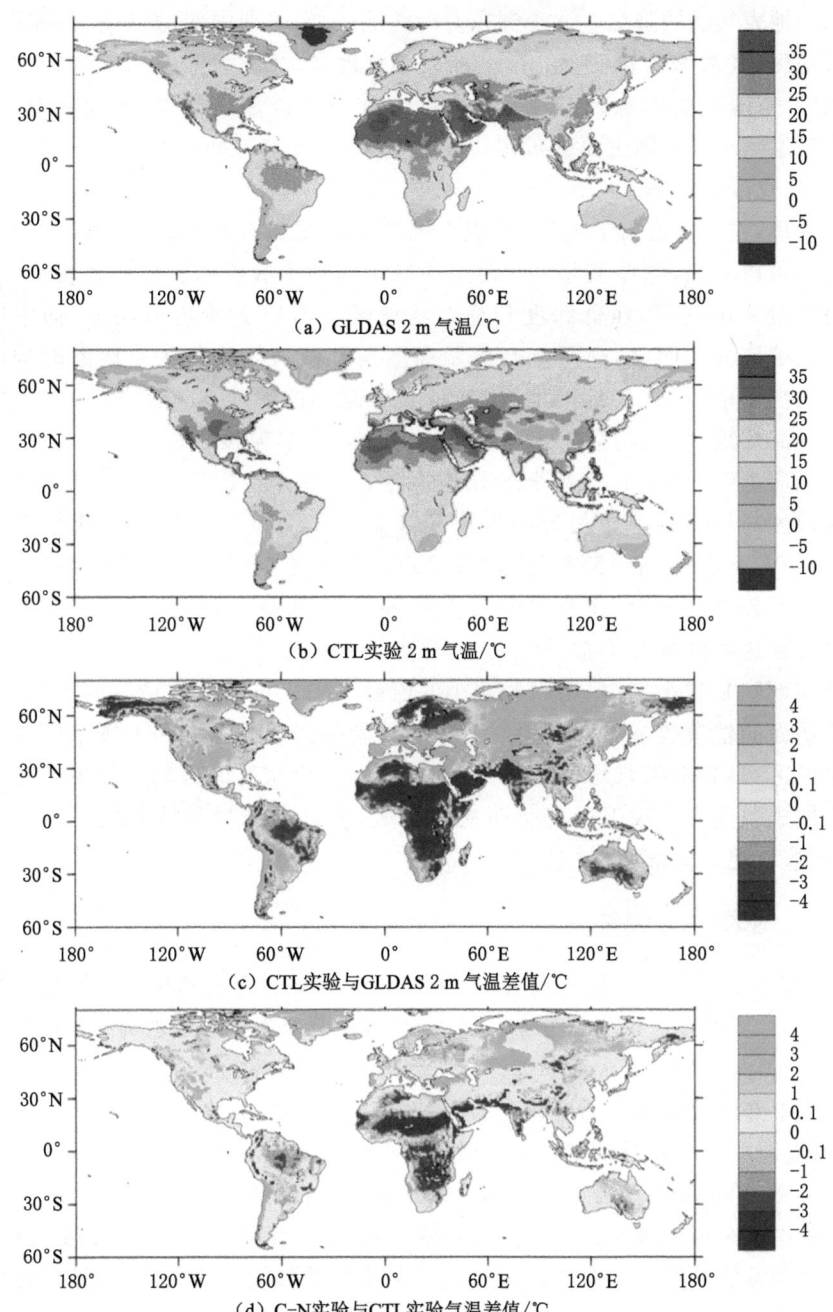

（a）GLDAS 2 m 气温/℃

（b）CTL实验 2 m 气温/℃

（c）CTL实验与GLDAS 2 m 气温差值/℃

（d）C-N实验与CTL实验气温差值/℃

图 5-4　2002 年 7 月 GLDAS 2 m 气温、CTL 实验 2 m 气温、
CTL 实验与 GLDAS 2 m 气温差值、C-N 实验与 CTL 实验气温差值的空间分布

显示为地表气温的降低。北美洲东南沿海地区、南美洲中部、亚洲东部和东北部沿海地区,气温增大较明显。南美洲大部分地区、亚欧大陆北纬 60°到 45°之间的地区,东南亚岛屿地区以及非洲中部部分地区也都是增大,但值相对较小。2 m 气温减小区域则主要分布在北美洲中部、非洲南部和东部以及欧洲东部地区,但变化范围较小。

同理,图 5-5 给出了地温、地表土壤温度以及 10 cm 地表土壤温度的全球分布。可以看出,这些变量的全球分布特征与地面吸收的长波辐射特征一致。但是针对 2 m 气温,在低纬度和高纬度地区对 LAI 的响应较明显,而中纬度地区的响应并不明显,这可能与太阳高度角及植被类型有关。地温的响应则与 2 m 气温相反,在中纬度地区,其对 LAI 减小的响应非常明显,而在低纬地区和中高纬地区,其响应则相对减弱。10 cm 土壤温度的响应比地表土壤温度的响应更强,且与 LAI 在全球分布的特征一致。究其原因,这大概与 10 cm 土壤温度与植被的根生长等物理特征参数有关。同样是 LAI 变化很大的区域,亚洲东部和非洲中部相比,前者地表温度和土壤温度的变大更明显,而后者则相对较小。其次,在非洲中部和南部,LAI 都是减小的,但地表温度和土壤温度在这些区域并不都是增大的,在赤道地区偏西的部分是增大的,但在东部和南部则是减小的,但增大和减小的值都不大。这种变化情况的不同,可能与下垫面的植被类型不同有关。在非洲和南美洲地表温度和土壤温度变化不明显的区域,是热带常绿阔叶林集中的区域,因而相对而言响应较小。在亚洲东部地表温度和土壤温度变化明显的区域,则是农作物和城市较为集中的区域,响应就更为显著。

5.2.4 地表水文变量响应

图 5-6 分别给出了植被冠层蒸发、植被蒸腾、地表蒸发和相对湿度的 C-N 实验与 CTL 实验差值的全球分布。可以看出,在草地为主要植被类型的中高纬地区,如北美西部和欧亚大陆中部区域,LAI 的改变造成的植被蒸发的变化很小;在非洲中部以及欧洲西部这些 LAI 减小明显的区域,植被的蒸发作用反而增强(这可能与模型中针对该植被的物理参数不协调有关)。在中纬度的中国东北部地区,LAI 的响应表现为:随着 LAI 的减小,植被冠层的蒸发作用减弱,尤其 7 月也是中国东亚地区的夏季东南季风盛行的时段,其对水汽的响应则更加明显。而植被的蒸腾作用在中高纬地区对 LAI 的响应明显大于低纬地区,即 LAI 增加(减小)明显的区域,植被的蒸腾作用也相应地减少(增加)。而在低纬地区,尤其是亚马孙区域和非洲中部,其对 LAI 改变的响应并不明显。究其原因,这可能与这些区域植被的蒸腾作用已经达到饱和有关,在温度超过一定范围内,植被的

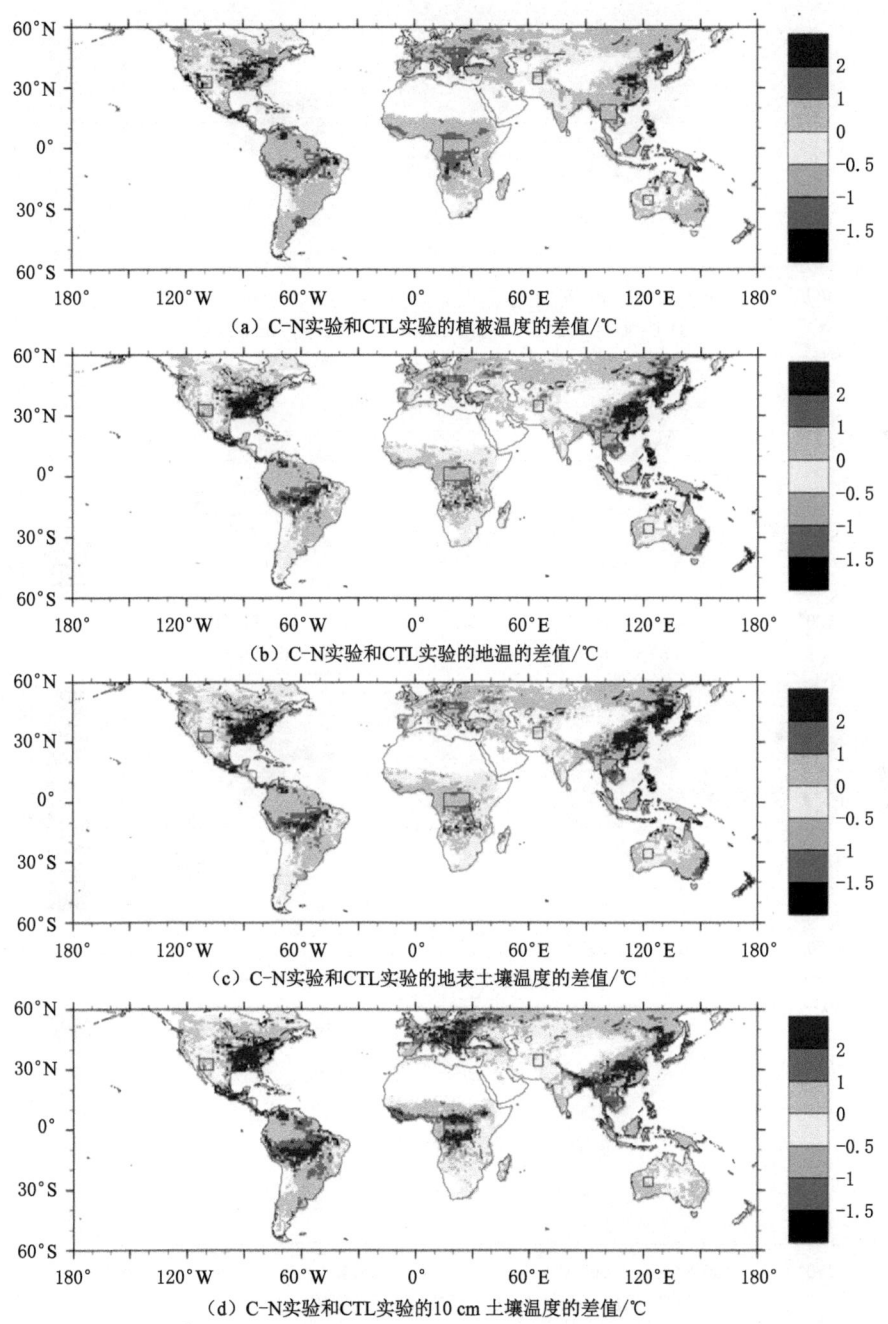

（a）C-N实验和CTL实验的植被温度的差值/℃

（b）C-N实验和CTL实验的地温的差值/℃

（c）C-N实验和CTL实验的地表土壤温度的差值/℃

（d）C-N实验和CTL实验的10 cm 土壤温度的差值/℃

图 5-5　2002 年 7 月植被温度、地温、地表土壤温度和
10 cm 土壤温度的 C-N 实验与 CTL 实验的差值

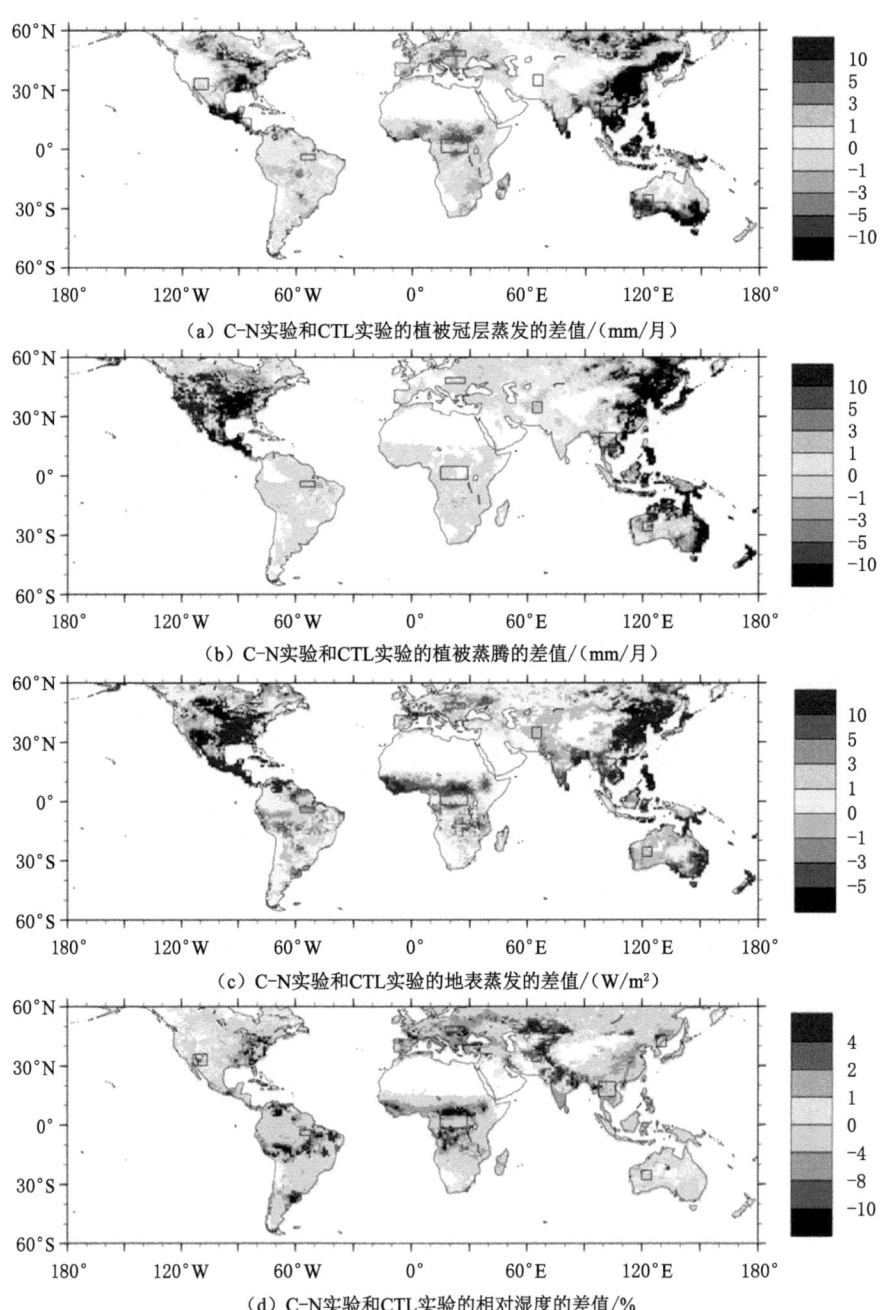

（a）C-N实验和CTL实验的植被冠层蒸发的差值/（mm/月）

（b）C-N实验和CTL实验的植被蒸腾的差值/（mm/月）

（c）C-N实验和CTL实验的地表蒸发的差值/（W/m²）

（d）C-N实验和CTL实验的相对湿度的差值/%

图 5-6　2002 年 7 月植被冠层蒸发、植被蒸腾、地表蒸发
和相对湿度的 C-N 实验与 CTL 实验的差值

蒸腾作用并不会有特别明显的改变。地表蒸发的全球分布在中国东北部、北美东部以及非洲中部响应十分明显。在中高纬度地区,如中国东北部,由于 LAI 的减小造成地表气温和地温的升高,更有利于地表水汽的蒸发;加之中国东北部在 7 月处于夏季季风的笼罩之下,水汽含量非常充沛,因此显示在地图中的地面蒸发也有了显著的提高。而在 LAI 增大的地区,如澳大利亚西部、北美西部和中国西北部地区,由于地表气温和地温响应为减小,地面水汽的蒸发也有了一定程度的削弱。在植被蒸发、蒸腾以及地表蒸发的共同作用下,地表水汽能量平衡也会根据 LAI 的改变呈现相应的变化。就 2 m 相对湿度而言,增大区域主要是亚欧大陆中部、北美洲中部和北部的部分区域以及澳大利亚部分区域,而其他地区基本是减小的,其中南美洲中部和非洲中部赤道地区减小尤为明显。而对于 2 m 大气温度,有三个较为明显的增大区域:南美洲中部、非洲中部赤道地区及以南部分地区、欧洲中部地区,在这些区域周围主要是增大区,即南美洲大部分地区、北美洲东部沿海地区、欧洲地区、非洲中部和南部大部分地区,还有亚洲东南部地区和澳大利亚西部地区。减小的区域集中在亚欧大陆中部的南亚大陆。两个变量变化情况与 LAI 的变化情况相对应的情况都比较好。在 LAI 减小的区域,相对湿度减小而 2 m 气温增大,反之亦然。这种情况表明在植被减少、叶面积下降的情况下,低层大气有变干的趋势,这与植被的蒸腾作用减少有关。就地表蒸发而言,北美洲东南部和墨西哥地区、非洲中部赤道地区、亚洲东部和东北部地区以及澳大利亚东部沿岸区域是增大尤为明显集中的区域。此外,南美洲大部分区域、非洲南部、欧洲地区以及亚欧大陆北纬 60° 到 45° 之间的地区都是增大区,减小区则包括北美洲西部和北部、亚欧大陆中部以及澳大利亚西部地区。

图 5-7 给出了 2002 年 7 月地表土壤体积水含量、10 cm 土壤体积水含量、地表径流的 C-N 实验与 CTL 实验的差值。可以看出,10 cm 土壤体积水含量对 LAI 的响应程度要大于地表土壤体积水含量。相同的是,土壤体积水含量在低纬地区并不明显。就单位体积土壤含水量来说,在北美洲东南部、南美洲中部、欧洲大部分地区、非洲南部、南亚次大陆南端以及亚洲东部和东北部是增大较为集中和明显的区域。此外,南美洲北部、非洲中部和南部大部分地区、亚欧大陆 60°N 到 45°N 之间的地区、东南亚岛屿以及澳大利亚东部地区也是增大的地区。而减小则出现在北美洲西部和中部、亚欧大陆中部以及澳大利亚西部地区。单位体积土壤含水量的变化情况也与 LAI 的变化相对应:在 LAI 减小的区域,单位体积土壤含水量增大,反之亦然。可能的原因一方面是减少了植物的蒸腾作用,另一方面是减小了植物的冠层截流作用。

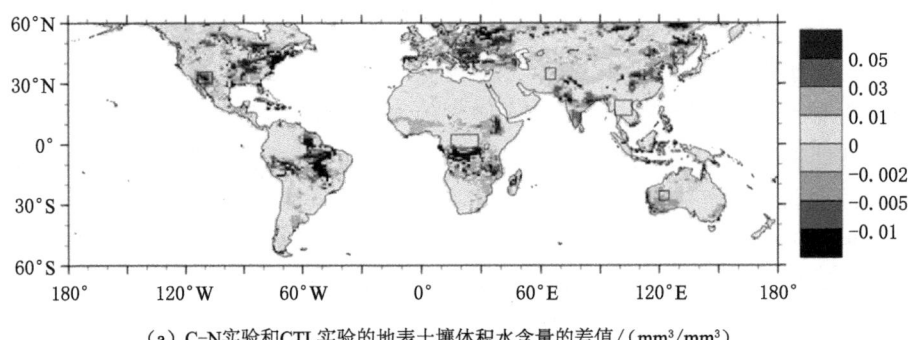

（a）C-N实验和CTL实验的地表土壤体积水含量的差值/（mm³/mm³）

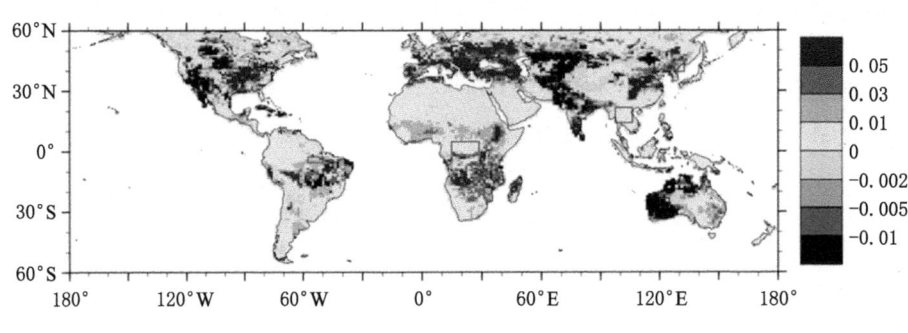

（b）C-N实验和CTL实验的10 cm土壤体积水含量的差值/（mm³/mm³）

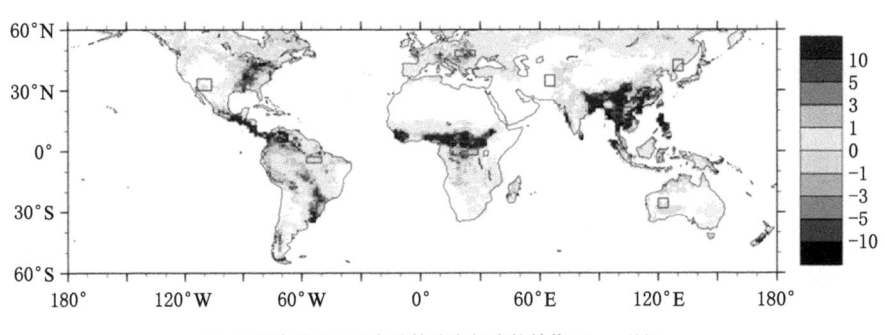

（c）C-N实验和CTL实验的地表径流的差值/（mm/月）

图 5-7 2002 年 7 月地表土壤体积水含量、10 cm 土壤体积水含量、
地表径流的 C-N 实验与 CTL 实验的差值

5.2.5　地表热量通量响应

图 5-8 描述了 2002 年 7 月 GLDAS 感热通量、CTL 实验感热通量、CTL 实验与 GLDAS 感热通量差值、C-N 实验与 CTL 实验感热通量差值的空间分布图。可以看出,植被覆盖越密集的区域,感热通量越小,反之亦成立。模型模拟得到的感热通量在全球大部分区域均远小于再分析数据,但是在澳大利亚北部、欧亚大陆东北部和北美西部地区,模拟的感热通量则高于再分析数据。由图 5-8(c)和图 5-8(d)的分布来看,在 LAI 减小的区域,由于地表温度的升高,感热通量也是增大的情况,这在亚洲东部和北美洲南部尤为明显。总的来说,下垫面植被叶面积指数的变化,明显影响到了陆-气之间能量的分布与传输情况。

图 5-9 画出了 2002 年 7 月 GLDAS 潜热通量、CTL 实验潜热通量、CTL 实验与 GLDAS 潜热通量差值、C-N 实验与 CTL 实验潜热通量差值的空间分布。可以得到,潜热通量的分布与感热通量的分布相反,地表植被覆盖越稀疏,潜热通量值越小,反之亦成立。主要低估的区域位于亚马孙区域、非洲中部地区和欧亚大陆西北部地区和南部地区,而这些地区多为热带雨林或温带森林、北方森林的覆盖地区;而主要高估区域则位于北美地区西南部、澳大利亚和欧亚大陆的东部及东南部地区。对于总潜热通量而言,在南美洲中部和北部、非洲中部和欧洲地区是增大集中的区域;在亚洲东部沿海地区和东南亚岛屿是减小集中的区域;在澳大利亚,西部主要是增大而东部则主要是减小;在北美洲南部,增大和减小的格点相互混杂,界线不分明。就感热来说,增大区域主要分布在北美洲南部和中部小块区域、南美洲中部、欧洲地区、非洲赤道地区及以南部分地区以及亚洲东部沿海地区;减小的区域则分布在北美洲西部、亚欧大陆中部地区和澳大利亚。将 LAI 变化情况与总潜热通量的变化情况相比,可以看见在亚洲东部、东南亚地区和澳大利亚东部这些 LAI 减小的区域,总潜热通量也是减小的。这主要是因为在这些区域地表蒸发量增大明显,植被的蒸腾作用则减小了。而在非洲中部、欧洲和南美洲这些叶面积指数同样减小的区域,总潜热通量则是增大的,这一方面与这些区域的植被类型有关,另一方面也与这些地区本身的气候类型有关。

前面主要分析考察了 LAI 和其他参数的 C-N 实验与 CTL 实验差值的分布情况,并将它们理解成是由控制实验"变化"为新的 LAI 呈现之后,各个地表变量的变化情况。叶面积指数作为一个连接陆-气相互作用的重要生态因素,对陆-气之间的能量收支与平衡、水汽和物质输送都有着重要的影响,因而 LAI 和其他参数之间的关系十分紧密。借助模型模拟的 LAI 和其他各参数的变化,本节也试着进一步探讨 LAI 和其他参数变化之间的关系,分析讨论在相关区域对应变化背后的生物和物理机理。

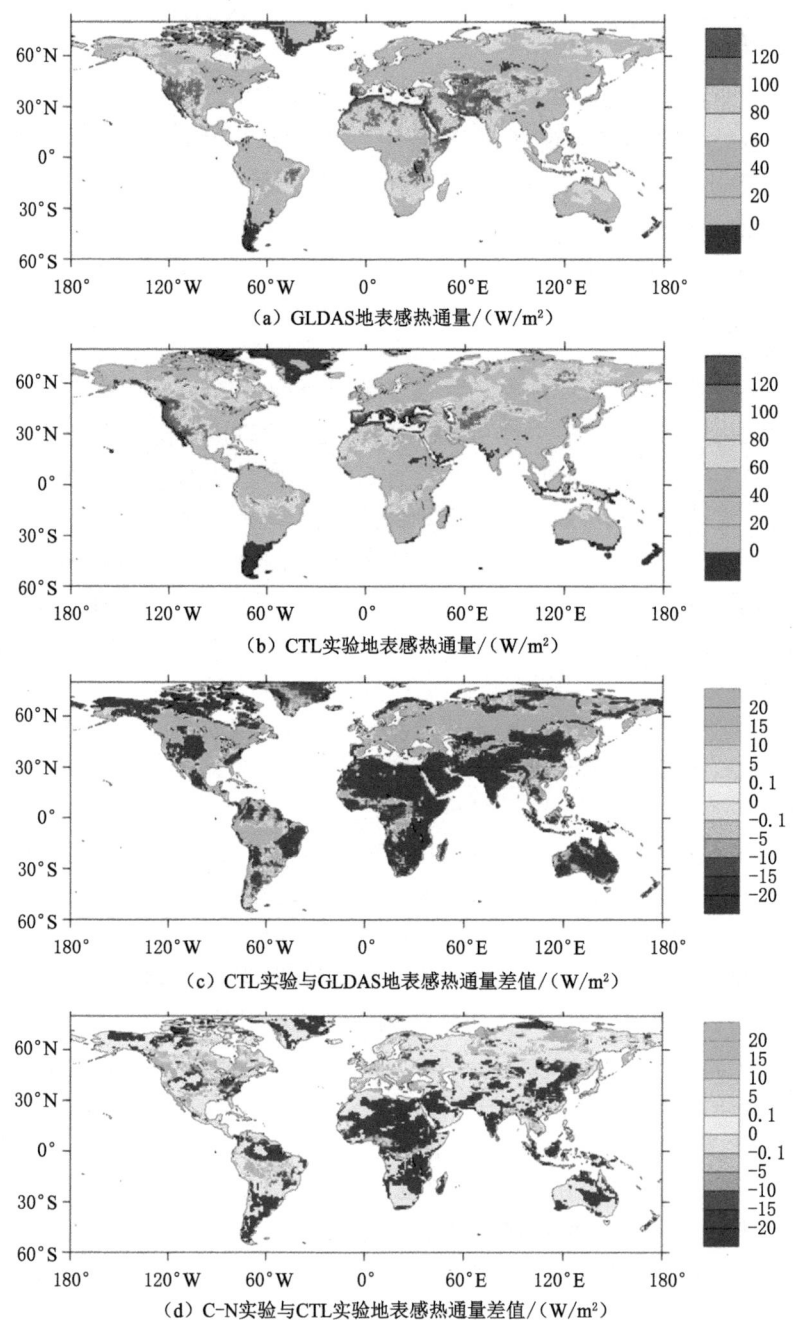

（a）GLDAS地表感热通量/（W/m²）

（b）CTL实验地表感热通量/（W/m²）

（c）CTL实验与GLDAS地表感热通量差值/（W/m²）

（d）C-N实验与CTL实验地表感热通量差值/（W/m²）

图 5-8　2002 年 7 月 GLDAS 感热通量、CTL 实验感热通量、
CTL 实验与 GLDAS 感热通量差值、C-N 实验与 CTL 实验感热通量差值的空间分布

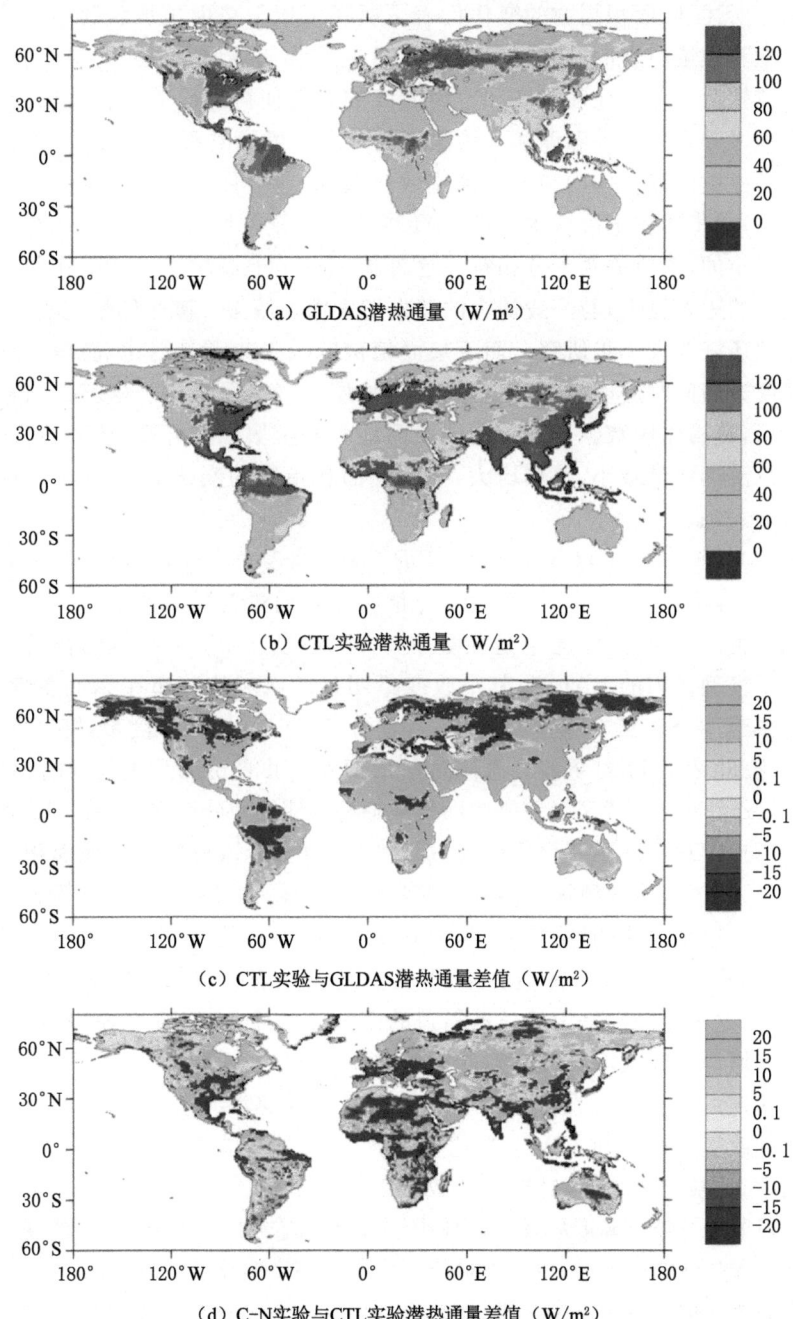

（a）GLDAS潜热通量（W/m²）

（b）CTL实验潜热通量（W/m²）

（c）CTL实验与GLDAS潜热通量差值（W/m²）

（d）C-N实验与CTL实验潜热通量差值（W/m²）

图 5-9　2002 年 7 月 GLDAS 潜热通量、CTL 实验潜热通量、
CTL 实验与 GLDAS 潜热通量差值、C-N 实验与 CTL 实验潜热通量差值的空间分布

综上所述,叶面积指数的变化代表了所在区域下垫面植被状况的变化。从地表温度和土壤温度的升高可以知道 LAI 的减小使得地表反照率减小,地面吸收的短波辐射增多。地表温度和土壤温度的升高使得地面的净长波辐射增高,感热也随之升高。地表温度和土壤温度的升高使得地面蒸发增大,但是 LAI 的减少使得植被的蒸腾作用和冠层截流效应减少,这会使土壤湿度增大。由实验结果来看,单位体积土壤含水量在 LAI 增大的区域是增大的,在 LAI 减小的区域则是减小的,对应关系十分相符。这种情况提示土壤湿度受蒸腾作用和冠层截流效应的影响更大,与一般认为的蒸发增大而土壤湿度减小的情况不相符,具体的原理还需要进一步研究。而下垫面植被的减少或者是退化,会使得近地层大气温度升高同时湿度减小,也就是说近地层大气变得更干。这就是植被减少或退化后,蒸腾作用减少带来的影响。而地表和土壤温度升高,地表蒸发增大,也使得总潜热通量减小,感热增大,表明叶面积指数的变化对陆-气之间能量分布的影响。

图 5-10 画出了 2002 年 7 月和 11 月 LAI、地表净吸收长波辐射、地表温度变量、相对湿度、土壤水含量、蒸散发变量和热量通量变量的差值随纬度分布变化特征。可以看出,LAI 无论是在夏季(7 月)还是秋末(11 月),同化后的 LAI 均减小了模型模拟的 LAI 值,其中改变最明显的区域均分布在赤道热带地区,其次为位于 30°S~45°S 纬度带的地区,而在 50°N~60°N 纬度带,2002 年 7 月的偏差比 2002 年 11 月更差。总体而言,LAI 随纬度的分布呈现较弱的"3 峰型"分布。LAI 的减小造成了地表吸收净长波辐射随纬度的分布增大[图 5-10(b)],但是在赤道地区却出现了一个最低值,这可能是由于赤道地区的陆地面积很小的缘故。另外,该区域的植被主要分布着常绿阔叶林,这可能是辐射在稠密植被中的传输并不敏感造成的(陈海山 等,2006)。值得一提的是,在 40°N~45°N 纬度带区域,尽管 LAI 的改变并不明显,但是引起的地表吸收长波辐射的改变却十分明显,而这个区域则是中等植被覆盖的区域。另外,2002 年冬季,LAI 改变造成这个区域地表吸收净长波辐射的改变并不明显,这可能是由于这个地区并非北半球植被的生长季造成的。在南半球 LAI 的改变峰值区,其造成的地表净长波辐射的改变可以达到 8 W/m²,比夏季高一倍,这可能由于此时属于南半球植被生长季,植被生长旺盛,对植被造成辐射传输的影响增大,且该区域地表接受的太阳辐射也有很大幅度的增大。地表温度变量随纬度[图 5-10(c)]的变化趋势和地面吸收长波辐射一致,也是在赤道地区存在一个明显的低值区,而北半球高纬度地区的改变值在夏季高于冬季,而南半球中高纬度地区的改变值则在冬季高于夏季。地表相对湿度的改变与 LAI 随纬度的改变对应,且在冬季更加明显。夏季南半球和冬季的北半球,植被处于凋落期,土壤水含量随着 LAI 的改变并不明显,

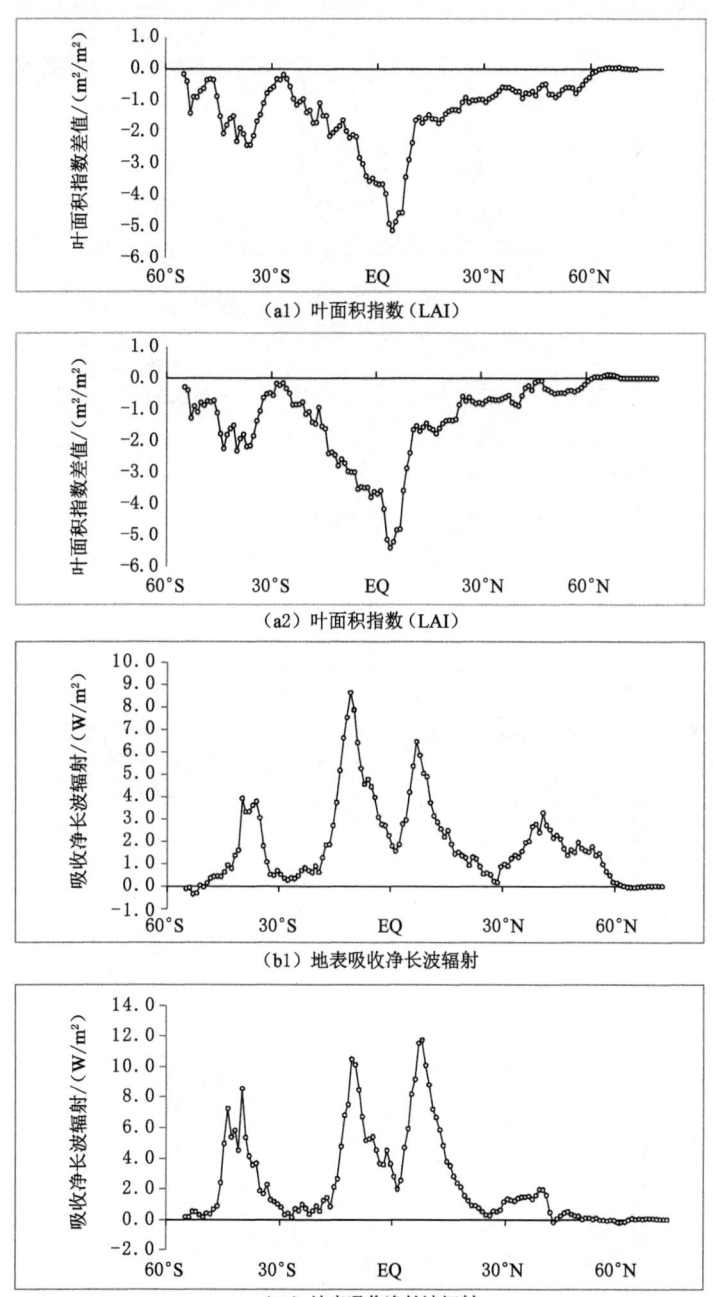

图 5-10　2002 年 7 月(1)和 11 月(2)LAI、地表净吸收长波辐射、地表温度变量、
相对湿度、土壤水含量、蒸散发变量和热量通量变量的差值随纬度分布的变化特征

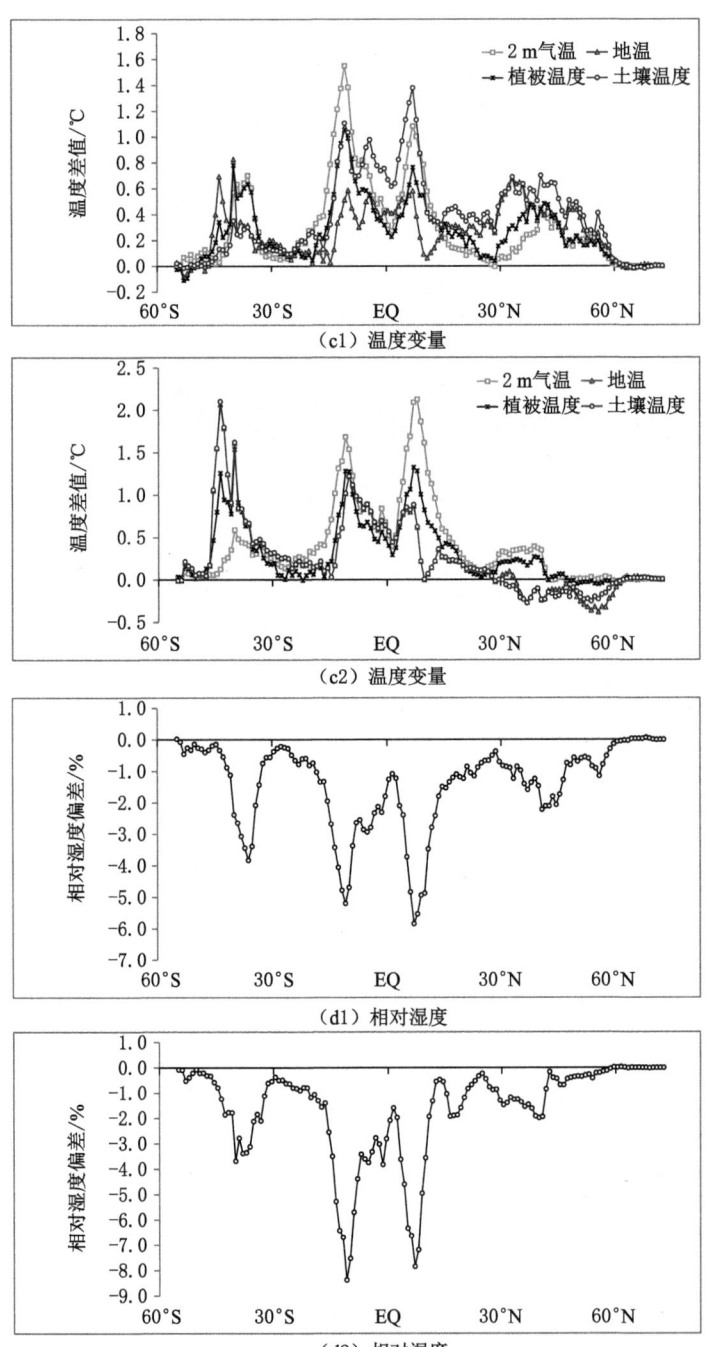

（c1）温度变量

（c2）温度变量

（d1）相对湿度

（d2）相对湿度

图 5-10 （续）

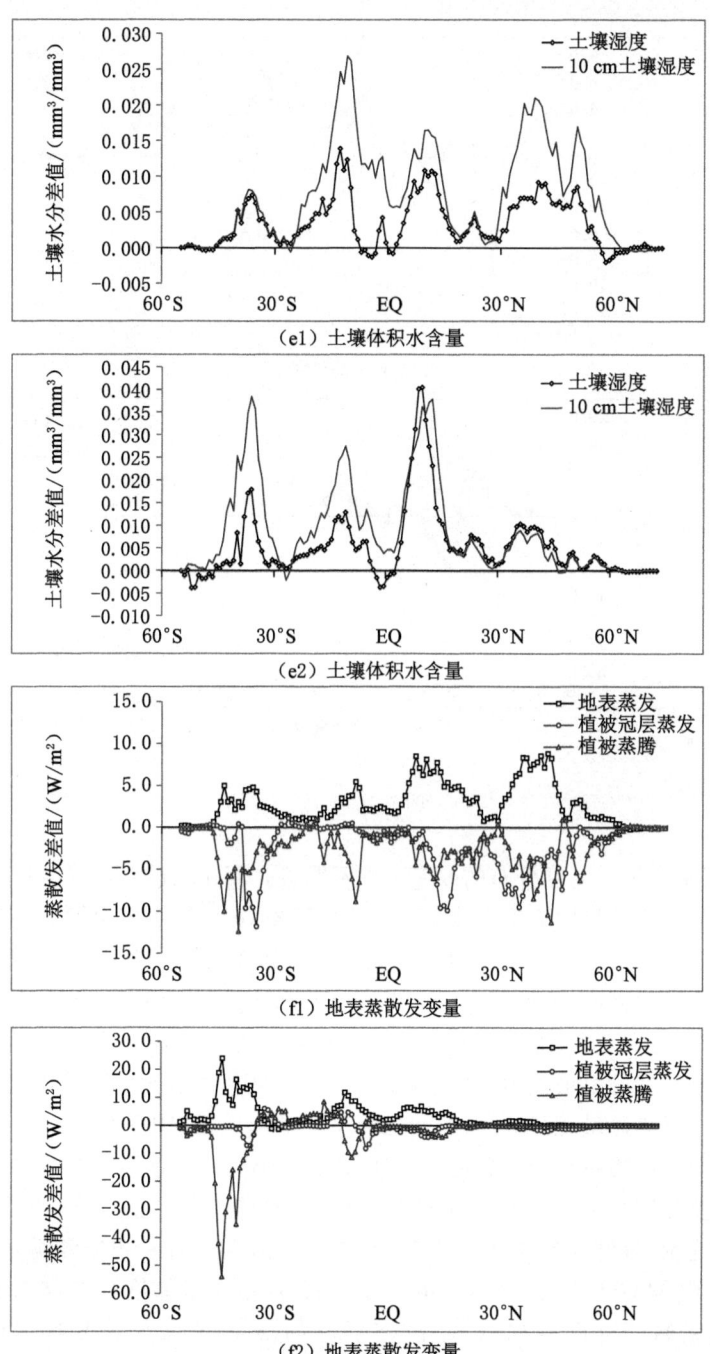

（e1）土壤体积水含量

（e2）土壤体积水含量

（f1）地表蒸散发变量

（f2）地表蒸散发变量

图 5-10　（续）

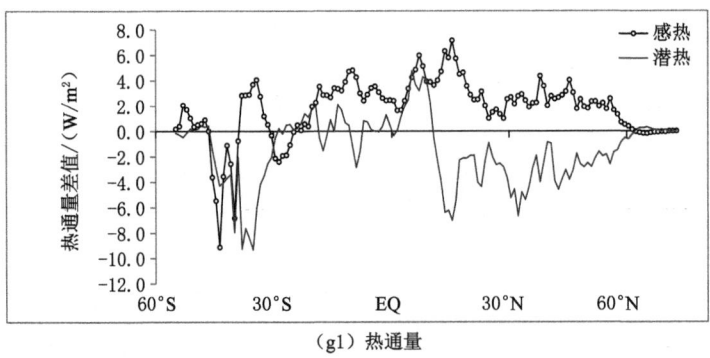

（g1）热通量

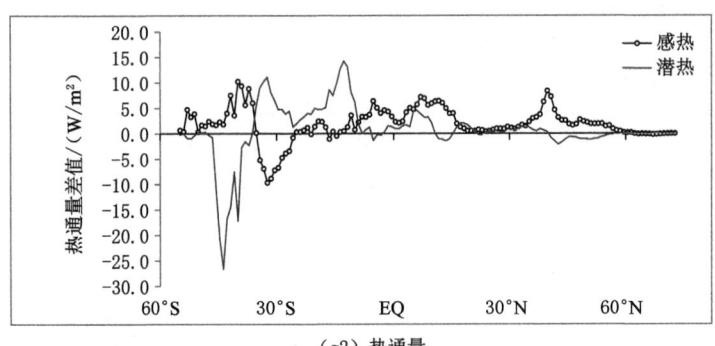

（g2）热通量

图 5-10 （续）

同时,土壤水含量随高度分布的改变也并不明显。而在植被存在或生长季,表层土壤水含量的变化趋势比深层土壤水含量更加剧烈,这可能由于土壤表层的陆-气交换作用更加剧烈造成的[图 5-10(e)]。图 5-11(f)给出了地表蒸发、植被冠层蒸发和植被蒸腾随纬度的改变。可以看出,植被蒸发/蒸腾作用与植被的生长密切相关,在 LAI 减小的地区,植被蒸发/蒸腾作用随之减小,相对应的是地表蒸发的增大。冬季南半球的植被蒸腾作用达到了最大,可见地表植被的改变对地表蒸发的影响。地表感热通量、潜热通量的变化几乎呈反向关系[图 5-10(g)],但是其与植被的相互作用则相对复杂。总体而言,LAI 的减小造成了感热通量的增大,但是潜热通量的变化则并不完全与 LAI 的改变一致。值得一提的是,潜热通量的改变值大于感热通量,可见植被的改变造成的地表水-气交换的作用也非常明显。

图 5-11 同时还给出了 2002 年 7 月和 11 月各变量纬度分布与 LAI 纬度分布的相关系数。可以看出,LAI 改变引起的最大的改变变量是相对湿度和10 cm 土壤温度,即 LAI 改变值越大,其会引起地表相对湿度值的改变越大,而10 cm 土壤温度的改变值会反向越大。其次与 LAI 改变密切相关的变量是地

表吸收/放出长波辐射、地表 2 m 气温和植被温度。另外,各变量冬季改变值的偏差对 LAI 的改变值的变化相对更加敏感。

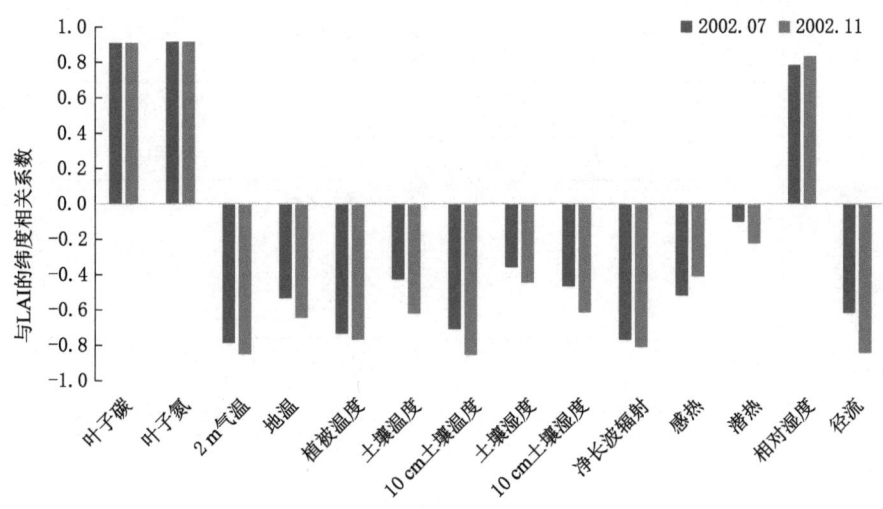

图 5-11　2002 年 7 月和 11 月各变量纬度分布与 LAI 纬度分布的相关系数

5.3　区域 LAI 对地表状态量、陆-气相互作用通量的验证

图 5-12 展示了 2002 年同化实验和模拟实验与观测的 LAI 的均方根偏差 (RMSD)随时间的演变。在区域 1 至 5 中,C-N 实验精度始终优于 CTL 实验精度,这表明在植被茂密的地区,模型与观测到的 LAI 的一致性得到了改善。相反,在以农田、开阔灌木林和草地为特征的区域 6 至 8 中,C-N 实验的性能较差,这表明 LAI 同化并不能提高这些区域的模型精度。

在全球范围内,C-N 实验的 LAI 年平均 RMSD 为 1.61 m^2/m^2,而 CTL 为 1.85 m^2/m^2,这表明 C-N 实验的全球估计更准确。C-N 实验和 CTL 实验的 RMSD 的季节变化是一致的,在 5 月和 9 月达到峰值。这意味着在这两个月里,模型和同化在再现 LAI 方面呈现出较弱的表现。季节性 RMSD 模式因地区而异。在以低纬度和茂密植被覆盖为特征的地区(区域 1 和区域 2),模拟和同化都表明了 LAI 的季节变化。值得注意的是,LAI 的 RMSD 表现出明显的变化趋势,在最初的时候表现出更高的值,然后在整个季节逐渐下降。

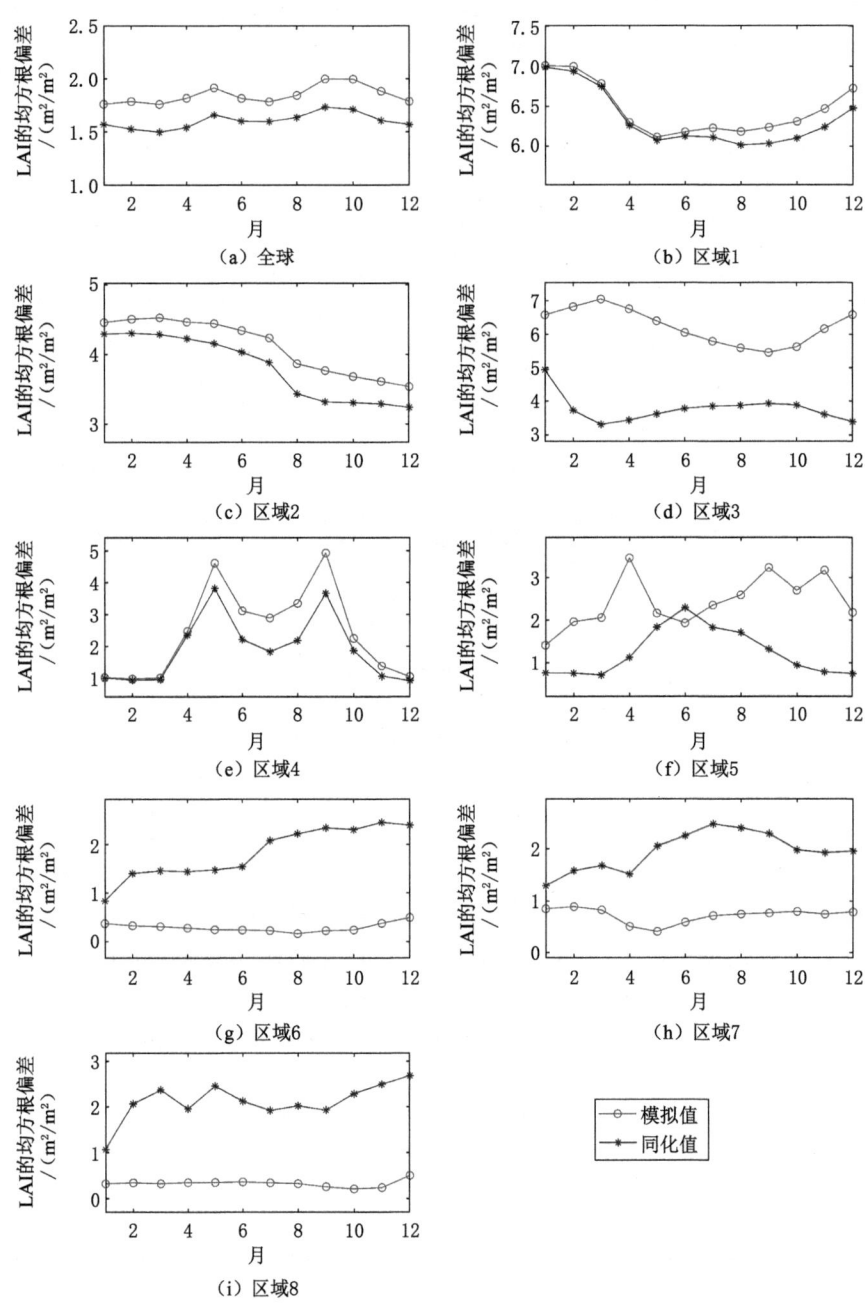

图 5-12　全球和各子区域 2002 年同化实验和模拟实验与观测的 LAI 的
均方根偏差（RMSD）随时间的演变

在植被茂密的中纬度地区,观测到了显著的响应差异。在区域 3 中,C-N 实验和 CTL 实验表现出相反的趋势,较高的模拟 LAI RMSD 对应于较低的同化 LAI RMSD。在区域 5 中观察到类似的模式,表明当模拟 LAI RMSD 较高时,同化倾向于产生较小的 LAI RMSD。区域 3 的 LAI RMSD 年平均值为 6.23 m^2/m^2,同化后降至 3.77 m^2/m^2。与全球平均值相似,在区域 4 中,C-N 实验和 CTL 实验的 LAI RMSD 变化趋势相似,幅度较大。在北半球生长季节,模拟 LAI RMSD 为 3.55 m^2/m^2,而同化 LAI RMSD 为 2.67 m^2/m^2。然而,这种增强在非生长季节并不明显。

图 5-13 显示了全球和各子区域 2002 年观测、模拟实验和同化实验的净长波辐射(NLW)随时间的演变。同化和模拟的 NLW 在季节变化上的平行性表明同化的 NLW 强烈依赖数值陆面过程模型的物理机制。值得注意的是,同化的 NLW 和观测的 NLW 之间的差异在区域 4、6、7 和 8 中很小。这一结果表明,在这些特定区域,LAI 同化到模型中并不一定能提高 NLW 估计的准确性。这表明,该模型在这些地区模拟 NLW 的能力可能较少受到 LAI 数据的限制或不受其影响。

同化和模拟都证明了在大多数地区复现 NLW 的幅度和季节变化的能力。然而,在第 5 和第 8 区域也有例外情况,在这两个区域观察到了差异。这些偏差可能归因于各种因素,包括模型对区域气候和环境条件的敏感性、输入数据(如 LAI)的准确性或模型算法的固有局限性。

图 5-14 显示了全球和各子区域 2002 年观测、模拟实验和同化实验的 2 m 气温随时间的演变。值得注意的是,与 2 m 气温保持相对不变的其他区域相比,区域 1、2、3 和 5 中 2 m 气温的变化更为明显。在同化 LAI 后,2 m 气温有一个整体的改善(或至少没有不利的变化),区域 6 除外。

在全球范围内,同化 LAI 导致全球平均 2 m 气温的平均相对差异减少 1%,RMSD 减少 0.15 ℃。2 m 气温的改善幅度最大的是区域 5,平均相对差异和 RMSD 分别改善了 7% 和 1.28 ℃。其次是区域 2,平均相对偏差提高了 4%,RMSD 降低了 1.16 ℃。

在森林地区(区域 1~3),2 m 气温有随着 LAI 降低而增加的趋势,且 2 m 气温的变化程度比地温(TG)和植被温度(TV)的变化程度更显著。TG 和 TV 的变化趋势如图 5-15 和图 5-16 所示。在植被稀疏的地区,由于固有的低 LAI 值,LAI 降低对 2 m 气温的影响相对较小。然而,这些地区植被的有限调节能力意味着 CTL 实验或 C-N 实验都不能有效地捕捉到可归因于 LAI 变化的 2 m 气温变化。在森林地区,由于植被的强烈调节影响,TV 的放大不如 TG 明显。在区域 4 的生长季节,尽管 C-N 实验和 CTL 实验 2 m 气温之间的差异很小,但 C-N 实验的 TV 和 TG 较高。这一观察结果强调了不同植被类型对当地和区域气候动态的调节作用。

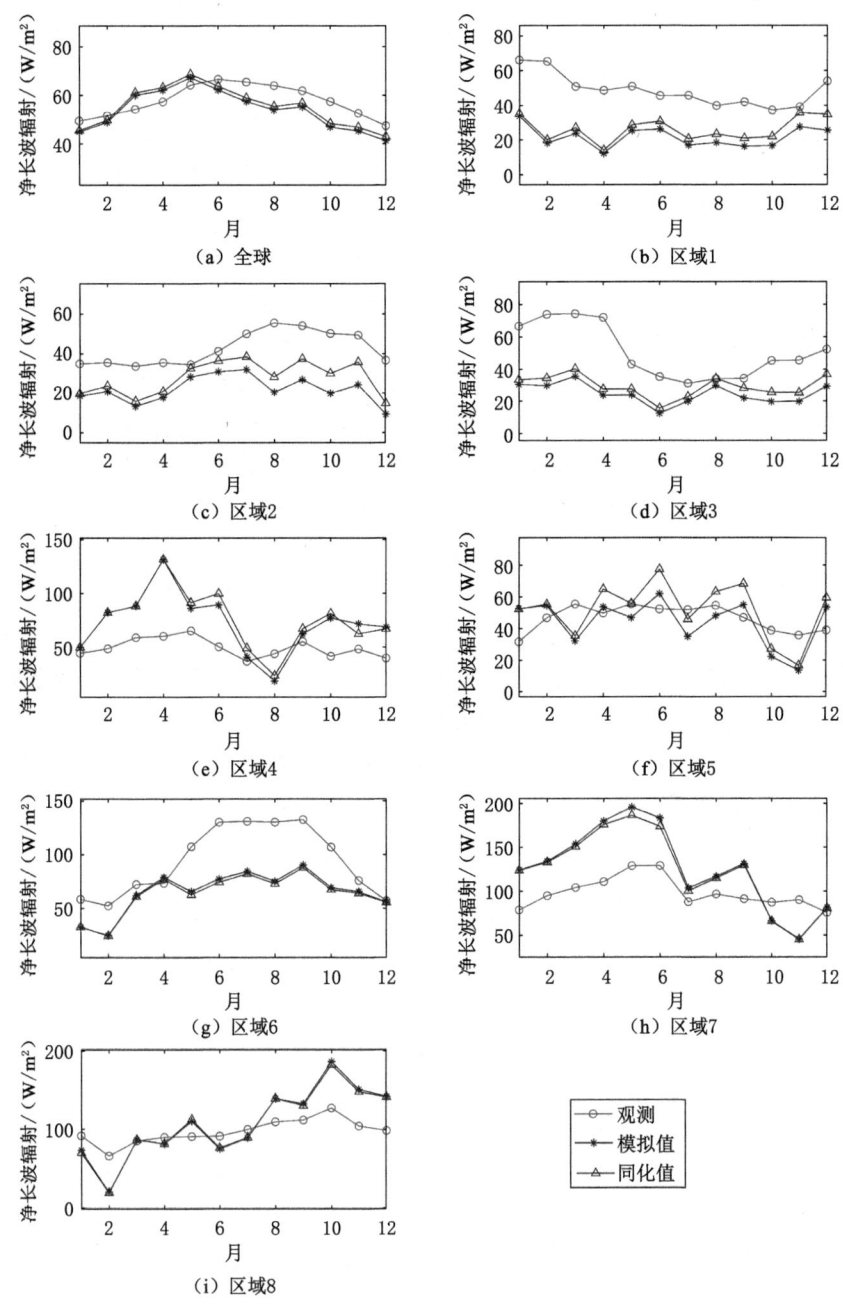

图 5-13 全球和各子区域 2002 年观测、模拟实验和同化实验的
净长波辐射(NLW)随时间的演变

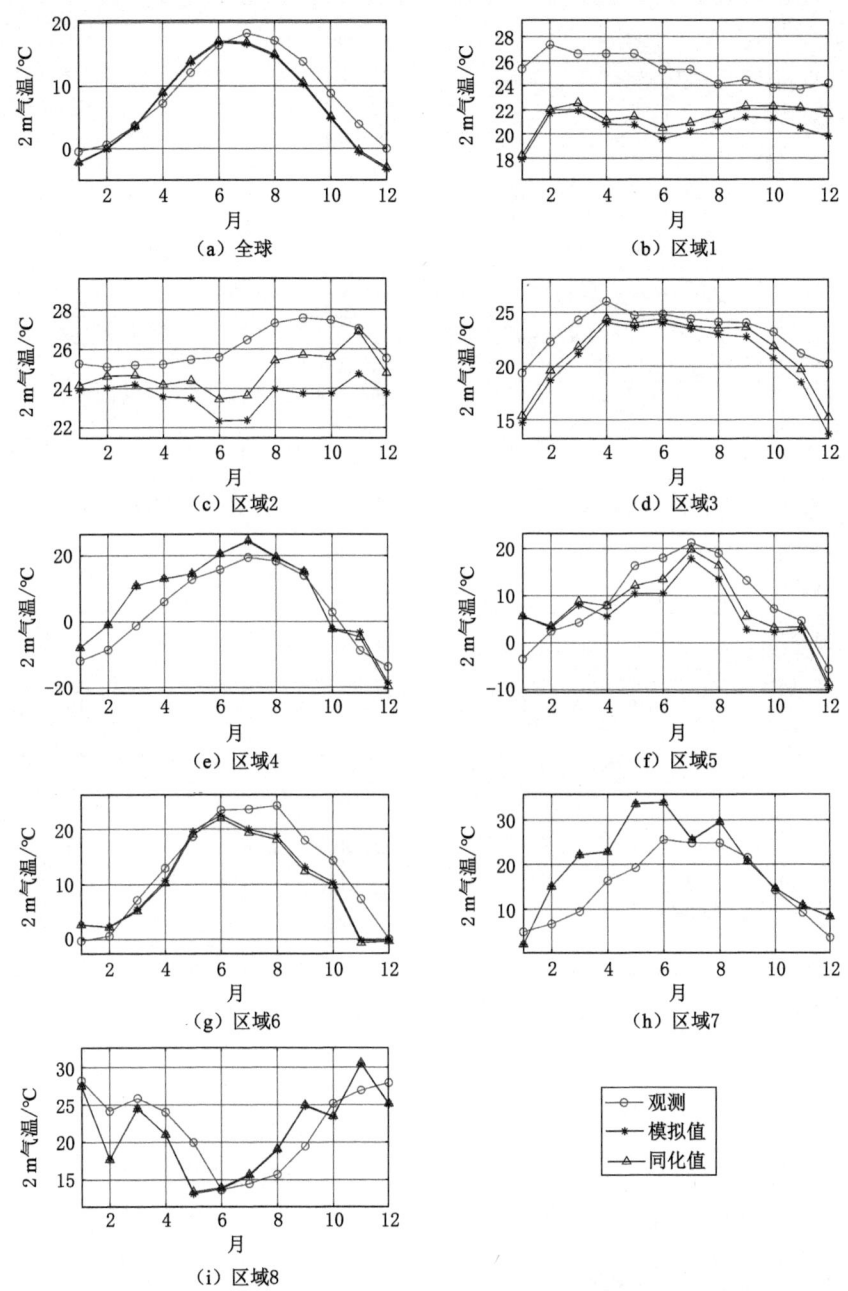

图 5-14　全球和各子区域 2002 年观测、模拟实验和同化实验的 2 m 气温随时间的演变

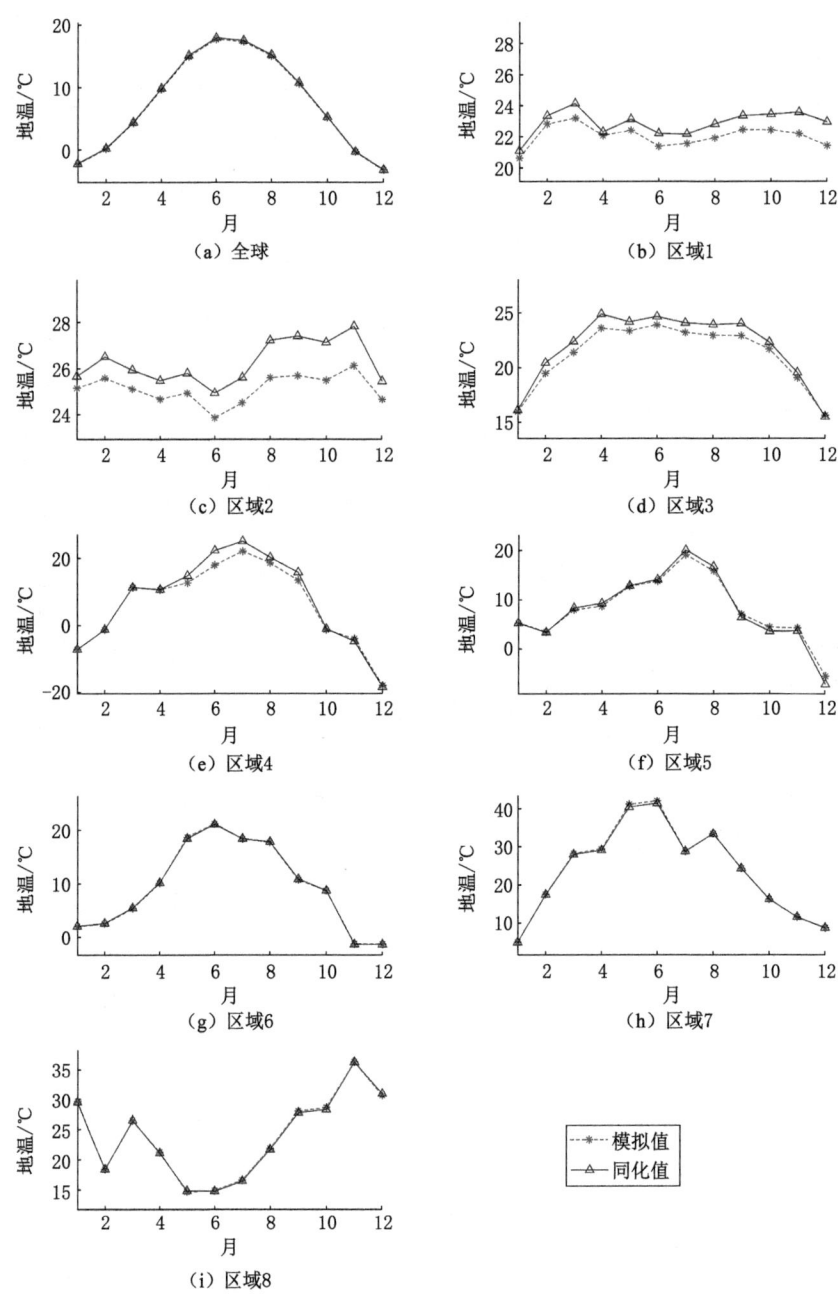

图 5-15 全球和各子区域 2002 年观测、模拟实验和同化实验的地温随时间的演变

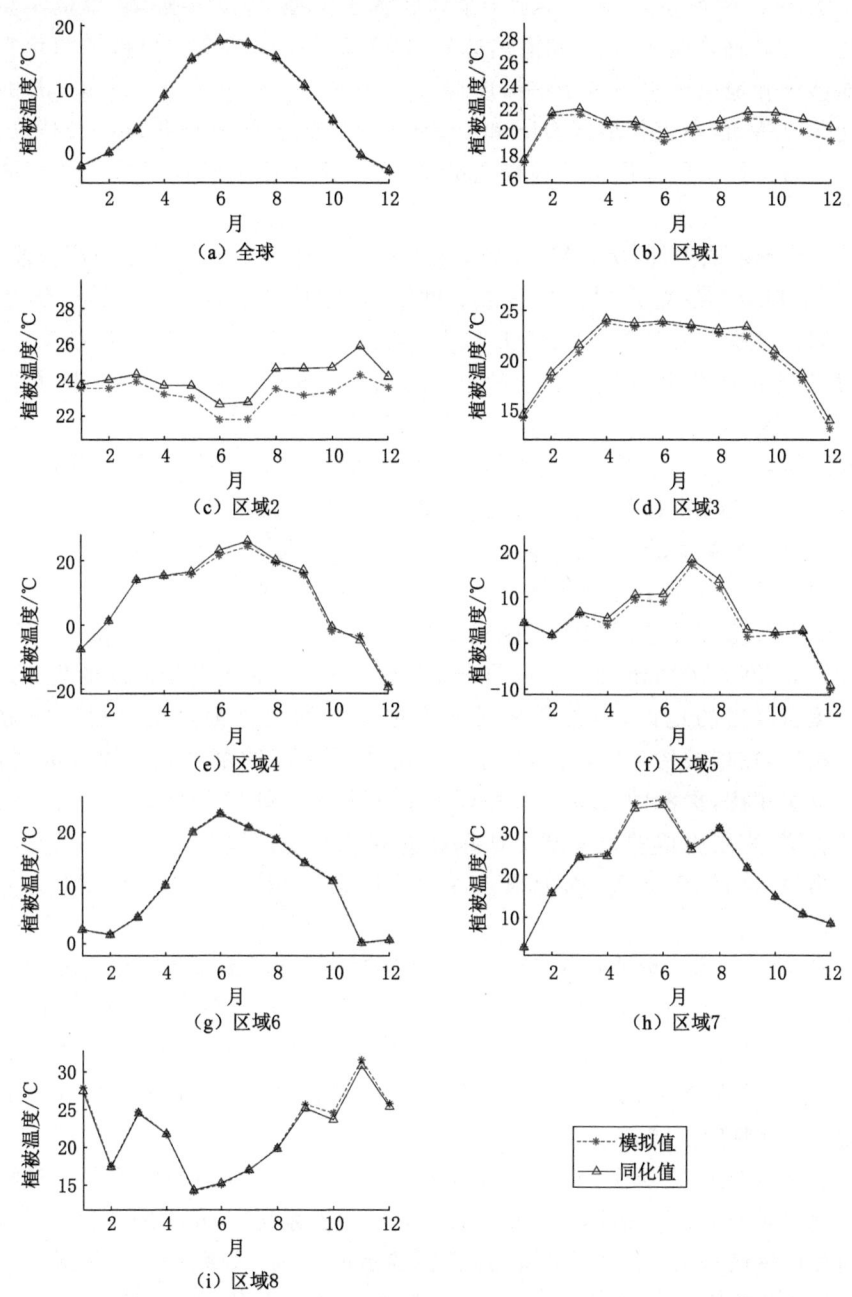

图 5-16 全球和各子区域 2002 年观测、模拟实验和同化实验的植被温度随时间的演变

　　图 5-17 和图 5-18 分别显示了全球和各子区域 2002 年观测、模拟实验和同化实验的感热通量（HS）和潜热通量（LE）随时间的演变。模拟和同化实验都能够准确地描述主要位于中纬度地区的区域 4、5、7 和 8 中 HS 和 LE 的季节变化。然而，在森林地区，HS 和 LE 往往被低估。尽管如此，引入调整后的 LAI 值为这种低估提供了一种校正措施，在一定程度上提高了这些估计的准确性。

　　在全球范围内，同化 LAI 并没有显著提高全球水平上热通量的模拟能力。HS 的模拟能力略优于 LE。在区域尺度上，同化 LAI 后，区域 5 上的 HS 表现出平均相对差异减少 20%，RMSD 减少 6.1 W/m²，这与 2 m 气温的结论一致。LE 最显著的改善出现在区域 4，其中平均相对差异和 RMSD 分别降低了 22% 和 15.21 W/m²。

　　图 5-19 显示了全球和各子区域 2002 年观测、模拟实验和同化实验的地表土壤温度随时间的演变。地表温度与 LAI 值呈反比关系，这意味着 LAI 的增加导致地表土壤温度的降低；反之，LAI 的减少导致地表土壤气温的升高。C-N 实验和 CTL 实验都善于捕捉土壤温度的幅度和季节变化特征。

　　图 5-20 显示了全球和各子区域 2002 年同化实验和模拟实验在 0～7 cm、7～28 cm、28～100 cm 和 100～255 cm 各层土壤温度的差值随时间的演变。在森林覆盖茂密的地区，表层和深层土壤对 LAI 的变化都表现出很高的敏感性。相反，在植被稀疏的地区，如主要分布在北半球的草原和开阔灌木丛，与表层土壤相比，更深的土壤层对 LAI 的变化表现出更明显的反应。这一观测现象表明，表层土壤的地表温度对 LAI 的变化不是最敏感的。这种现象可能与植物根系的深度有关，因为根系深度可能会影响土壤温度对 LAI 变化的反应。

　　图 5-21 显示了全球和各子区域 2002 年观测、模拟实验和同化实验的地表土壤相对湿度随时间的演变。图 5-22 则显示了全球和各子区域 2002 年同化实验和模拟实验在 0～7 cm、7～28 cm、28～100 cm 和 100～255 cm 各层土壤相对湿度的差值随时间的演变。数据突出了不同区域和深度的土壤水分对 LAI 变化的不同响应模式。

　　在森林地区（区域 1～3），随着时间的推移，LAI 变化对不同地层土壤水分的影响相对较小。这表明，在这些植被茂密的生态系统中，植被密度和土壤湿度之间存在稳定的相互作用。相反，在植被稀疏的区域（区域 6～8），观察到土壤水分的显著响应，特别是在 28～100 cm 的中等深度范围内。这意味着，在植被覆盖较少的环境中，LAI 的变化对土壤水分的影响更为显著，尤其是在更深的土壤层，28～100 cm 层的波动最为显著。

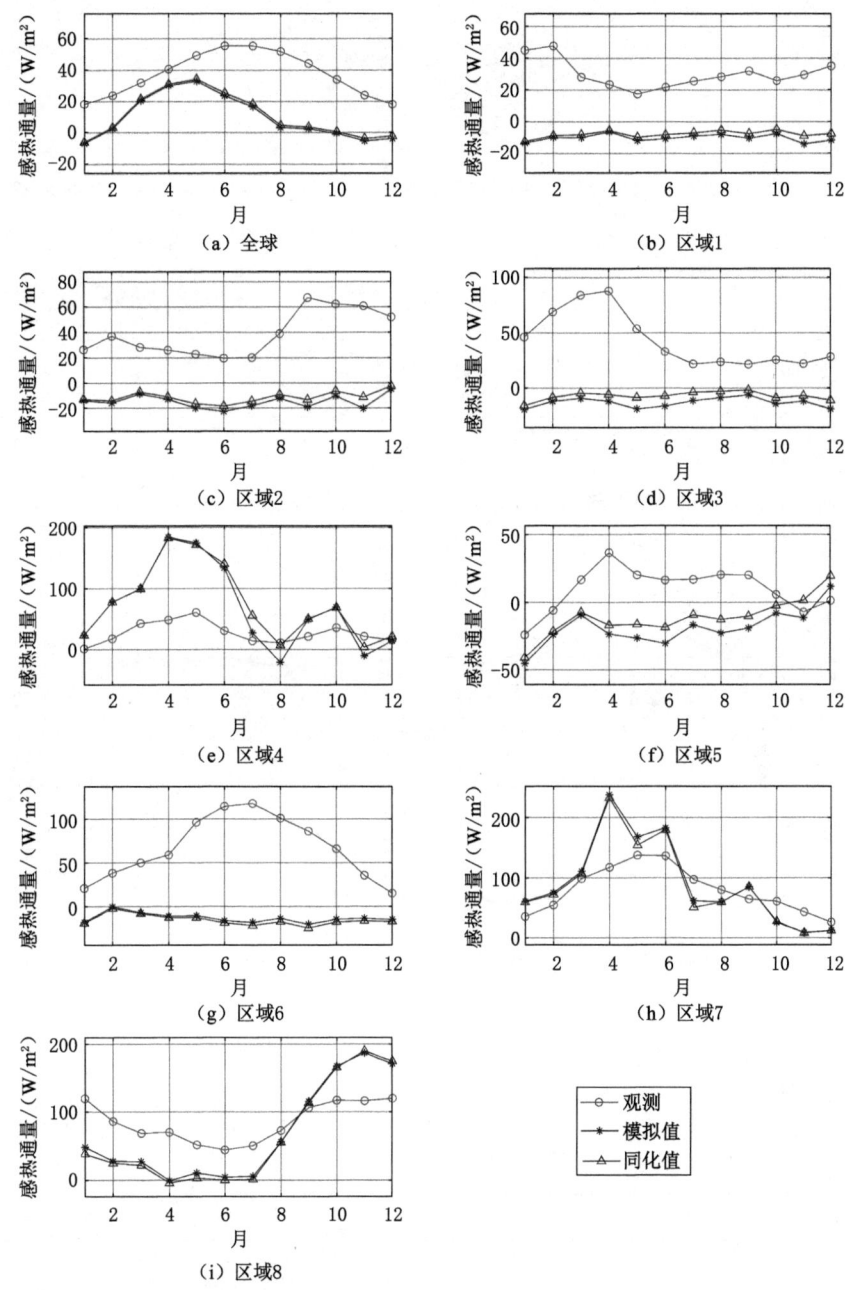

（a）全球　　　　　　　　（b）区域1

（c）区域2　　　　　　　　（d）区域3

（e）区域4　　　　　　　　（f）区域5

（g）区域6　　　　　　　　（h）区域7

（i）区域8

观测
模拟值
同化值

图 5-17　全球和各子区域 2002 年观测、模拟实验和同化实验的
感热通量（HS）随时间的演变

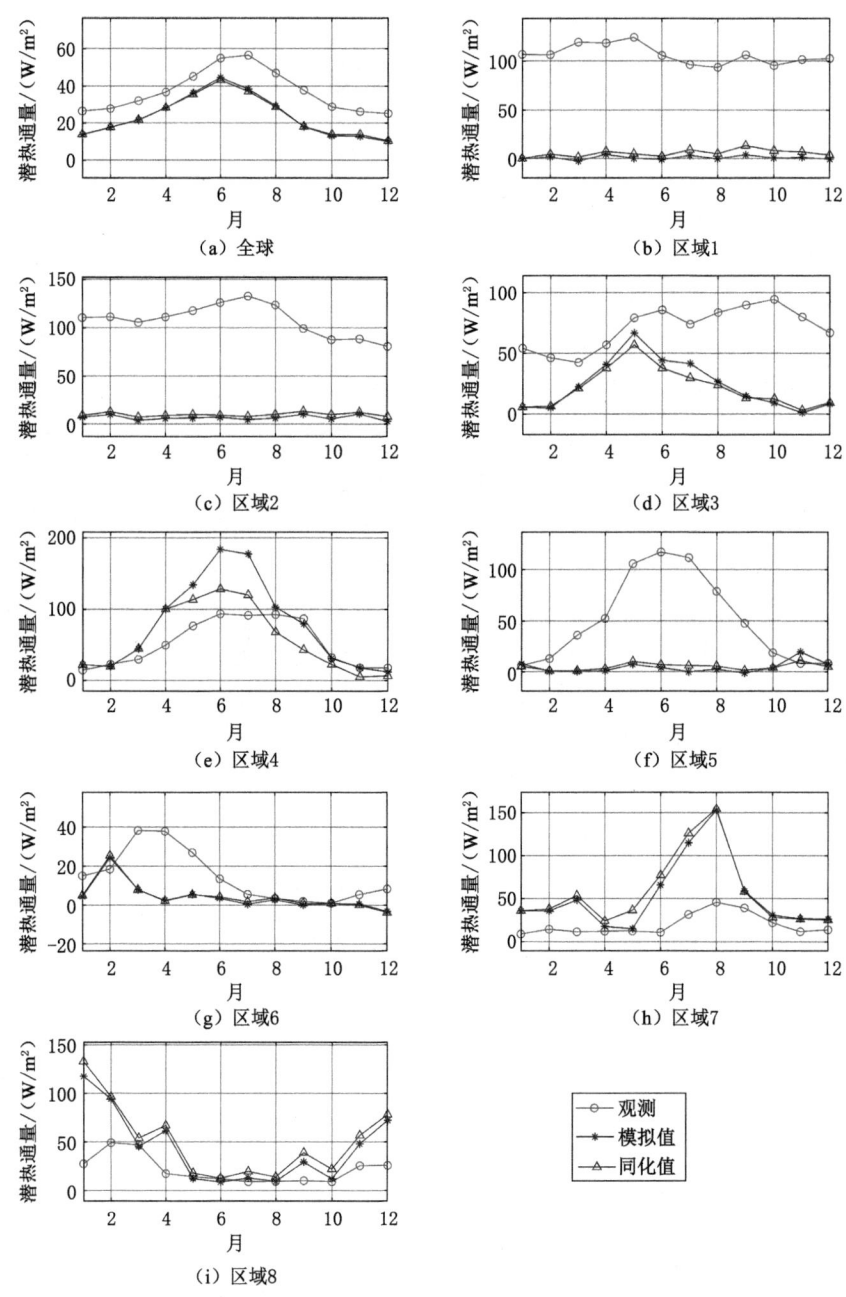

图 5-18　全球和各子区域 2002 年观测、模拟实验和同化实验的
潜热通量(LE)随时间的演变

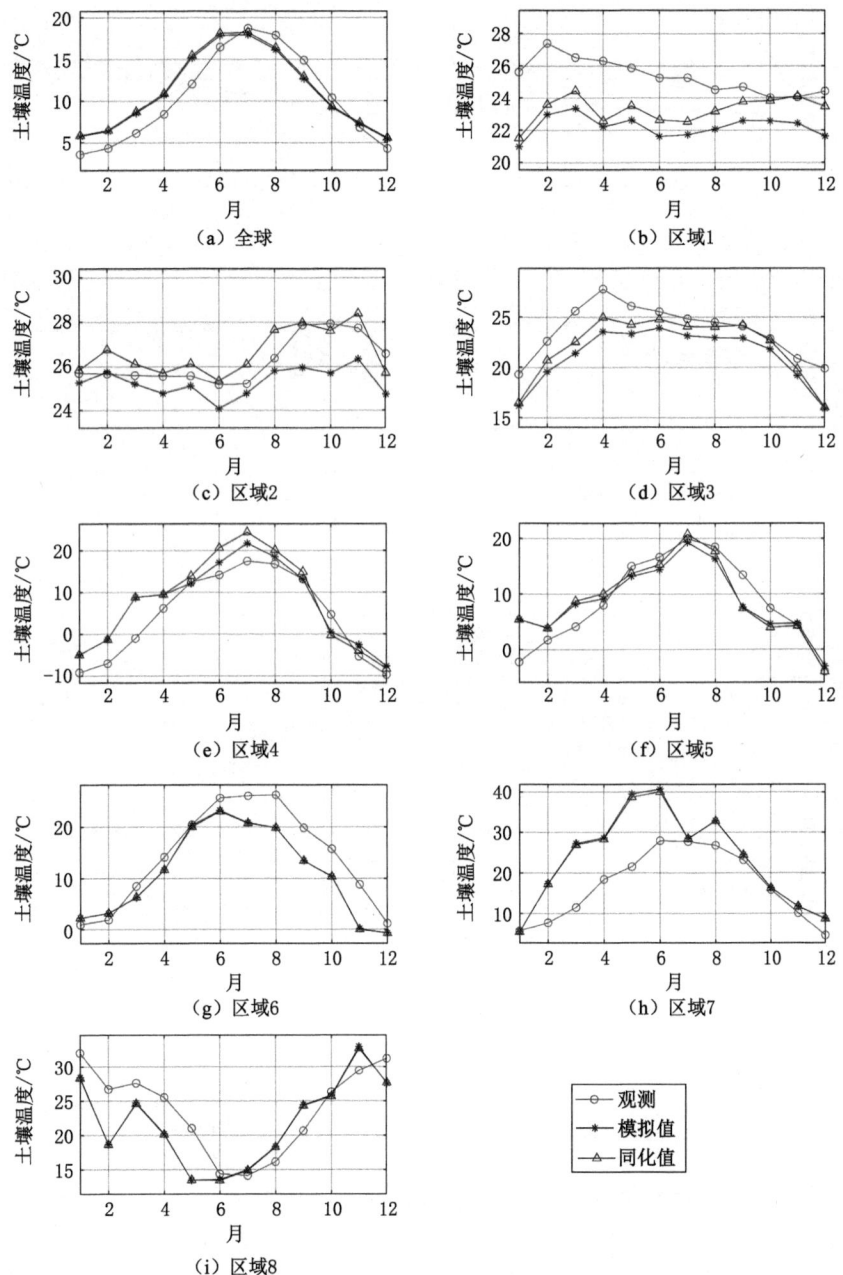

图 5-19　全球和各子区域 2002 年观测、模拟实验和同化实验的
地表土壤温度随时间的演变

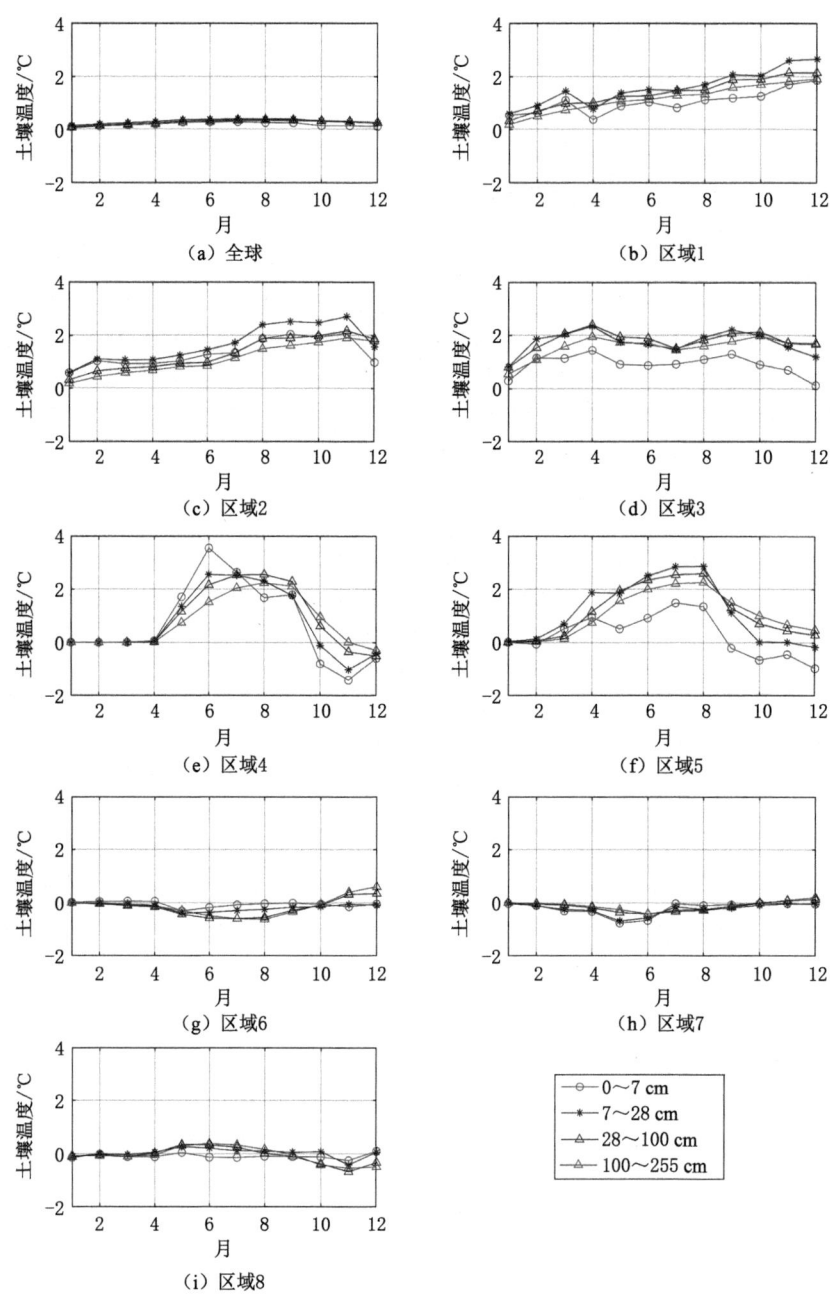

图 5-20　全球和各子区域 2002 年同化实验和模拟实验的各层土壤温度的
差值随时间的演变

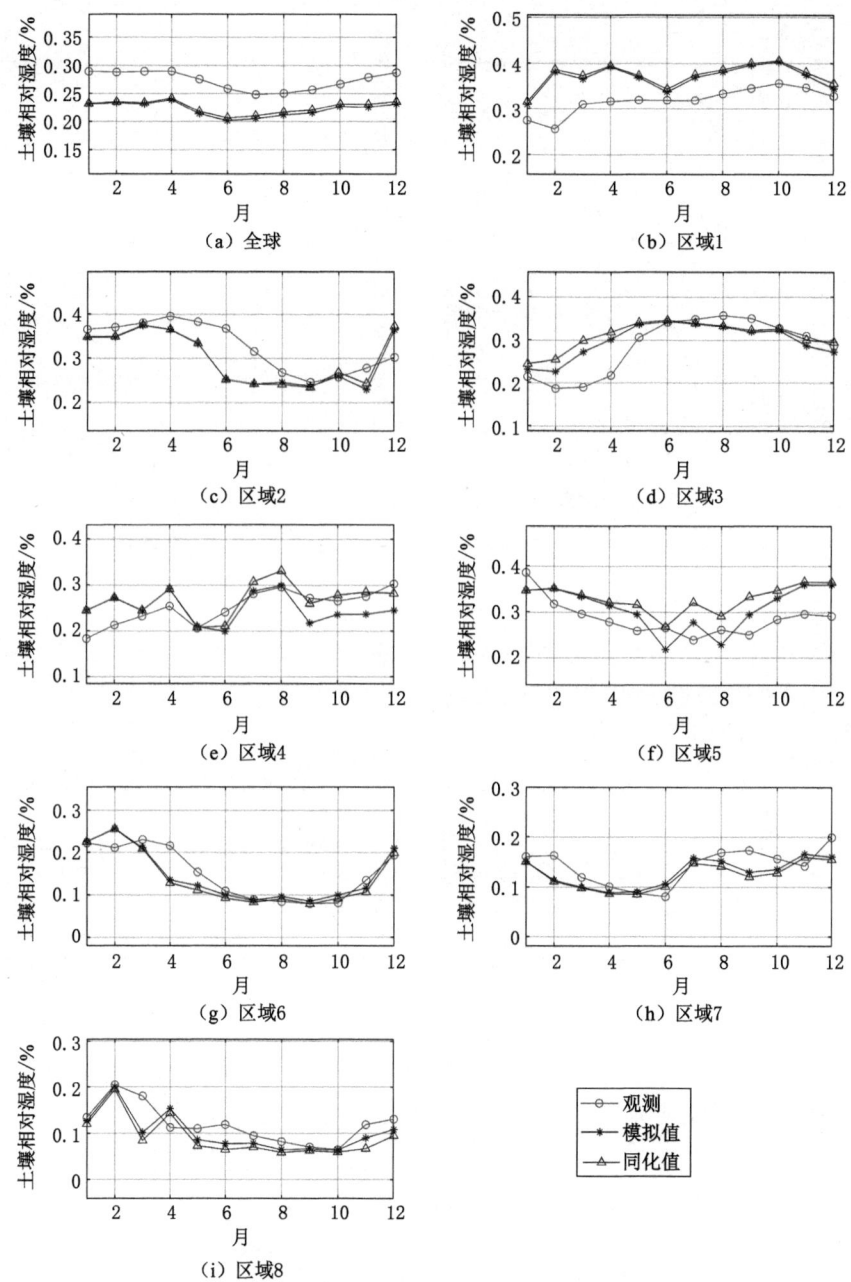

图 5-21　全球和各子区域 2002 年观测、模拟实验和同化实验的
地表土壤相对湿度随时间的演变

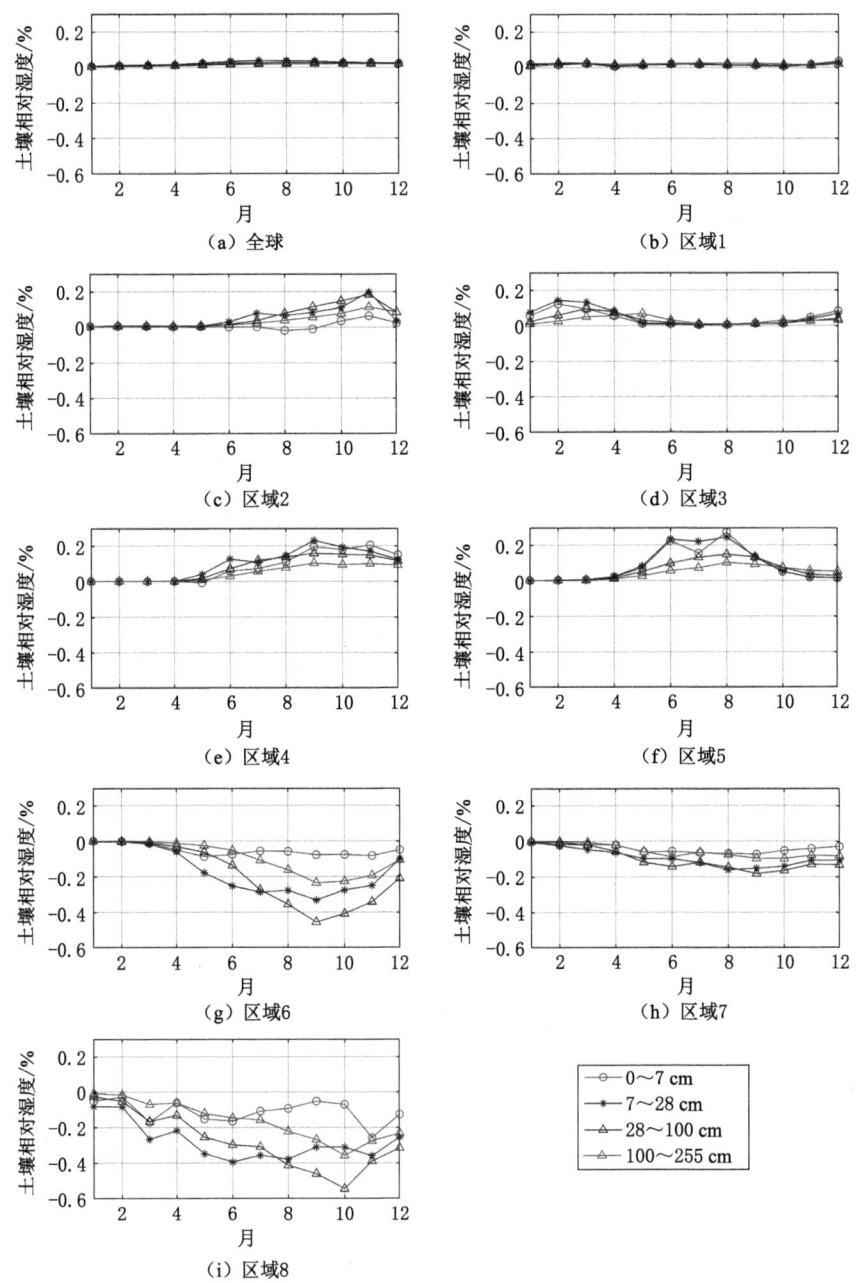

图 5-22　全球和各子区域 2002 年同化实验和模拟实验的
各层土壤相对湿度的差值随时间的演变

图 5-23 展示了全球和各子区域 2002 年观测、模拟实验和同化实验的植被冠层蒸发随时间的演变。总体而言,模拟和同化在全球、区域 6 和区域 7 能够模拟出植被冠层蒸发随时间的演变特征,且数值也很接近。在区域 3 和区域 4,模拟和同化能够再现植被冠层蒸发的季节变化特征,而且同化得到的结果与观测到的结果更加接近。模拟最不好的区域分别是区域 1、区域 2 和区域 5,这可能是由于这两个区域的植被分别过于茂密而导致的。

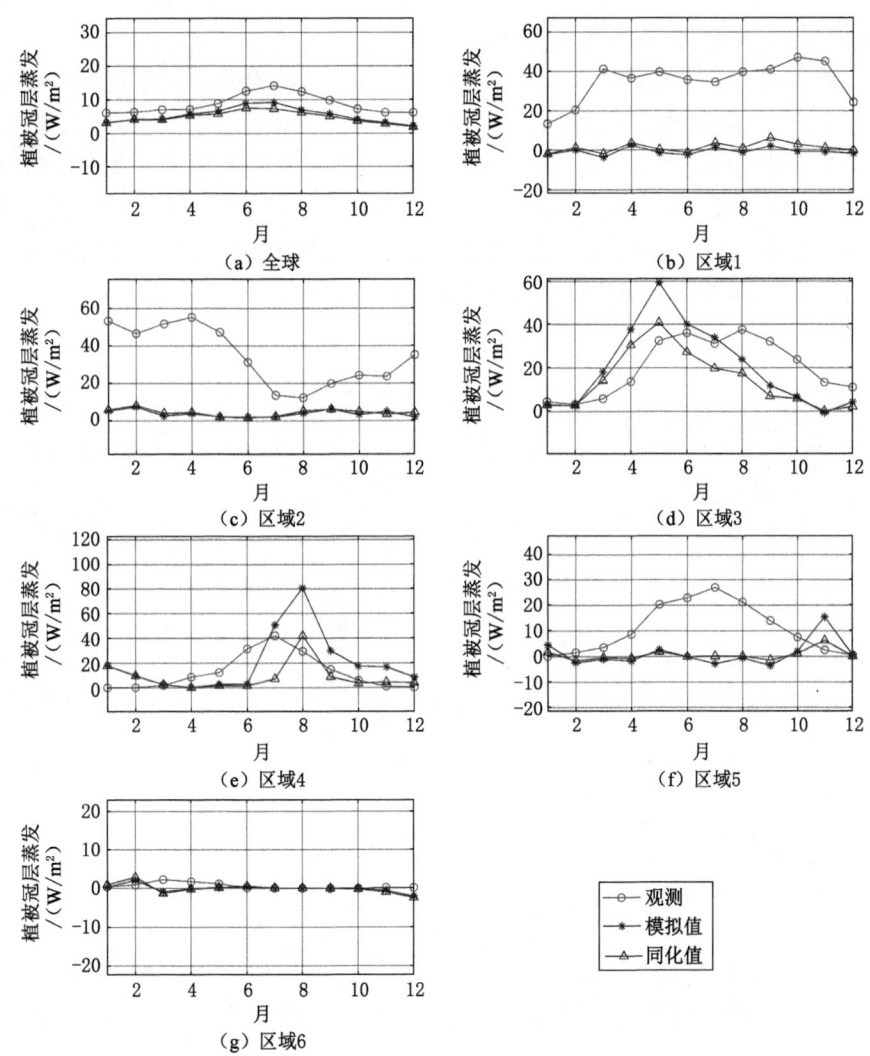

图 5-23　全球和各子区域 2002 年观测、模拟实验和同化实验的
植被冠层蒸发随时间的演变

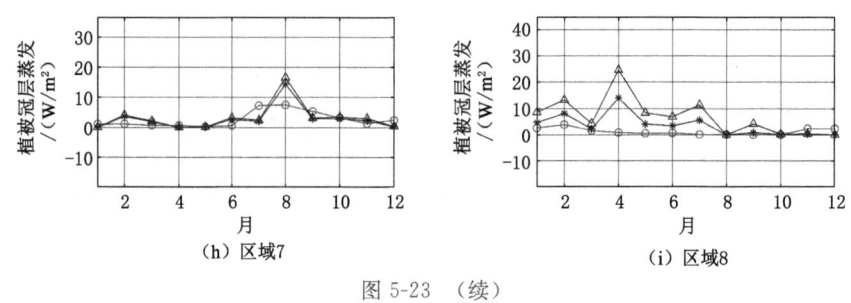

（h）区域7 　　　　　（i）区域8

图 5-23 （续）

图 5-24 展示了全球和各子区域 2002 年观测、模拟实验和同化实验的地表土壤蒸发随时间的演变。总体而言,模拟和同化对土壤蒸发的模拟能力优于对植被冠层蒸发的模拟能力。首先,模拟和同化都能很好地再现土壤蒸发在全球的数值和季节变化特征。在植被茂密的地区(区域 1～6),同化后的土壤蒸发值优于模拟值;而在区域 6～8,模拟和同化不能够很好地再现植被冠层蒸发随时间的演变特征,这可能与这些区域的植被本来就很稀少及同化后的效果有限有关。

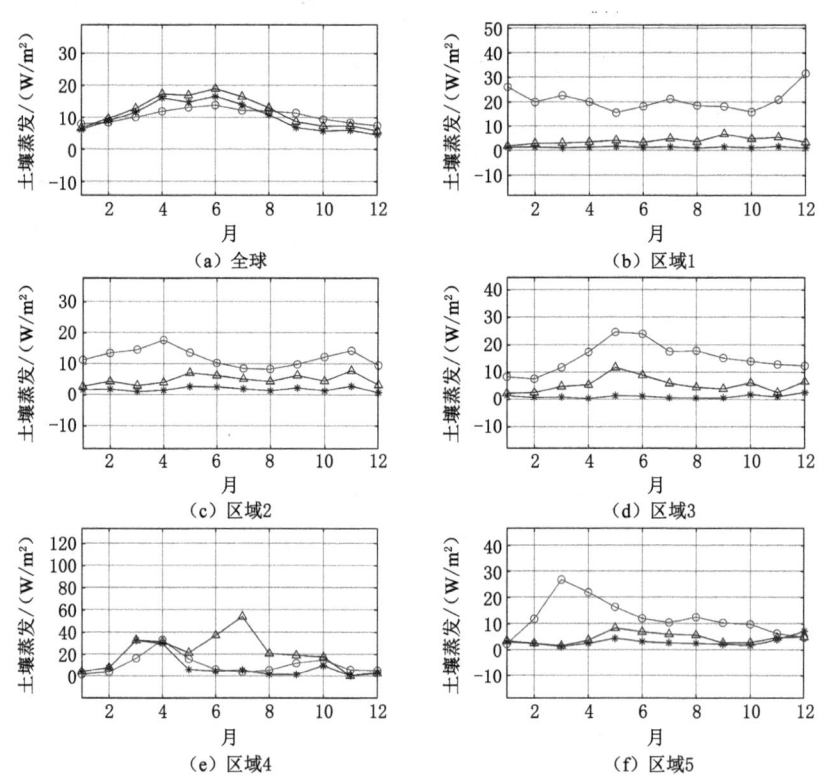

（a）全球 　　　　　（b）区域1

（c）区域2 　　　　　（d）区域3

（e）区域4 　　　　　（f）区域5

图 5-24　全球和各子区域 2002 年观测、模拟实验和同化实验的
地表土壤蒸发随时间的演变

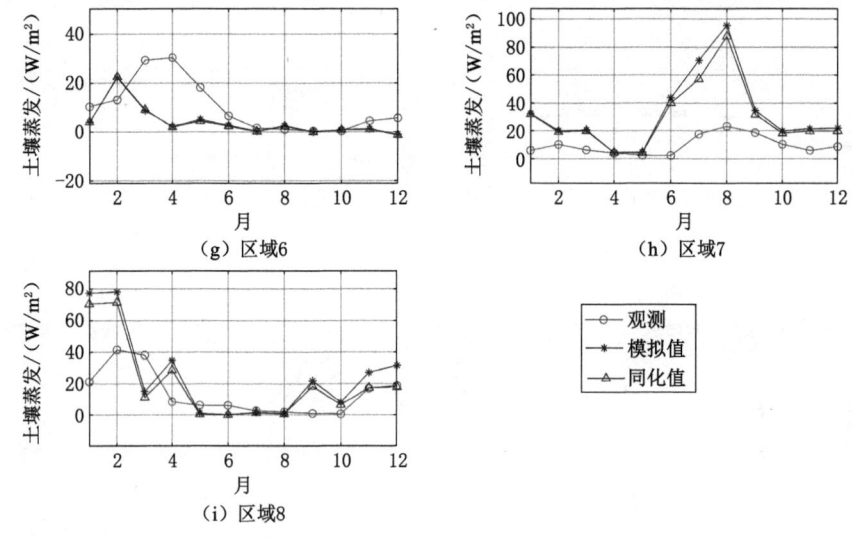

图 5-24 　（续）

5.4 区域 LAI 对地表状态量、陆-气相互作用通量的影响及其机理

本节之前主要介绍了 LAI 改变后,地表辐射通量、能量通量、水分能量平衡的空间响应,但是在全球范围内,地表各状态量以及陆-气相互作用随时间的演变是如何响应的呢?本节姑且把同化后的 C-N 实验结果作为 LAI 的“真实值”,将同化前的 CTL 实验作为控制实验,即在本节的讨论中所有的差值均是用 CTL 实验的结果减去 C-N 实验的结果。

图 5-25 显示了 2002 年全球及各子区域地表辐射通量、能量通量区域平均的差值随时间的演变。可以看出,同化的全球平均的 LAI 比控制实验低,并且没有伴随着明显的年变化。随着 LAI 的增加,地面吸收的净长波辐射减小,但是全球平均的地表吸收净长波辐射对 LAI 的响应明显小于出射长波辐射以及感热/潜热的响应。总体来说,LAI 增加的区域,地表接受的长波辐射减小,并且增加/减少的幅度与 LAI 的改变的强度成正比。地表出射的长波辐射与感热通量的变化趋势保持一致,除了全球范围和澳大利亚西部地区,地表出射长波辐射和感热通量均在大部分地区都保持着减小的趋势。现实和理论以及模型中计算的感热/潜热通量的变化与非常多变量的变化均存在关系,LAI 变化导致的感热、潜热通量的变化机制相对复杂,将在本节后面的工作中进行探讨。

图 5-26 给出了 2002 年全球和各子区域地表区域平均的土壤温度(0 cm、5 cm、10 cm、20 cm)差值随时间的演变。可以看出,表层土壤温度与 LAI 成反

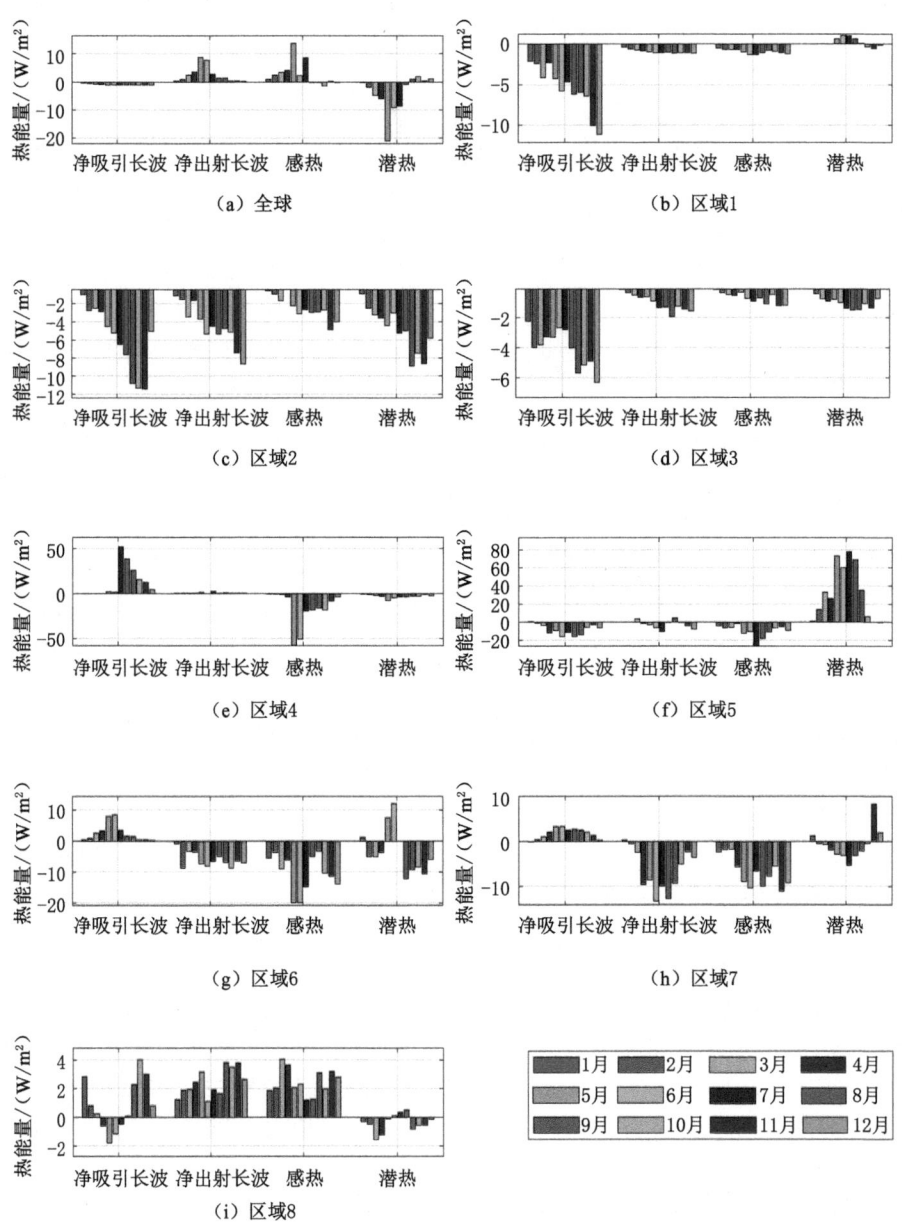

图 5-25　2002 年全球和各子区域地表辐射通量、能量通量区域平均的差值随时间的演变

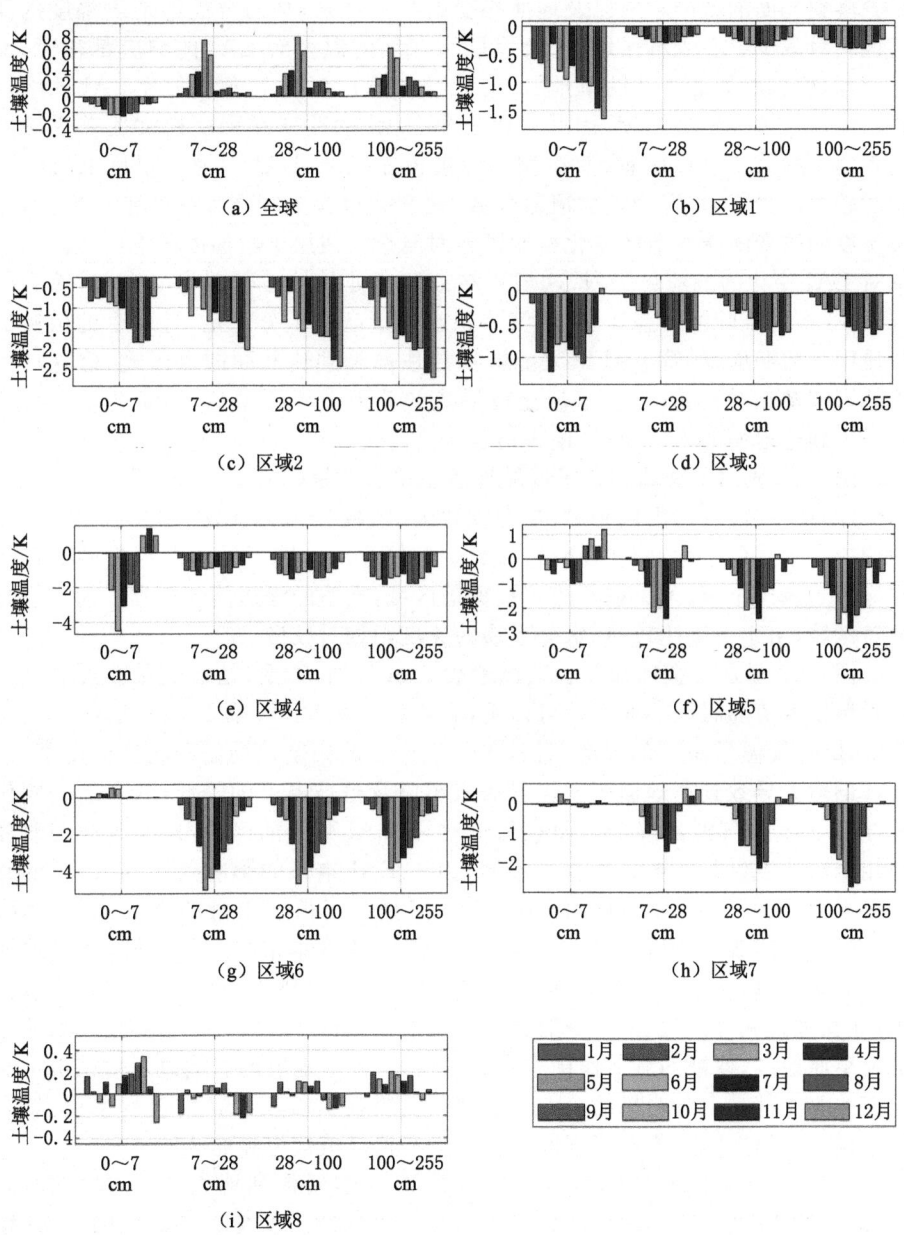

图 5-26　2002 年全球和各子区域地表区域平均的土壤温度(0 cm、5 cm、10 cm、20 cm)
差值随时间的演变

比，即 LAI 增大，地表的土壤温度是减小的，反之亦成立。这是因为 LAI 增大会减少落到地面的太阳辐射以及地面接受的长波辐射，从而分配给地表温度的能量也相对减少。在森林区域，土壤表层和深层的温度对 LAI 的响应都很大，而对于稀疏植被（如北半球的草地、开放式灌木丛），深层土壤温度对 LAI 的响应要明显高于地表土壤温度，因此可以看出，LAI 的改变在稀疏植被覆盖区域对地表温度的改变更加敏感；而在稠密植被覆盖区域，LAI 对地表温度的反映则相对较弱。另外，在混合森林覆盖区域，尤其是包含落叶阔叶林的植被覆盖，地表温度的改变随着季节的变化机制则相对复杂。浅层土壤温度的响应比深层土壤对 LAI 变化的响应更强烈，这与所在地区所处的植被覆盖类型有关，因为区域 1～3 多为阔叶林覆盖地区，土壤体积水含量已经十分充足，且稠密的植被遮挡住阳光的照射，尽管 LAI 增大能够抵挡住部分到达地面的太阳光，但这种抵挡的影响却相对较弱；而在植被比较稀疏的草地或者灌木丛，LAI 的减少会迅速增大到达地面的太阳辐射，使得地表温度升高较快。

图 5-27 显示了全球和各子区域地表土壤水含量（0 cm、5 cm、10 cm、20 cm）差值随时间的演变。可以看出，在森林地区（区域 1～3），土壤浅层对 LAI 改变的响应大于深层土壤；而在稀疏地区（区域 6～8），土壤深层的含水量的变化要明显大于浅层土壤，可见在稀疏植被覆盖区域，土壤的渗透能力更强。而在森林覆盖区域，由于土壤比较厚，水分下渗的速度则相对较慢。

图 5-28 显示了全球和各子区域地表 2 m 气温、地温、植被冠层温度和 2 m 相对湿度差值随时间的演变。可以看出，在森林地区（区域 1～3），LAI 增大的区域，2 m 气温呈减小的趋势，且地表气温变化的幅度比地温和植被温度都大，LAI 的增大导致到达地面短波辐射的减小以及植被温度的降低，两者的共同作用导致了 2 m 气温的降低。而在稀疏地区，LAI 减小的区域，地面气温的改变则相比较地温以及植被温度有所不同，由于 LAI 本来的影响就较弱，LAI 的减小对当地 2 m 气温的影响也相对较弱。但是由于植被本身的调节能力较弱，LAI 的改变造成的植被温度的改变增强，在 LAI 值本来很小的区域，其对地面温度的影响也是不容忽视的。这能够体现不同植被对当地区域气候的调节作用，在森林区域，由于植被本身的调节作用很强，植被温度的降低相对较弱；而在稀疏草原地区，植被的调节作用本身就很弱，但是对地温的影响以及对植被本身温度的改变都是十分明显的。2 m 相对湿度的改变相对 LAI 的改变也很强，总体来说，在森林区域，相对湿度的改变不如在稀疏植被主导的区域。

图 5-29 显示了地表植被蒸发、植被蒸腾、地表径流和地表蒸发差值随时间的演变。LAI 增大并不完全导致植被蒸发作用的统一变化。究其原因，LAI 增大的同时会导致地表 2 m 气温降低，其对植被蒸发所起的作用则正好相反。因此，在温度改变比较明显的区域，如区域 1，其温度改变导致的植被蒸发作用的降低大于植被叶面积指数增高的结果，显示的结果即为植被的蒸发作用减弱了。

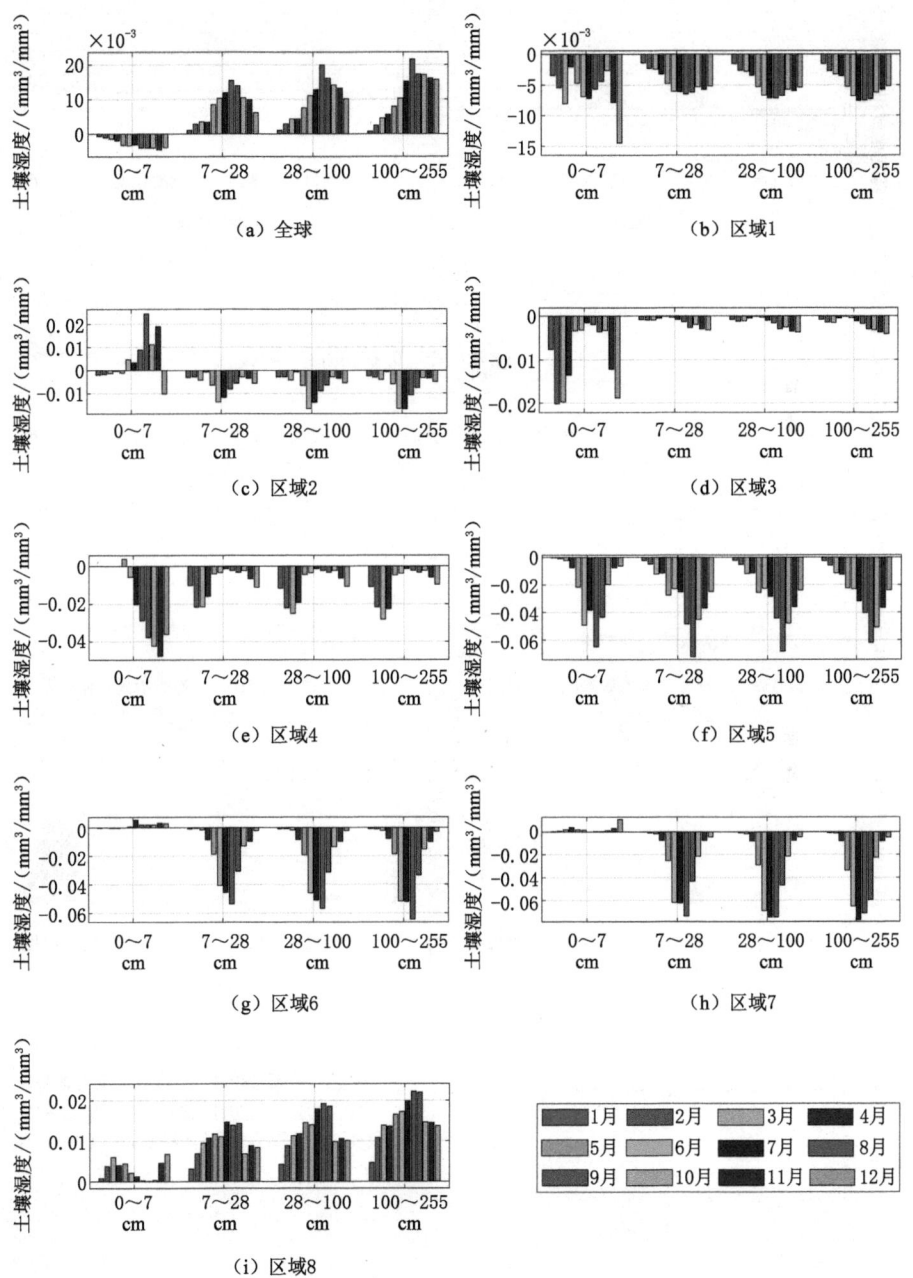

图 5-27 2002 年全球和各子区域地表土壤水含量(0 cm、5 cm、10 cm、20 cm)
差值随时间的演变

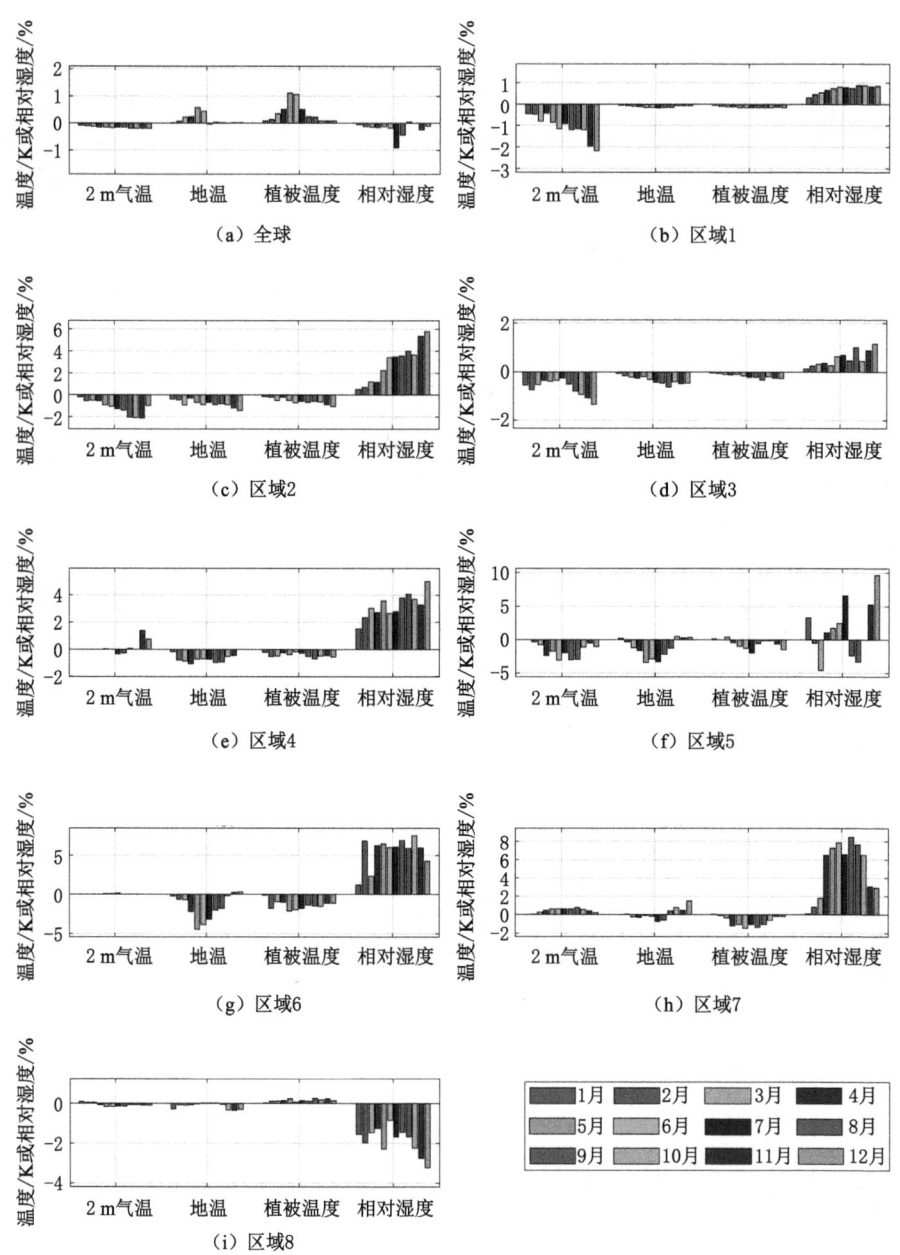

图 5-28 2002 年全球和各子区域地表 2 m 气温、地温、植被冠层温度
和 2 m 相对湿度差值随时间的演变

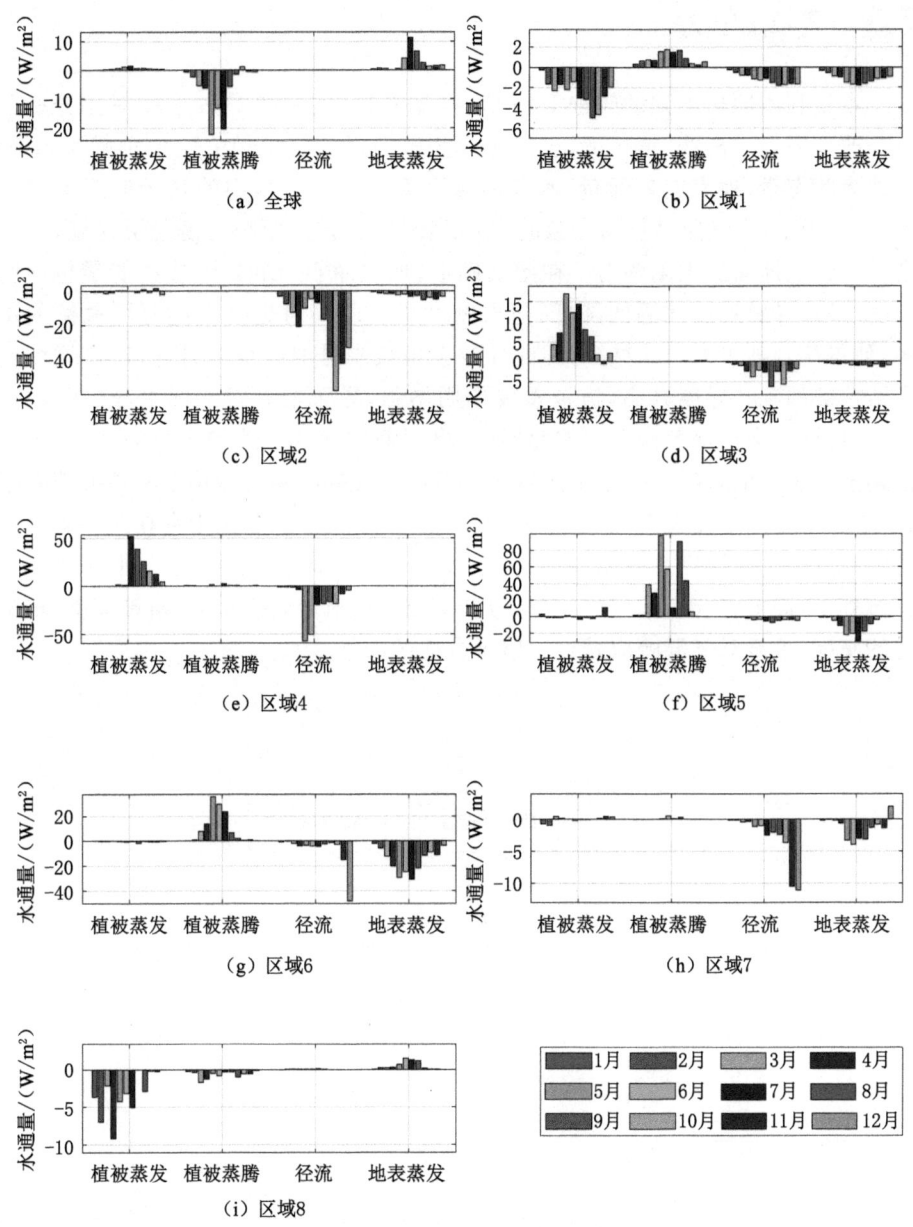

图 5-29　2002 年全球和各子区域地表植被蒸发、植被蒸腾、
地表径流和地表蒸发差值随时间的演变

5.5　本章小结

　　本章利用同化得到的改进 LAI 值,根据 CTL 实验和 C-N 实验对比分析了
LAI 改变后,在"离线"情况下,也就是在大气驱动数据保持一定的前提下,LAI
对地表状态量、地表能量通量、水分能量平衡的改进。得到的初步概念模式如
图 5-30 所示,大气驱动保持一致时,当 LAI 增大,首先影响的是冠层密度,因此
削弱了到达地面的太阳辐射。在此基础上,地表净辐射和长波辐射能量也同时
减弱,最终导致地面气温的降低;冠层密度增大的同时也会引起冠层截留的增
多,使得落到地表的水滴减少,因此导致了地表水分的减少。另外,LAI 增大会
导致植被的气孔导度升高,植被蒸发作用增强,导致根系对土壤水分的吸收增
强,土壤湿度会伴随着减弱。与此同时,冠层截留导致的地表水分的减小,也会
加剧土壤湿度的降低。但是由于地表气温的改变同时也会作用于植被的蒸发过
程,土壤湿度的变化就存在一定的不确定性,这也是导致结论中存在难以解释清
楚的地方的关键原因。因此,在分析植被对地表状态量、能量、水分平衡等的分
析过程中,需要综合考虑植被类型,包括研究区域所处的经纬度、植被高度、植被
根的高度、植被对气温响应是否敏感等方面的因素。

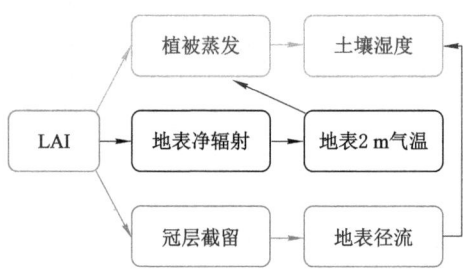

图 5-30　LAI 影响地表状态量、水分-能量平衡的机制探讨

第6章　大尺度地表植被变化对全球和区域气候的影响

地表植被覆盖的影响不仅会对当地地表特征量、能量、水分和物质平衡产生影响,同时无论在模型设计中还是理论中,新生成的地表温度、相对湿度都会重新送回大气,进行下一步的计算。因此,本章主要分析了在陆-气模型耦合情况下 LAI 变化对区域甚至全球气候变化造成的影响。在此基础上,由于 CESM 同时有耦合的地球系统模型(海-气-陆-冰耦合模型),所以本节也简单分析了在海-气-陆-冰耦合情况下 LAI 的改变对区域/全球气候的影响,进而分析海洋和冰雪圈的耦合是放大还是减小了植被在气候变化中的作用。

6.1　CESM 中陆-气耦合和海-气-陆-冰耦合模型

公用地球系统模型中包括了大气(CAM)、陆地(CLM)、海洋(POP)、海冰(CISM)以及陆冰(CICE)模块。其中,陆地、海洋模块中还存在生物地球化学过程(C-N 循环模块、海洋生态学)等。每一个模块都可以单独运行,作为"Stand-alone"的状态使用,也可以根据使用者的实验设计选择不同的模块耦合,而使用不同运行方式的开关则对应着 CESM 中的 COMPSET。例如,在单独 CLM 时,对应的是 I COMPSET,而使用 CAM 和 CLM 耦合对应的是 F COMPSET,这其中海洋和海冰/陆冰是给定的,不随着时间的变化而变化。CESM 整体耦合使用的 COMPSET 是 B,在模式运行的过程中,模型所拥有的海-气-陆-冰模块均处在激活状态下,如图 6-1 所示。

利用 CESM 耦合模型研究植被变化对全球气候的影响并不少见,Pitman 等(2012)利用现在的全球气候模型研究得到,历史陆面状态的改变会在生物地球物理学方面对气候产生很大的影响。Lawrence 等(2007a)利用 Foley 等(1996)生成的地表覆盖类型变化地图与不同的陆面类型分别进行实验,分析了陆面特征改变对地表温度、降水、潜热通量等微气象学要素的影响。Xu 等

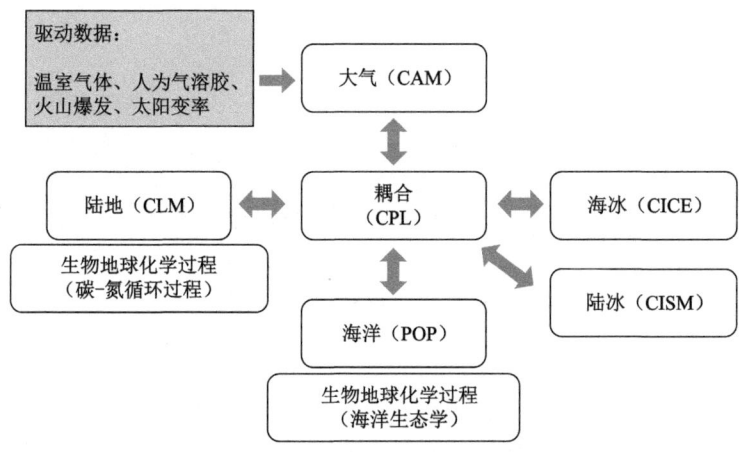

图 6-1　CESM 中所含模块及其简介

(2015)也对比分析了海-气-陆-冰耦合情况下地表覆盖改变造成的亚洲季风区温度、湿度、地表风的影响。然而,无论是模型还是观测的陆面覆盖的改变对气候的具体影响的程度都不尽相同。究其原因,这不仅与对陆面特征改变的植被类型变化的描述不够精确有关,还与对地表本身植被特征对模型的影响机制没有完全准确描述有关。另外,陆面类型的改变不仅会改变植被特征,而且对当地土壤特征、地表粗糙度等参数的影响也不可忽视,因此在分析植被变化造成的影响时就需要考虑不同因素。本节在第 4 章的基础上,认为 C-N 实验得到的 LAI 是"准确的",设计了 4 组不同的实验,具体详见表 6-1。

表 6-1　地表植被变化对全球天气影响的实验设计

实验名称	耦合模块	修改陆面变量	修改频率
F_CTL	陆面、大气	——	——
F_ASSIM	陆面、大气	LAI、Leaf C、Leaf N	1 月
B_CTL	海、气、陆、冰	——	——
B_ASSIM	海、气、陆、冰	LAI、Leaf C、Leaf N	1 月

　　F_CTL 和 F_ASSIM 实验均对应同时启动大气和陆面的模块,而 B_CTL 和 B_ASSIM 实验对应的是海-气-陆-冰耦合模块,两者的对比可以分析海、冰对植被改变对天气的影响是存在放大还是缩小作用。另外,所有模型的空间分辨率为 $0.9° \times 1.25°$,时间为 2002 年。其中,F_CTL 和 B_CTL 对应的是 LAI 没有

任何改变的实验,而在 F_ASSIM 和 B_ASSIM 实验中,每隔 1 个月,根据第 4 章得到的同化 LAI 值,将同化的当月第一天的 LAI、Leaf C 和 Leaf N 手动修改进模型的"重提交"文件中,即相当于修改了其中陆面模型的地表植被信息。

6.2　陆-气耦合情况下 LAI 改变对地表状态量、陆-气交换及气候的影响

6.2.1　LAI 在陆-气耦合模块中的改变

图 6-2 给出了陆-气耦合条件下,使用第 4 章 C-N 实验中同化后得到的分析 LAI 值作为每个月的初值,造成的 2002 年 7 月 LAI 值的改变。可以看出,LAI 的改变与不进行耦合产生的 LAI 的改变差值很小。耦合过后的 LAI 依旧在非洲中部、亚洲南部、中国东北部、北美洲东部地区和亚马孙地区出现了高估的情况,但是陆-气耦合后模拟的 LAI 值相对于不耦合时的模拟值偏差有所降低。另外,从 F_CTL 到 F_ASSIM 实验,LAI 值均在低纬度有所减小,而在中高纬度尤其是北美洲西部地区、澳大利亚西部、中国西北地区以及欧亚大陆西部地区有所增大。值得一提的是,在陆-气耦合的情况下,LAI 差值在不同区域的分布更加明显,尤其是西欧地区和中国内蒙古地区,LAI 的改变在陆-气耦合的情况下变化更加剧烈,尤其是北半球中高纬度地区。

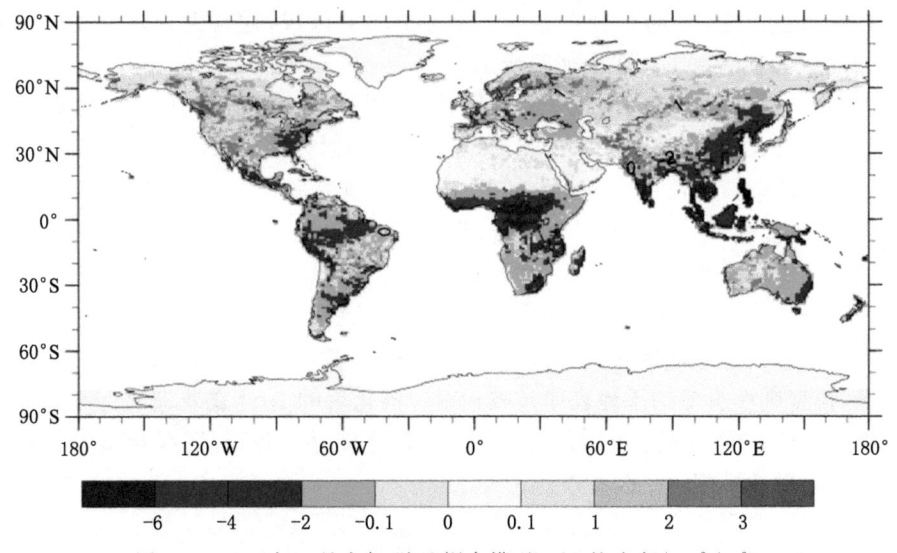

图 6-2　2002 年 7 月大气-陆地耦合模型 LAI 的改变/(m^2/m^2)

6.2.2 LAI 改变对地表辐射的影响

根据 LAI 在 CLM4-CN 中的生物物理地球作用,LAI 的改变首先影响太阳短波辐射在植被间以及植被-大气、植被-地面间的传输作用,因此,本节首先分析 LAI 对地表短波辐射作用的影响。

图 6-3 画出了 2002 年 7 月 GLDAS 地表净太阳短波辐射、CTL 实验地表净太阳短波辐射、CTL 实验与 GLDAS 地表净太阳短波辐射差值、C-N 实验与 CTL 实验地表净太阳短波辐射差值的空间分布。可以看出,2002 年夏季,由于太阳高度角位于北回归线,地表净短波辐射的最大值主要分布在北半球中高纬度地区,并且在植被分布比较稀疏的区域地面接受的净短波辐射更大。模型模拟得到的地面净短波辐射能够大致重现净短波辐射的全球分布特征,但是在不同纬度带仍存在差异,如在非洲北部的撒哈拉沙漠地区,模型模拟的净短波辐射远小于再分析数据,其偏差可达到 -50 W/m^2,但在其南部的热带雨林地区,模拟得到的净短波辐射却偏高,最大值也能达到 $20\sim30$ W/m^2。整体而言,除了撒哈拉沙漠地区,模型模拟的净短波辐射小于观测,模拟在全球范围内均呈现正偏差。然而同化后,LAI 的减小导致了全球大部分地区接受的短波辐射值增多,在非洲中部部分地区、亚马孙中部地区和欧亚大陆地区,地表的净短波辐射出现了部分区域偏低的情况,这是因为在这些短波辐射同时还会受到云模拟等因素的影响。值得一提的是,地面接受的净短波辐射在高纬度地区的改变值明显高于中低纬度,即 LAI 影响地面接受净短波辐射改变最大的区域并不分布在植被稠密区,而是分布在中等植被分布的区域,这与太阳辐射在植被中传输的敏感性有关,如图 6-3(d)所示。

图 6-4 同时也给出了 2002 年 7 月 GLDAS 地表净长波辐射、CTL 实验地表净长波辐射、CTL 实验与 GLDAS 地表净长波辐射差值、C-N 实验与 CTL 实验地表净长波辐射差值的空间分布。可以看出,地表净长波辐射在 23°N 达到最大;在此纬度外,净长波辐射向两极分别递减,并且同一纬度带上在植被分布稀疏的地区地表净长波辐射值更大[图 6-4(a)]。模型能够模拟出全球地表净长波辐射的分布特征,但是依然呈现出较大偏差,如在亚马孙中部地区、北美洲西部地区和欧亚大陆北部地区,模型严重高估地表净长波辐射,而在非洲北部、中东地区,模型则严重低估了地表净长波辐射。同化后的 LAI 在非洲北部和亚马孙中部均呈明显的反号分布,可见同化后的 LAI 能够改进陆-气耦合模型对地表净短波辐射的模拟。

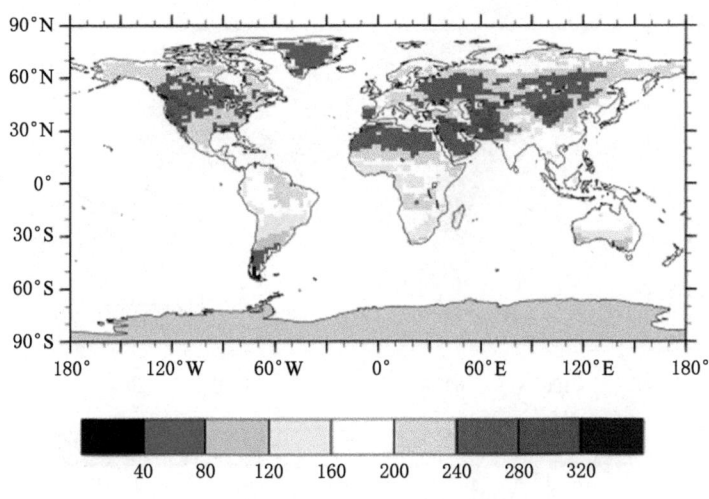

（a）再分析的地表净太阳短波辐射/（W/m²）

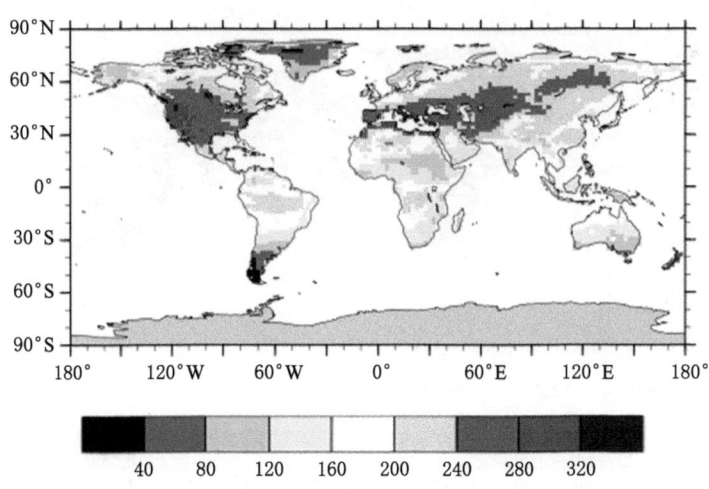

（b）集合模拟的地表净太阳短波辐射/（W/m²）

图 6-3　2002 年 7 月 GLDAS 地表净太阳短波辐射、CTL 实验地表净太阳短波辐射、
CTL 实验与 GLDAS 地表净太阳短波辐射差值、C-N 实验与 CTL 实验地表净太阳短波
辐射差值的空间分布

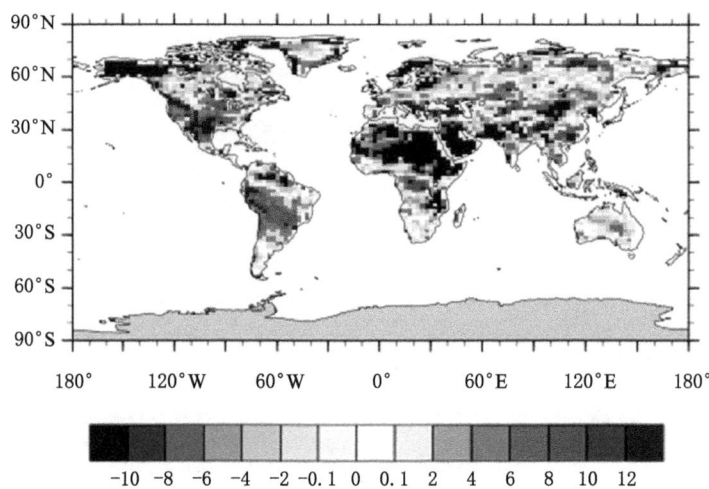

（c）模拟和再分析的地表净太阳短波辐射差值/（W/m²）

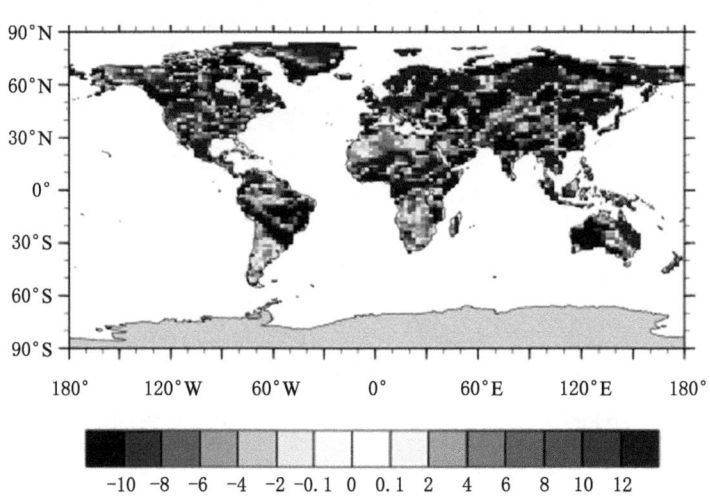

（d）同化实验和模拟的地表净太阳短波辐射差值/（W/m²）

图 6-3 （续）

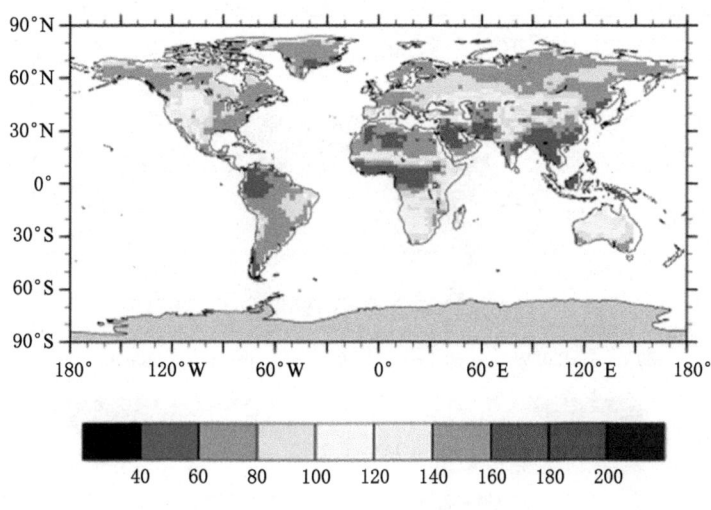

（a）再分析的地表净长波辐射/(W/m²)

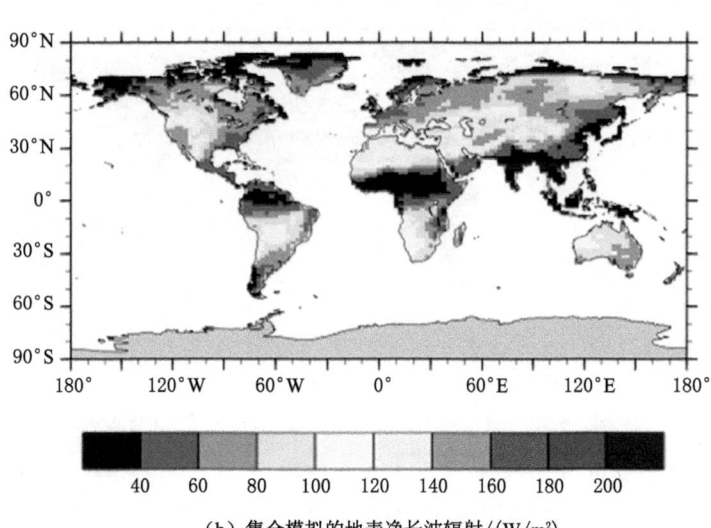

（b）集合模拟的地表净长波辐射/(W/m²)

图 6-4　2002 年 7 月 GLDAS 地表净长波辐射、CTL 实验地表净长波辐射、CTL 实验
与 GLDAS 地表净长波辐射差值、C-N 实验与 CTL 实验地表净长波辐射差值的空间分布

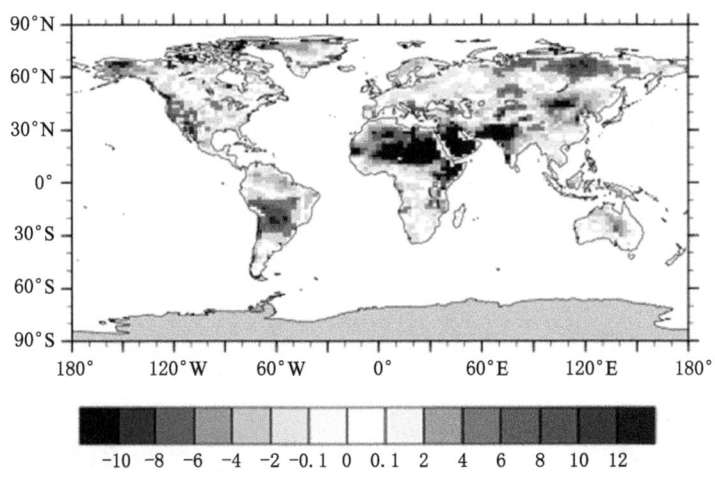

（c）模拟和再分析的地表净长波辐射差值/（W/m²）

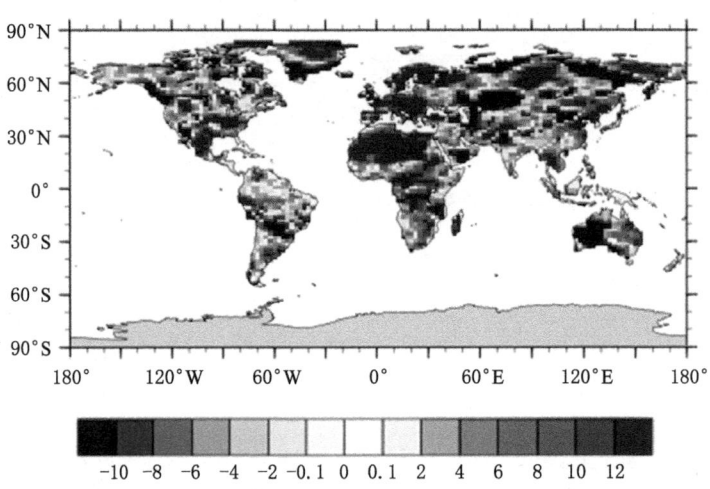

（d）同化实验和模拟的地表净长波辐射差值/（W/m²）

图 6-4 （续）

6.2.3　LAI 改变对陆-气交换通量的影响

图 6-5 描述了 2002 年 7 月 GLDAS 地表感热通量、CTL 实验地表感热通量、CTL 实验与 GLDAS 地表感热通量差值、C-N 实验与 CTL 实验地表感热通量差值的空间分布。可以看出，地表感热通量在中国中部和西北地区、北美洲西部地区以及青藏高原地区达到最大，而在中国东南沿海区域则达到最低。这主要是由于植被分布贫瘠地区土壤湿度很低，在地表净辐射能量分配中，感热通量占主导因素。模型模拟的感热通量的全球分布能够很好地抓住感热通量的全球分布特征，但是在数值上则整体偏小。LAI 的减小，使得地表接受到更多的净辐射通量，能够用于分配的感热通量也相应增多，因此，同化后的 LAI 可以在一定程度上改进模型对感热通量的模拟能力。

图 6-6 描述了 2002 年 7 月 GLDAS 地表潜热通量、CTL 实验地表潜热通量、CTL 实验与 GLDAS 地表潜热通量差值、C-N 实验与 CTL 实验地表潜热通量差值的空间分布。可以看出，潜热通量高值区主要分布于地球上植被覆盖比较稠密的地区或者水汽供给充足的地区，如亚马孙北部和非洲中部地区覆盖的是热带森林，欧亚大陆北部地区则覆盖着大片的北方森林和温带森林。而中国南部和东南部地区潜热通量也很明显，这主要是由于 7 月处于东亚季风盛行的季节，为中国南部和东南部带来了充足的水汽，也使得该地区的潜热通量占能量分配的主导地位。模型模拟得到的潜热通量分布能够很好地呈现其空间分布特征，但是在水汽充足区域，则常常出现高估的现象，尤其是中国东南部、北美洲东南部和亚马孙中部地区。同化后的 LAI 在这些区域明显降低，也造成了潜热通量在中国东北部、非洲中部、北美东南部的减弱，因此可以修正模型模拟的偏高估计。值得一提的是，尽管 LAI 在非洲北部并没有非常明显的改进，但是 LAI 的区域效应导致非洲北部地区的潜热通量也明显减小，使得该地区变得更加干燥。

6.2.4　LAI 改变对地表温度、降水的影响

陆-气耦合地表 2 m 温度的全球分布对 LAI 的响应如图 6-7 所示。可以看出，由于太阳高度角位于北半球，地表 2 m 气温在北半球明显高于南半球。另外，2 m 气温的最大值出现在撒哈拉沙漠和中东地区，且向两极依次递减。2 m 气温在中国青藏高原地区出现了一个低值区，这主要是由于青藏高原的高海拔造成的。模型能够模拟出地表 2 m 气温的全球气候分布特征，但是在数值上出现了 −5 ℃到 4 ℃的偏差。在非洲大部分地区和中东地区，模型均低估了地表 2 m 气温值，而在欧亚大陆北部地区、亚马孙南部地区和北美洲西部地区，模型则

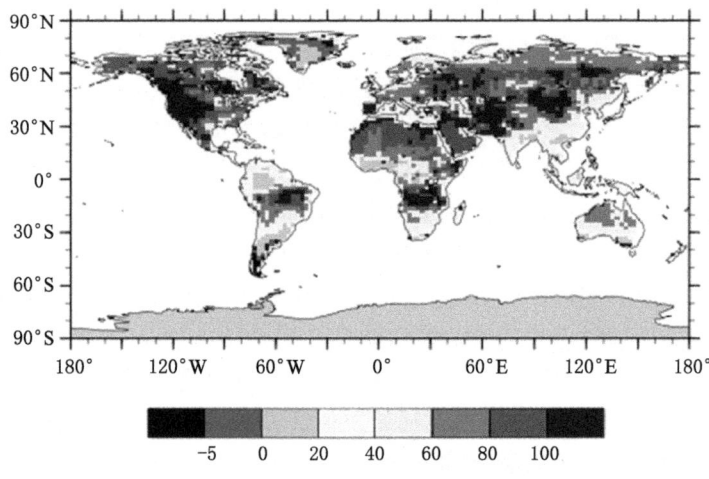

（a）再分析的地表感热通量/(W/m²)

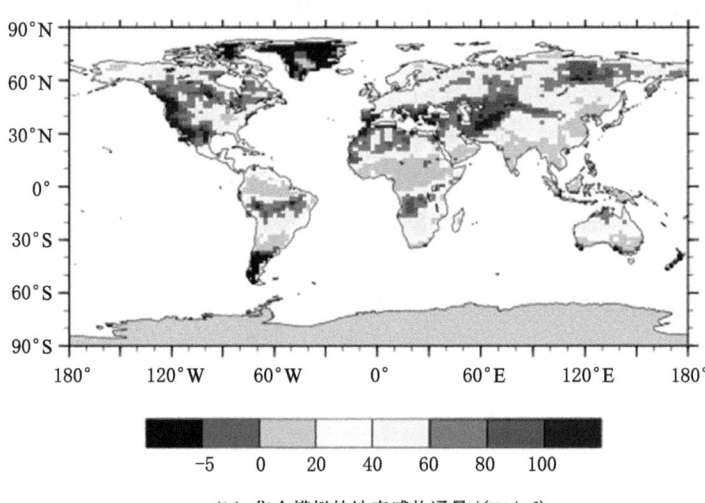

（b）集合模拟的地表感热通量/(W/m²)

图 6-5　2002 年 7 月 GLDAS 地表感热通量、CTL 实验地表感热通量、CTL 实验与
GLDAS 地表感热通量差值、C-N 实验与 CTL 实验地表感热通量差值的空间分布

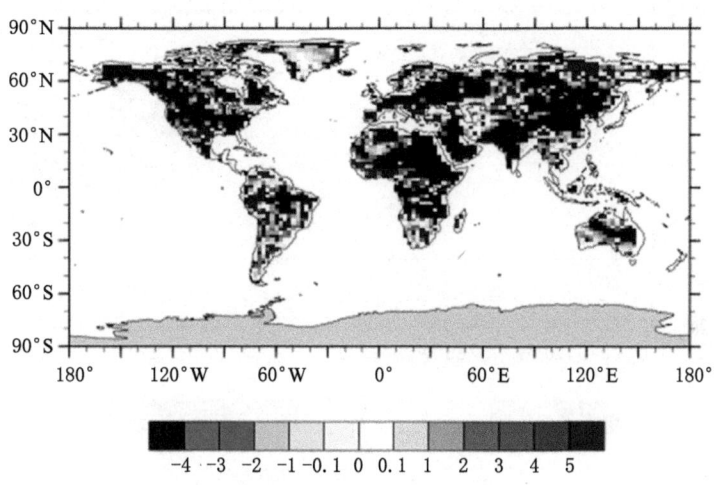

（c）模拟和再分析的地表感热通量差值/(W/m²)

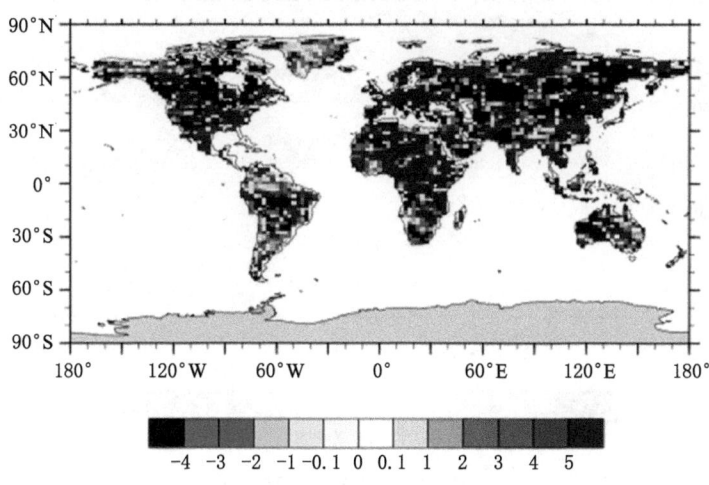

（d）同化实验和模拟的地表感热通量差值/(W/m²)

图 6-5　（续）

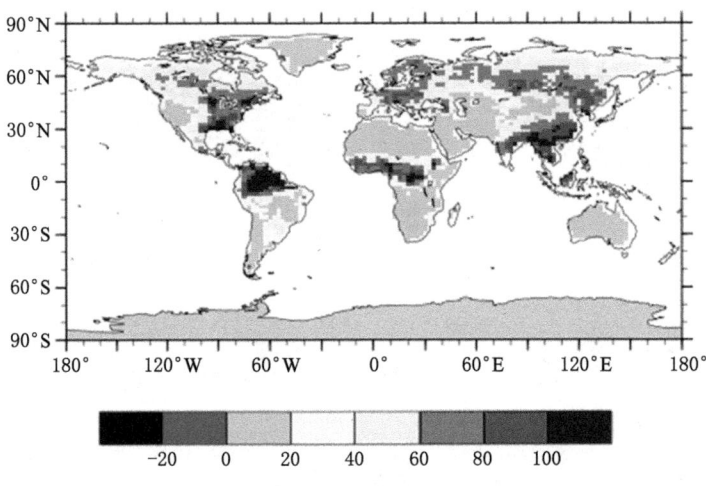

（a）再分析的地表潜热通量/(W/m²)

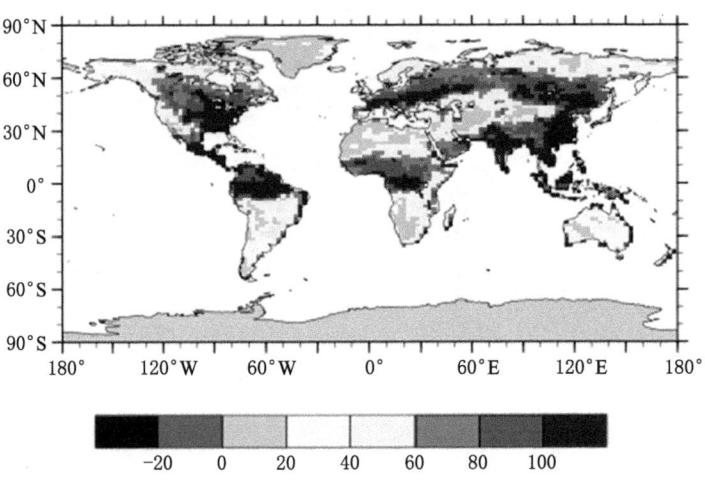

（b）集合模拟的地表潜热通量/(W/m²)

图 6-6　2002 年 7 月 GLDAS 地表潜热通量、CTL 实验地表潜热通量、CTL 实验与
GLDAS 地表潜热通量差值、C-N 实验与 CTL 实验地表潜热通量差值的空间分布

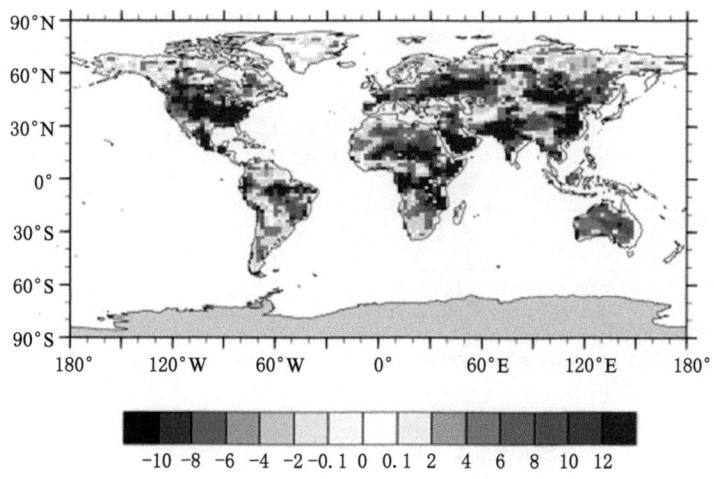

（c）模拟和再分析的地表潜热通量差值/（W/m²）

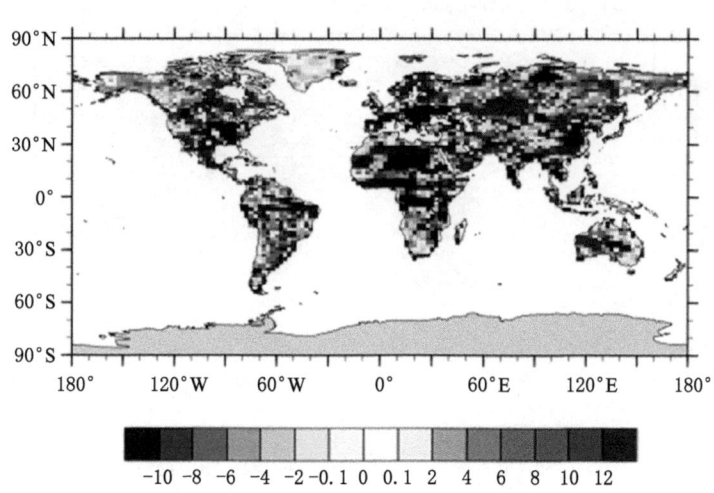

（d）同化实验和模拟的地表潜热通量差值/（W/m²）

图 6-6　（续）

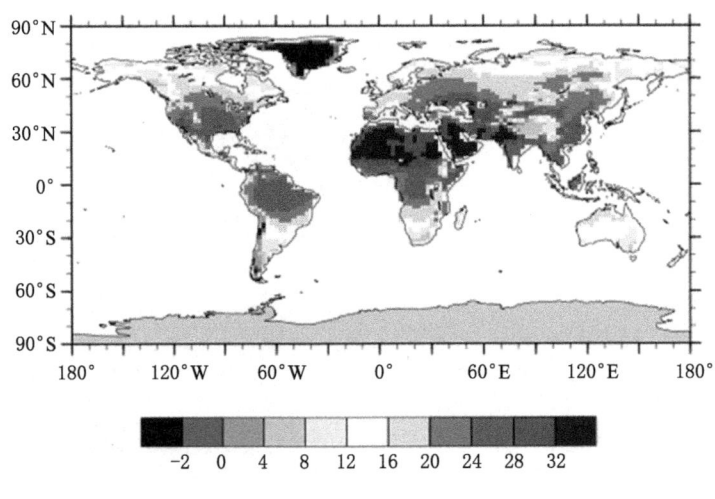

（a）再分析的2 m气温/℃

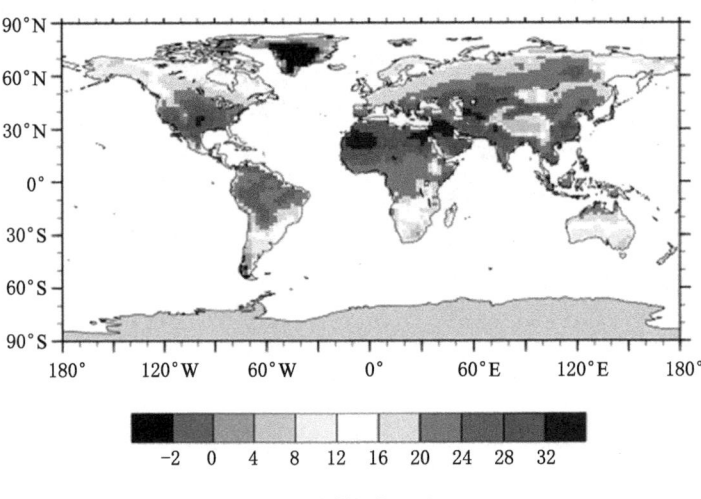

（b）集合模拟的2 m气温/℃

图 6-7　2002 年 7 月 GLDAS 地表 2 m 气温、CTL 实验地表 2 m 气温、CTL 实验与
GLDAS 地表 2 m 气温差值、C-N 实验与 CTL 实验地表 2 m 气温差值的空间分布

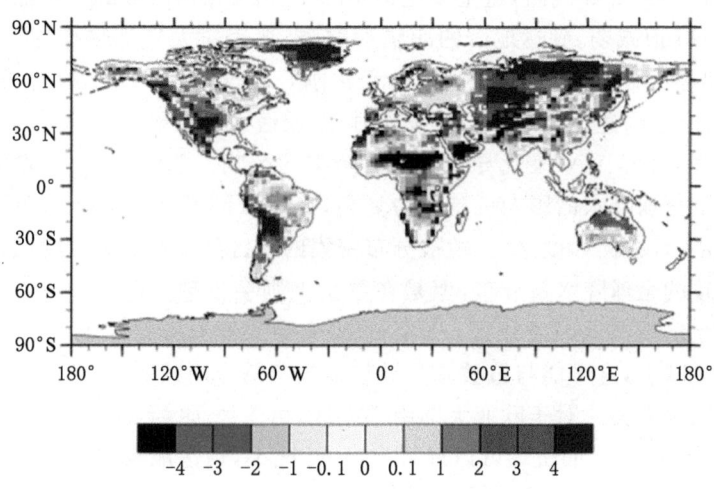

（c）模拟和再分析的2 m气温差值/℃

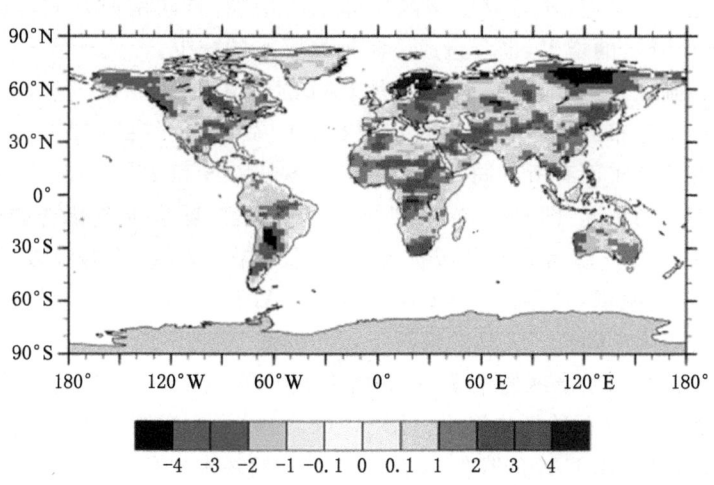

（d）同化实验和模拟的2 m气温差值/℃

图 6-7　（续）

严重高估了地表2 m气温。LAI的改变在低纬地区呈现为加热大气的状态,而在高纬地区则表现为冷却作用。陆-气耦合后LAI对地表2 m温度的影响高于"离线"状态下的2 m气温,这主要是由于陆-气相互作用导致的。在非洲中部地区,由于LAI值减弱,到达地面的净辐射增强,地表对大气加热作用增强,导致地表气温增强;而对高纬度地区,这种变化刚好相反,由于LAI的增强,植被变得稠密,削弱了到达地面的太阳短波辐射,造成地面净辐射能量的削弱。

图6-8显示了LAI变化导致的地面降水的影响。总体来说,地表植被覆盖对区域乃至全球降水的影响机制较为复杂,夏季低纬度地区的降水明显高于中高纬度地区,且在同纬度地区,植被分布密集的地区降水量更大。模型模拟也能够得到一致的全球降水量分布,但是在数量上则会出现$-6 \sim 8$ mm/d的偏差,且最大偏差出现在低纬度地区。LAI的改变导致亚马孙区域和非洲中部地区的降水明显减少,这可能与植被减少导致植被蒸腾作用减弱,能够输送到大气的水分明显减少有关。对于欧亚大陆南部地区,由于海-冰耦合导致该地区降水显著增多,与LAI改变的机理可以理解为:LAI减小,到达地表的太阳辐射和长波辐射均出现增强,导致该地区地表温度升高,温度的升高导致了大气稳定度的减弱,7月也是北半球的夏季,是东亚季风盛行的季节,由于有足够的水汽输送,加之大气层趋于不稳定,便导致了该区域降水的增加;自西南向东北传输的过程中,上游地区降水的增多,也会造成下游地区降水的减少。

图6-9画出了2002年7月和11月LAI的差值、地表2 m气温的差值和降水差值随纬度分布的变化特征。可以看出,在耦合了大气的情况下,LAI的改变随着纬度的分布而有所不同,即分别在45°S~40°S和40°N~60°N纬度带之间出现了增大的情况[图6-9(a)]。就图6-9(b)而言,夏季陆-气耦合的作用使得北半球地表2 m气温增大的区域扩大,即不仅仅在LAI改变的区域,还同时向两极扩散,这说明耦合的陆-气模型可以增大LAI的区域效应。但是在南半球,2 m气温的变化在耦合了大气的情况下,与"离线"状态下的2 m气温变化相反,这可能由于7月为南半球的冬季,地表植被处于凋落期或者有冰雪覆盖,LAI的改变对地表2 m气温的影响很小。图6-9(c)描述了LAI改变造成的地表降水量的改变,可见夏季LAI的降低造成了赤道附近降水的负偏差,而中高纬地区的降水却逐渐增多,冬季除了30°S附近的降水量增加以外,可以认为LAI的改变造成了整个北半球降水量的减少。

6.2.5 LAI对区域气候的可能影响

6.2.5.1 LAI改变对非洲大陆气候的影响

由于非洲地区南部分布着常绿阔叶林,而北部却分布着撒哈拉沙漠,LAI

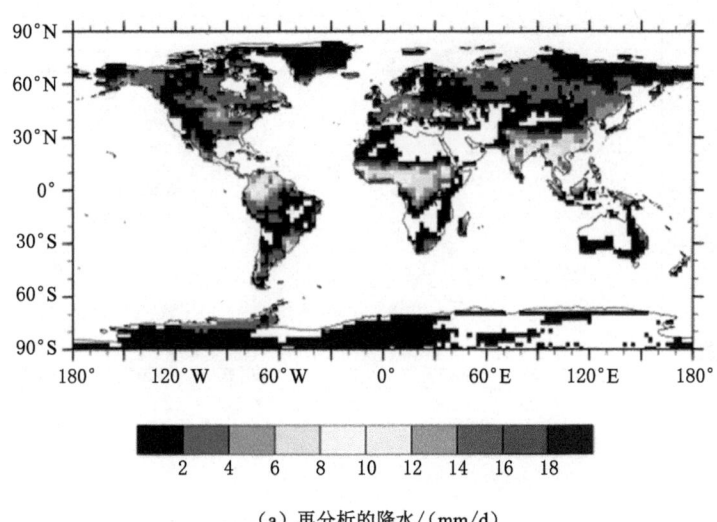

（a）再分析的降水/（mm/d）

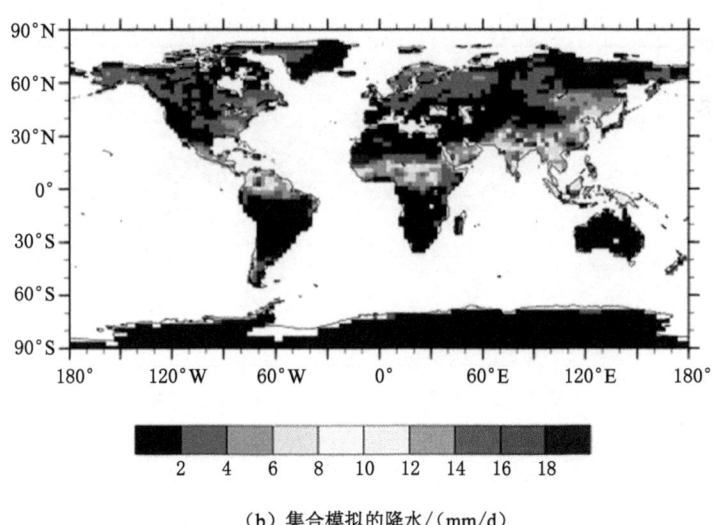

（b）集合模拟的降水/（mm/d）

图 6-8　2002 年 7 月 GLDAS 地表降水、CTL 实验地表降水、
CTL 实验与 GLDAS 地表降水差值、C-N 实验与 CTL 实验降水差值的空间分布

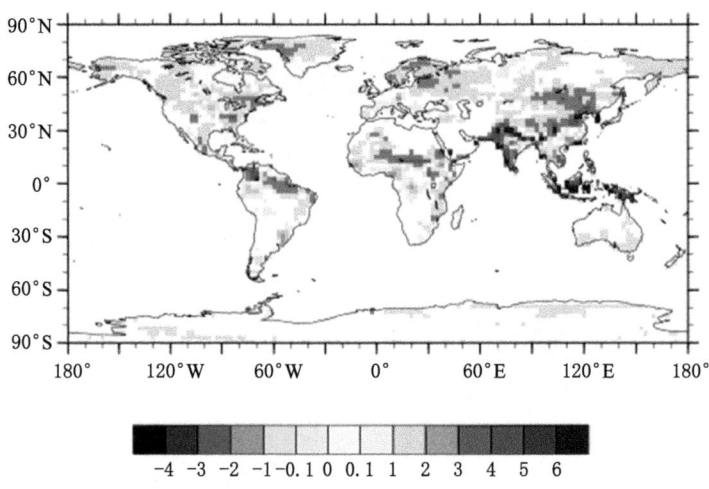

（c）模拟和再分析的降水差值/（mm/d）

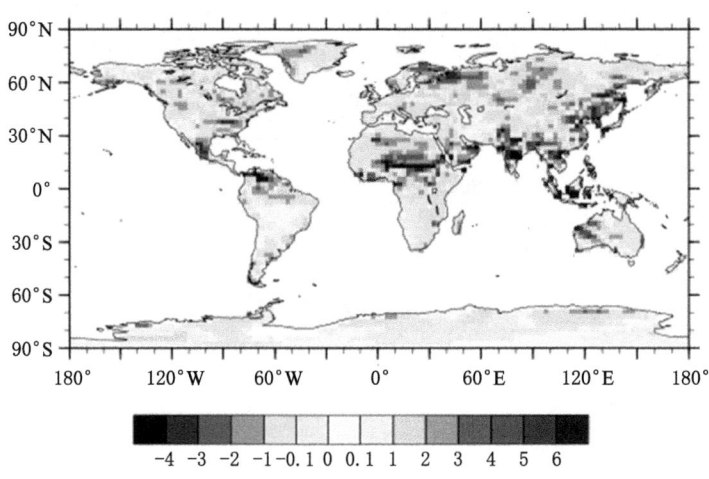

（d）同化实验和模拟的降水差值/（mm/d）

图 6-8 （续）

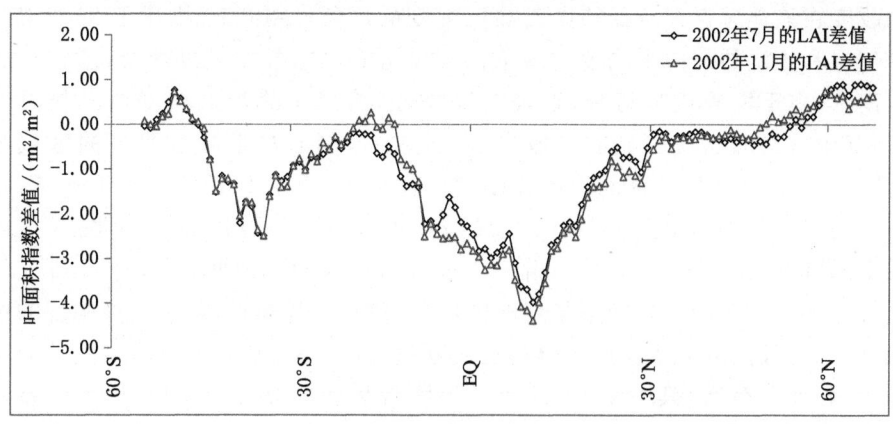

（a）LAI的差值

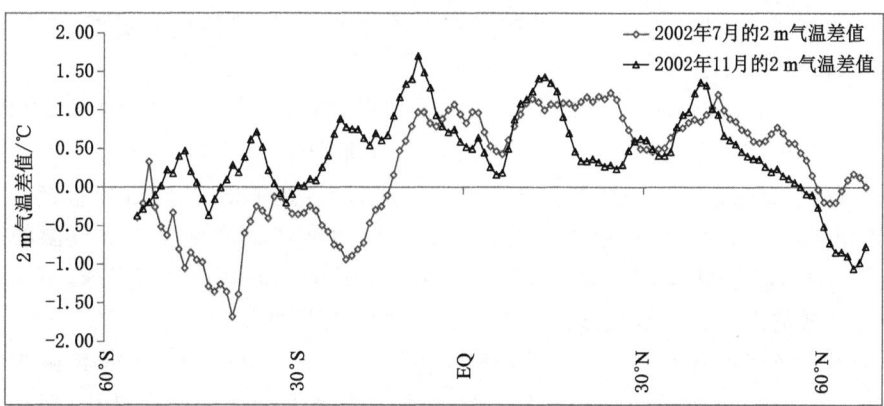

（b）地表2 m气温的差值

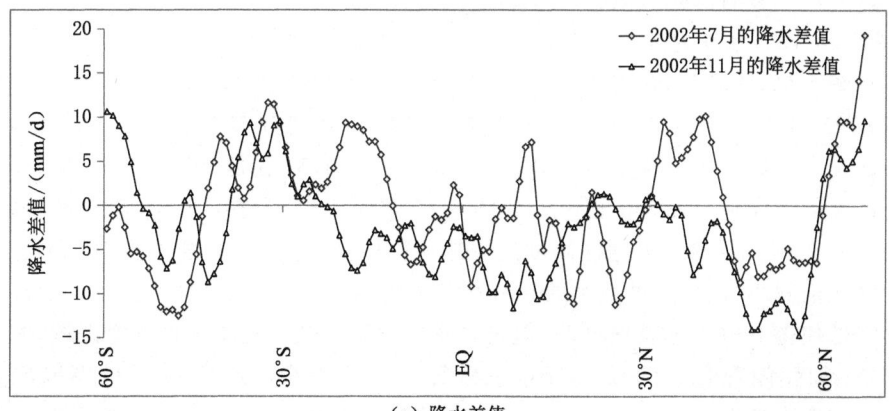

（c）降水差值

图 6-9　2002 年 7 月和 11 月 LAI 的差值、地表 2 m 气温的差值和降水差值
随纬度分布的变化特征

的改变在该地区存在从低纬向高纬度突变的现象。图 6-10 描述了 2002 年 7 月气温和比湿的纬向平均值的差值随高度分布的差异。可以看出,夏季在非洲南部,由于覆盖热带森林,地表 LAI 减小,造成了热带低纬度地区气温升高,其中低空加热最明显的区域在 20°N 左右,同时高空降温明显的区域为 20°N 上空。在非洲地区北部的撒哈拉沙漠地区,由于 LAI 的影响不强烈,地表表现出一定的降温趋势,同时 LAI 减小的区域会导致增温带的北扩,这说明 LAI 不仅有局地效应,也有相应的区域气候效应。因此,LAI 改变造成气温改变导致大气趋于更加不稳定的区域分布在 20°N 附近,趋于更加稳定的区域则为 30°N 附近区域。同时分析比湿随纬度的分布,比湿沿赤道向北的分布为干-湿-干的分布,其中在 10°N~14°N 附近呈现出湿度的增加,这个分布趋势也与降水的改变在该地区的分布特征一致。10°N~14°N 地区分布着热带阔叶林植被,LAI 的减小会导致该区域干的地方更干,湿的地方更湿,最终将会导致沙漠带的扩张。

图 6-11 画出了 2002 年 7 月和 11 月 LAI 的差值、地表 2 m 气温的差值和降水差值随纬度分布的变化特征。可以看出,在非洲地区,LAI 在赤道附近达到最大偏差,这也造成了该区域温度的最大正偏差,尽管在 20°N 附近分布着撒哈拉沙漠(LAI 值无变化),但依然可以看出 LAI 改变造成的地表 2 m 气温的改变。7 月沙漠带附近的 2 m 气温减小,并且 11 月太阳高度角在南半球,由 LAI 减小造成的南半球 2 m 气温的增加更加明显,而伴随的是在赤道北部 2 m 气温的降低。就降水分布而言,7 月非洲降水量沿赤道向北依次为减少-增多-减少的趋势,这与图 6-8 的分析保持一致。11 月降水量改变的区域向南推移,其对北半球降水的影响也逐渐减弱。

6.2.5.2 LAI 改变对印度半岛及东亚地区气候产生的影响

图 6-12、图 6-13 分别给出了 2002 年 7 月印度半岛(70°E~90°E)和东亚(105°E~125°E)纬向平均气温和比湿的差值随高度分布的差异。可以看出,LAI 在东亚地区均呈减小的趋势,而在印度地区,LAI 在低纬度呈现负偏差,随着纬度的增大则表现为正偏差。如图 6-14、图 6-15 所示在印度半岛区域,低纬度 LAI 的减小导致了该地区温度的增加,同时高纬度 LAI 的增大也使 2 m 气温的模拟值减小,但是这种减小的趋势在冬季更加明显。东亚地区夏季 LAI 的持续降低使得 2 m 气温持续升高,但是冬季的效果也低于夏季。在东亚区域,0°~30°N 地区,随着 LAI 的减小,降水也逐渐减少;但在中高纬度,降水的模拟却增大。印度半岛在 30°N 地区,降水的变化对 LAI 变化的响应呈反向,这可能是由于该地区处在青藏高原,其温度和降水的分布均和低海拔变化相反造成的。

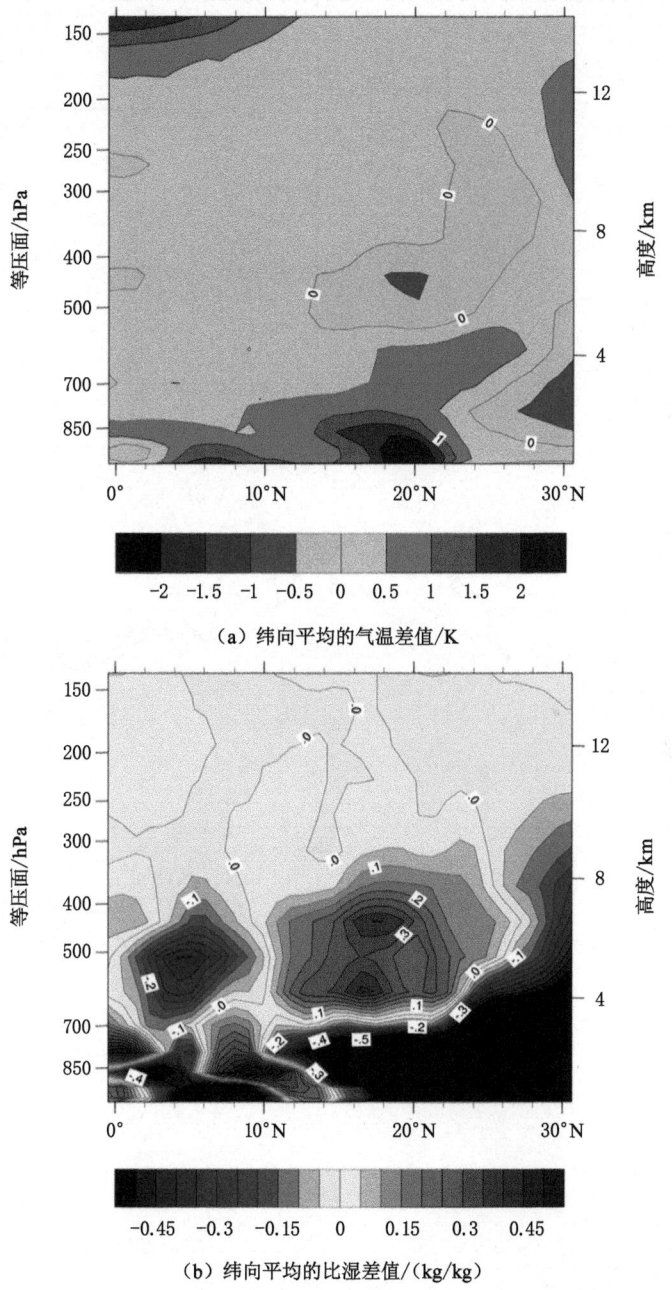

(a) 纬向平均的气温差值/K

(b) 纬向平均的比湿差值/(kg/kg)

图 6-10　2002 年 7 月非洲地区(10°E～35°E)纬向平均气温和比湿的差值随高度分布的差异

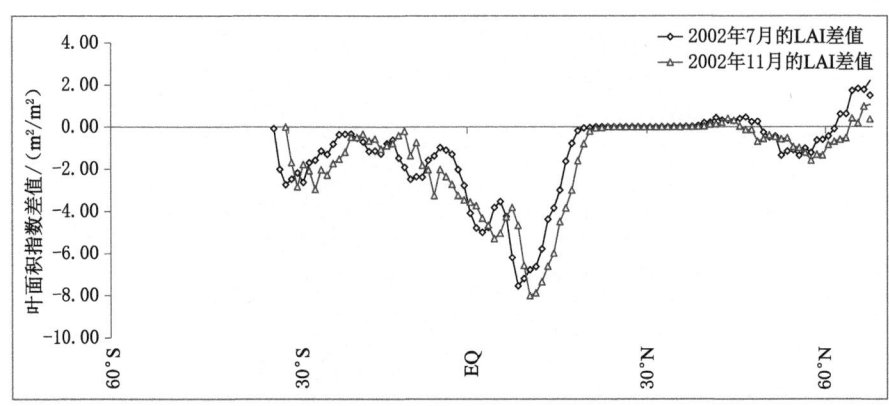

（a）LAI的差值

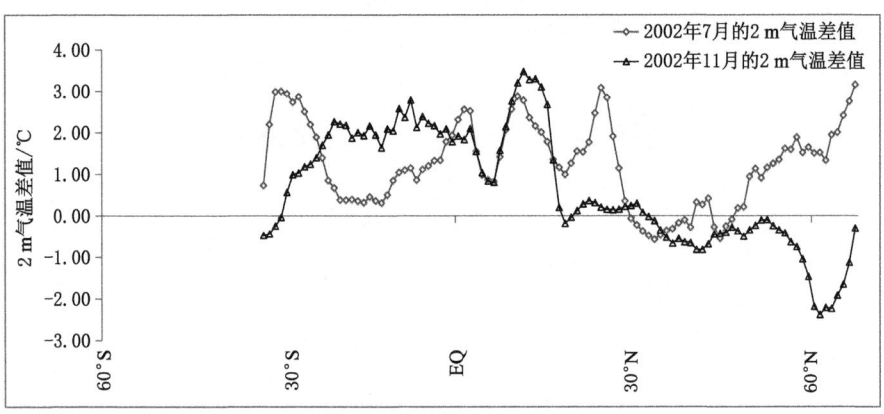

（b）地表2m气温的差值

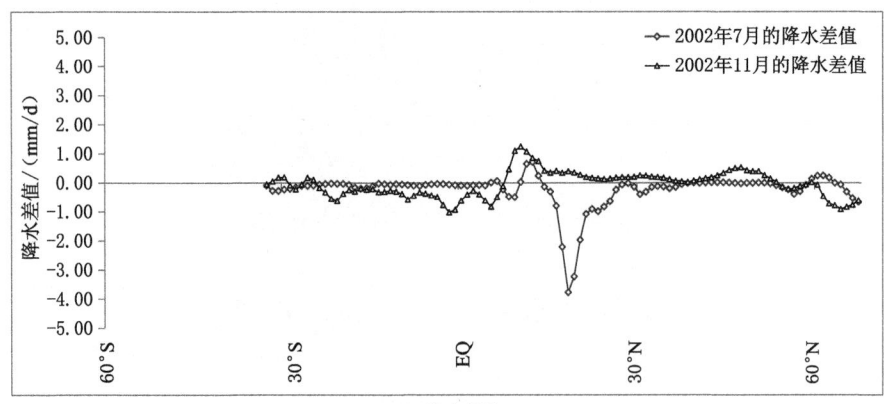

（c）降水差值

图 6-11　2002 年 7 月和 11 月非洲地区(10°E～35°E)纬向平均 LAI 的差值、
地表 2 m 气温的差值和降水差值随纬度分布的变化特征

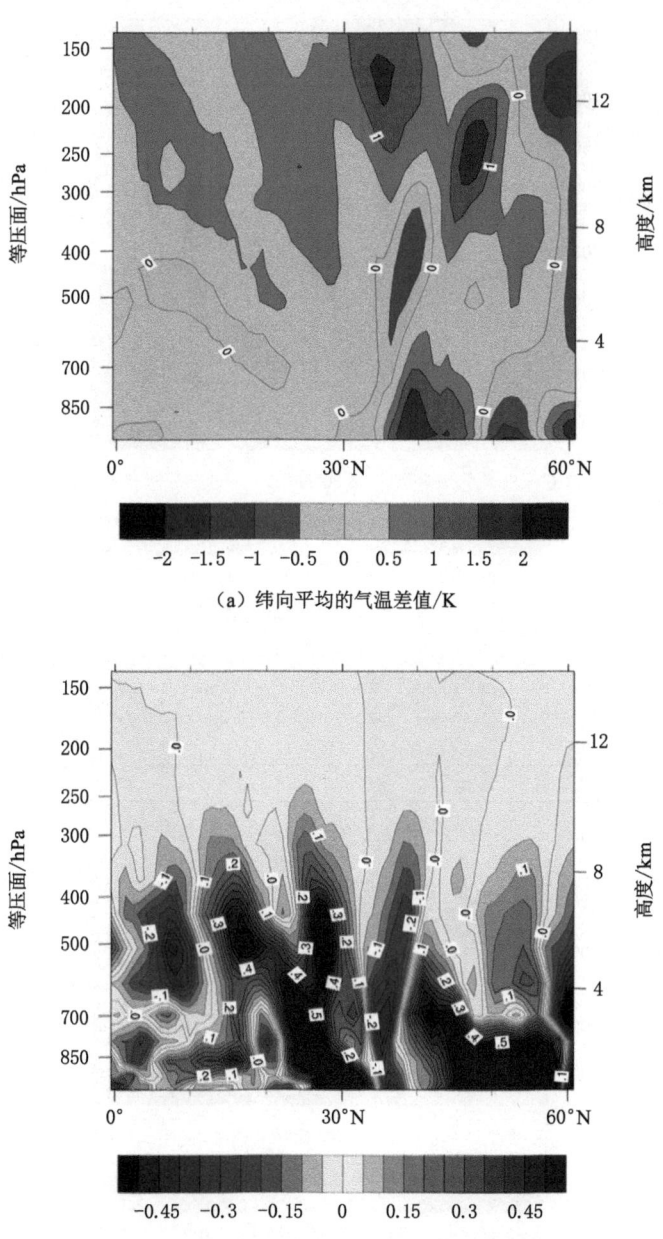

（a）纬向平均的气温差值/K

（b）纬向平均的比湿差值/(kg/kg)

图 6-12　2002 年 7 月印度半岛(70°E～90°E)纬向平均气温和比湿的差值随高度分布的差异

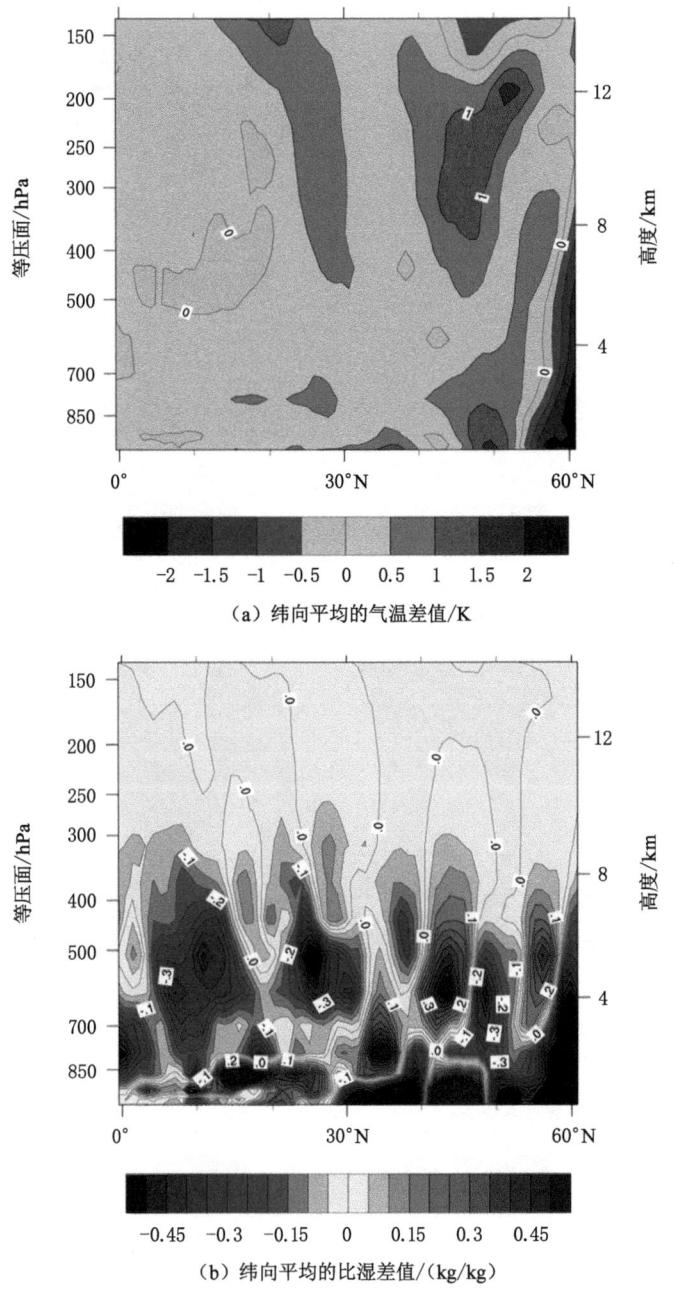

(a) 纬向平均的气温差值/K

(b) 纬向平均的比湿差值/(kg/kg)

图 6-13　2002 年 7 月东亚(105°E～125°E)纬向平均气温和比湿的差值随高度分布的差异

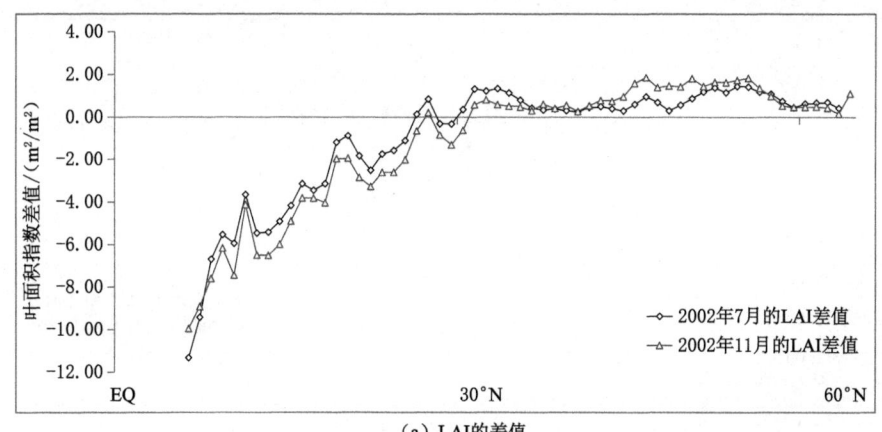

（a）LAI的差值

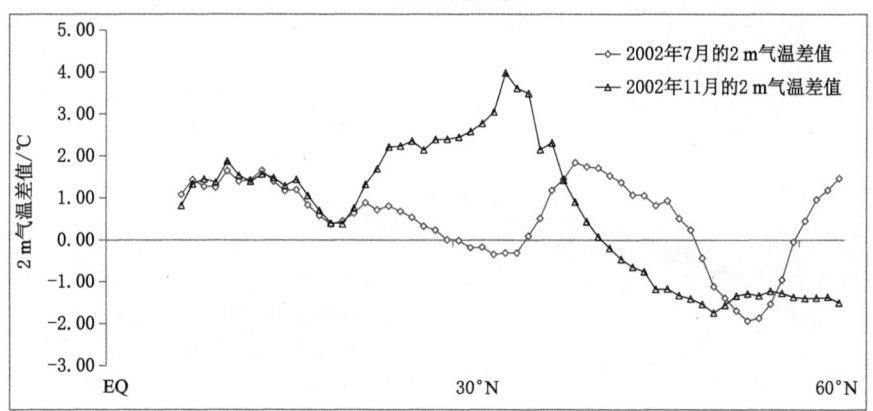

（b）地表2 m气温的差值

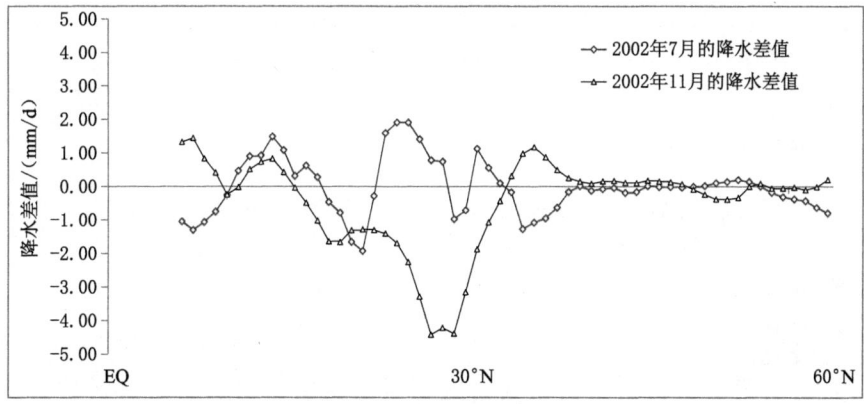

（c）降水差值

图 6-14　2002 年 7 月和 11 月非洲地区印度半岛（70°E～90°E）纬向平均 LAI 的差值、
地表 2 m 气温的差值和降水差值随纬度分布的变化特征

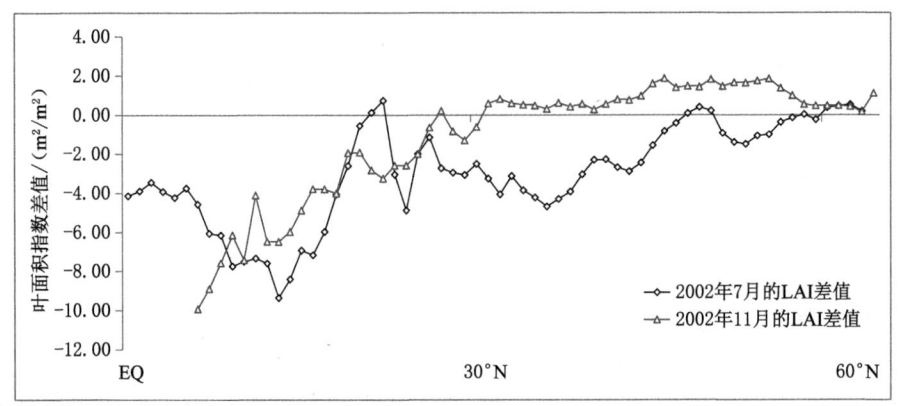

（a）LAI的差值

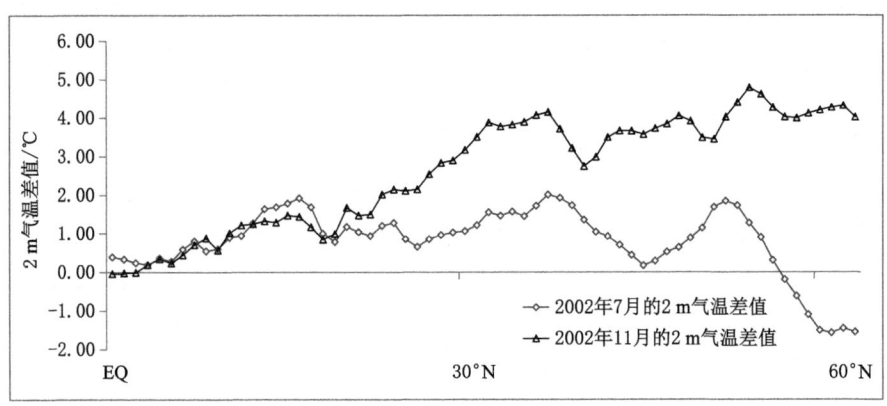

（b）地表2 m气温的差值

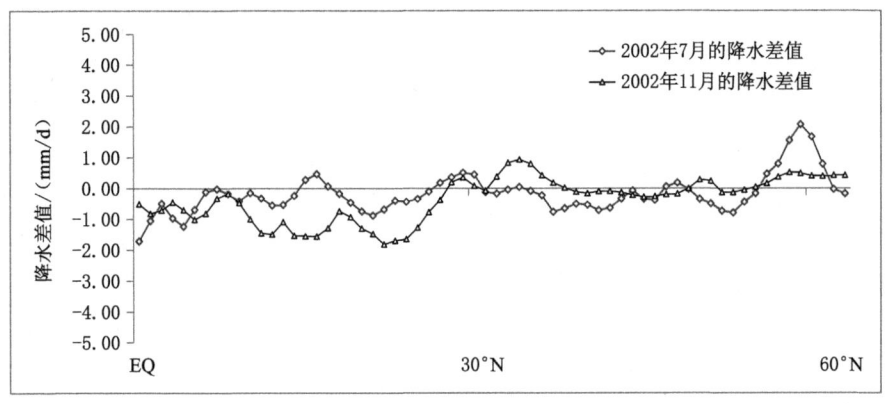

（c）降水差值

图 6-15　2002 年 7 月和 11 月东亚（105°E～125°E）纬向平均 LAI 的差值、
地表 2 m 气温的差值和降水差值随纬度分布的变化特征

6.3　海-气-陆-冰耦合情况下 LAI 改变对地表状态量、陆-气交换及气候的影响

本节简单分析了在海-气-陆-冰耦合的情况下 LAI 的改变对区域/全球气候的影响,进而分析了海洋和冰雪圈的耦合是放大还是减小了植被在气候变化中的作用。

图 6-16 给出了海-气-陆-冰耦合条件下,使用第 4 章 C-N 实验中同化后得到的分析 LAI 值作为每个月的初值造成的 2002 年 7 月的 LAI 值的改变。可以看出,LAI 的改变与不进行耦合产生的 LAI 的改变差值很小。耦合过后的 LAI 依旧在非洲中部、亚洲南部、中国东北部、北美洲东部和亚马孙地区出现了高估的情况,但是陆-气耦合后模拟的 LAI 值相对于不耦合时的模拟值偏差有所降低。另外,B_CTL 到 B_ASSIM 实验中 LAI 值均在低纬度有所减小,而在中高纬度尤其是北美洲西部、澳大利亚西部、中国西北部以及欧亚大陆西部地区有所增大。值得一提的是,在陆-气耦合的情况下,LAI 差值在不同区域的分布更加明显,尤其是西欧地区和中国内蒙古地区,LAI 的改变在陆-气耦合的情况下变化更加剧烈,尤其是北半球中高纬度地区。

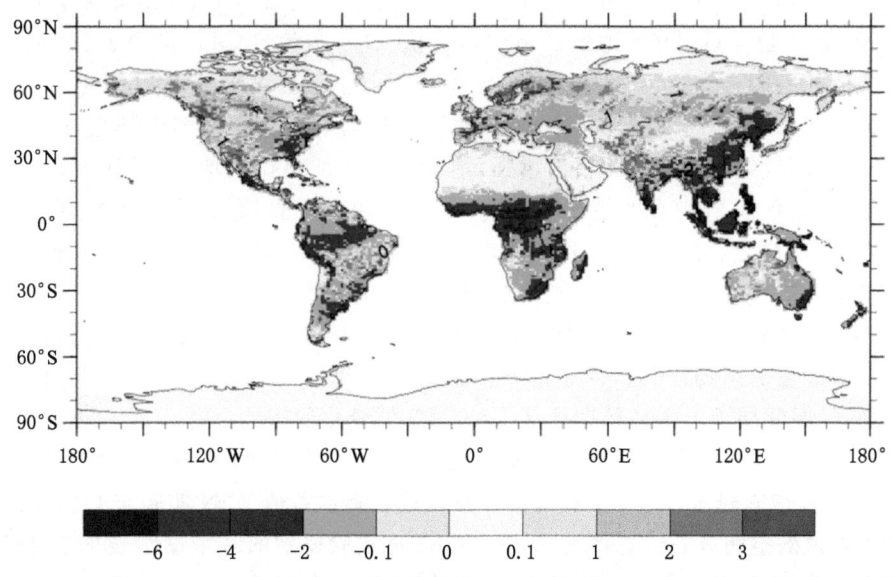

图 6-16　2002 年 7 月海-气-陆-冰耦合模型中叶面积指数的改变/(m^2/m^2)

图 6-17 和图 6-18 分别画出了 LAI 改变造成地表净短波辐射和地表净长波辐射值变化。可以看出,LAI 对地表温度改变最大的区域不仅分布在 LAI 改变最大的地区,也存在于其他 LAI 改变并不明显的区域,可见植被对区域性气候也会产生不可忽视的影响。从全球分布上看,尽管 LAI 在低纬度地区的改变非常明显,但是其由于植被变化造成的地表净短波辐射的变化却并不明显;相反,在中高纬度地区,尤其是中国东北部,LAI 的降低导致该地区地表净辐射能量增高,并且海-冰模块的加入会放大植被在该地区的作用。究其原因,低纬度地区占主导的是常绿阔叶林,其植被生长异常浓密,LAI 的减小对森林的作用并不会造成实质性的改变,这也说明了太阳短波辐射在稠密型植被中的传输改变并不敏感;而在中国东北部,该地区主要覆盖的植被类型为落叶阔叶林和农田,7月正好为北半球植被生长旺季,LAI 的减小在一定程度上会影响植被的浓密程度,从而植被对太阳光的削减作用减小,导致了该地区净短波辐射能量的增强。总体看来,LAI 的改变导致低纬度地区地表温度升高与高纬度地区地表温度减小,但是,由于海-冰模块的加入,这种影响在一定程度上有所削减。总体而言,由于长波辐射的变化小于短波辐射的变化,最终对 LAI 改变反应最剧烈的地区是中高纬度。

图 6-19 画出了 2002 年 7 月 GLDAS 地表 2 m 气温、CTL 实验地表 2 m 气温、CTL 实验与 GLDAS 地表 2 m 气温差值、C-N 实验与 CTL 实验地表 2 m 气温差值的空间分布。海-气-陆-冰耦合模块削弱了低纬度地区 LAI 对地表气温的影响,却加强了高纬度地区 LAI 对地表气温的响应。在非洲中部地区,由于 LAI 的减弱,到达地面的净辐射增强,地表对大气加热作用增强,导致地表气温增强;在没有海-气耦合的情况下,这种加强作用会一直持续;而如果出现了海-气-陆-冰的耦合,海洋的冷却作用对非洲北部地区产生影响,也就削弱了非洲大陆由于 LAI 变化导致的地表气温的增加。而对高纬度地区,这种变化刚好相反,由于 LAI 增强,植被变得稠密,削弱了到达地面的太阳短波辐射,造成地面净辐射能量的削弱;同时,由于海-气-陆-冰的耦合,导致该地区的冷却作用进一步加强,因此加重了中高纬度地区 LAI 对气候变化的影响。

图 6-20 给出了海-气-陆-冰耦合条件下 2002 年 7 月 GLDAS 地表降水、CTL 实验地表降水、CTL 实验与 GLDAS 地表降水差值、C-N 实验与 CTL 实验降水差值的空间分布。总体而言,海-气-陆-冰实验得到的降水量明显小于陆-气耦合系统,其偏差在中高纬度地区尤其明显,海-冰的耦合会放大陆面植被变化对气候产生的影响,且影响最大的区域多分布在植被分布比较密集的区域。

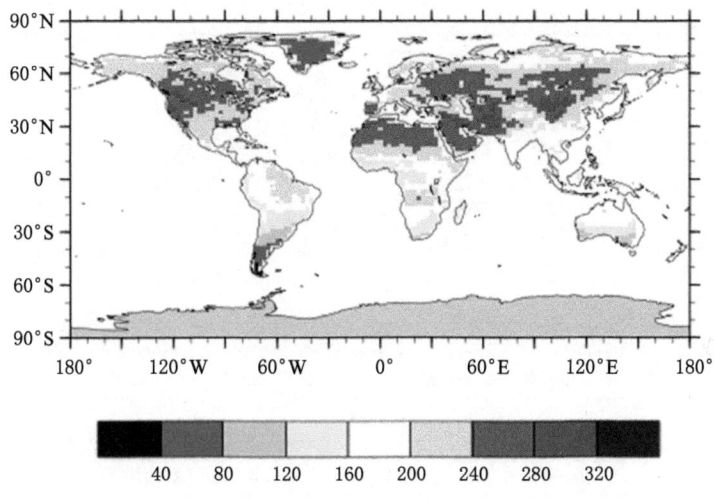

（a）再分析的地表净太阳短波辐射/(W/m²)

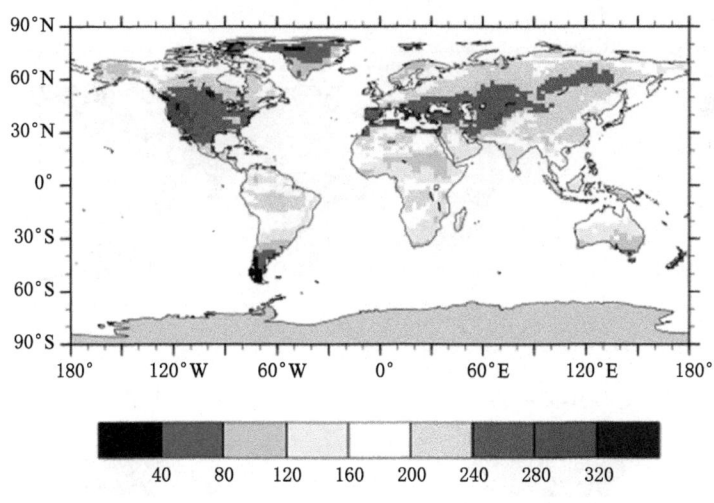

（b）集合模拟的地表净太阳短波辐射/(W/m²)

图 6-17　2002 年 7 月 GLDAS 地表净太阳短波辐射、CTL 实验地表净太阳短波辐射、
CTL 实验与 GLDAS 地表净太阳短波辐射差值、C-N 实验与 CTL 实验地表净太阳
短波辐射差值的空间分布

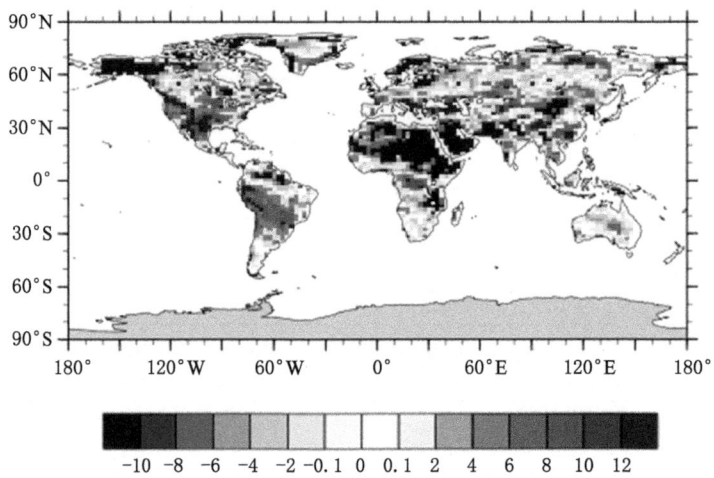

（c）模拟和再分析的地表净太阳短波辐射差值/(W/m²)

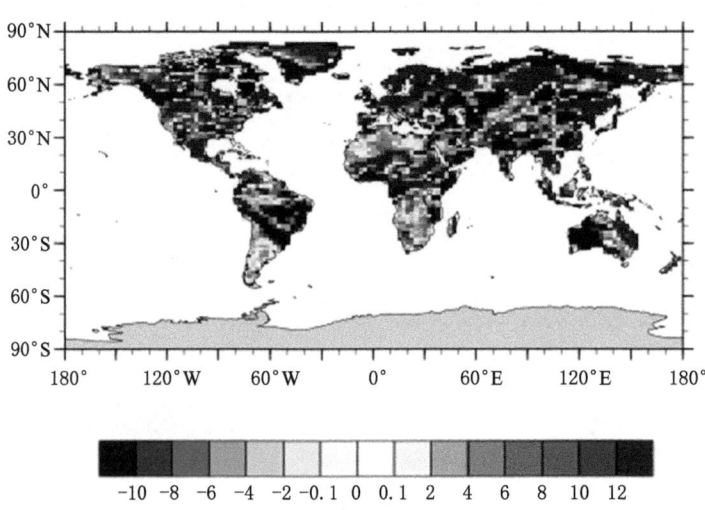

（d）同化实验和模拟的地表净太阳短波辐射差值/(W/m²)

图 6-17 （续）

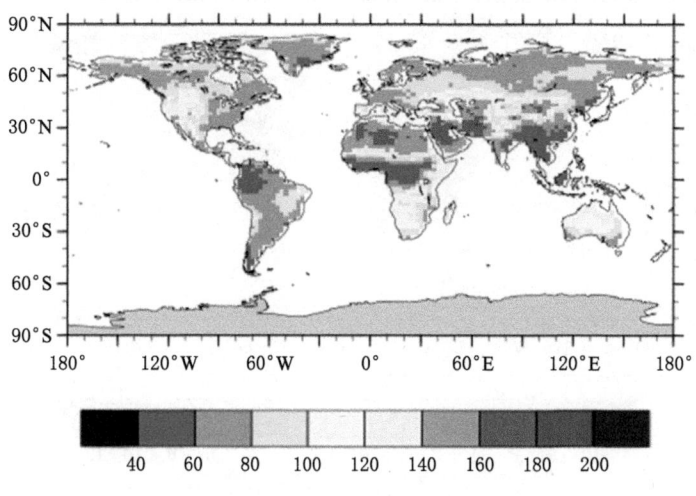

（a）再分析的地表净长波辐射/（W/m²）

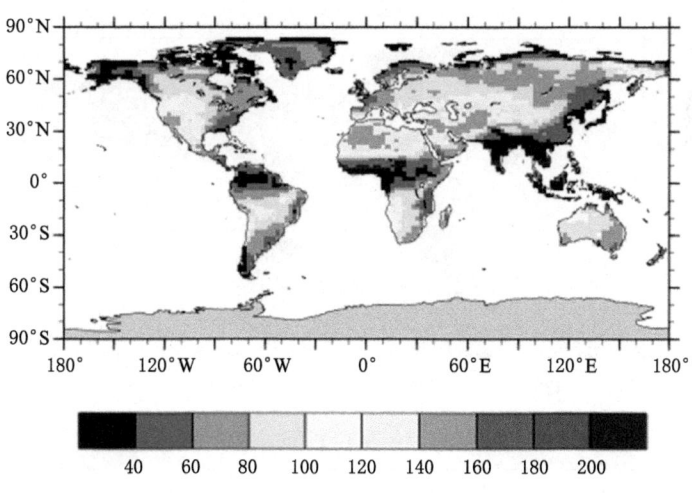

（b）集合模拟的地表净长波辐射/（W/m²）

图 6-18　2002 年 7 月 GLDAS 地表净长波辐射、CTL 实验地表净长波辐射、CTL 实验与
GLDAS 地表净长波辐射差值、C-N 实验与 CTL 实验地表净长波辐射差值的空间分布

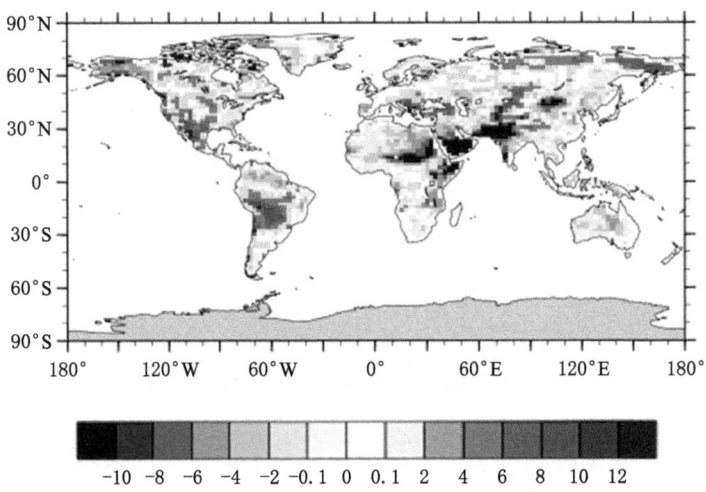

（c）模拟和再分析的地表净长波辐射差值/（W/m²）

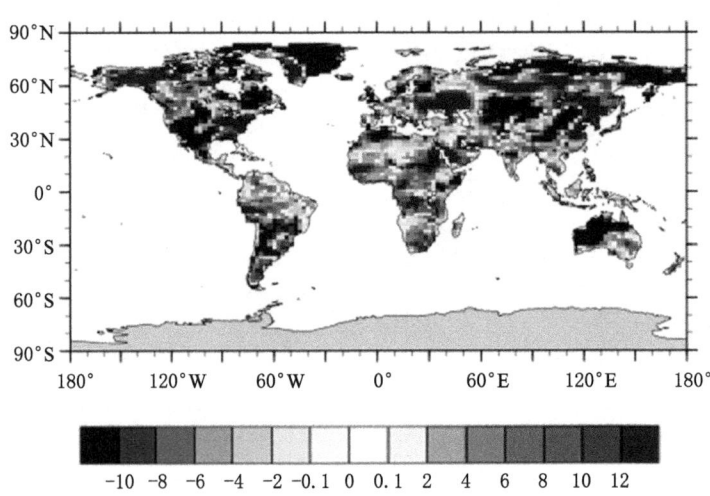

（d）同化实验和模拟的地表净长波辐射差值/（W/m²）

图 6-18 （续）

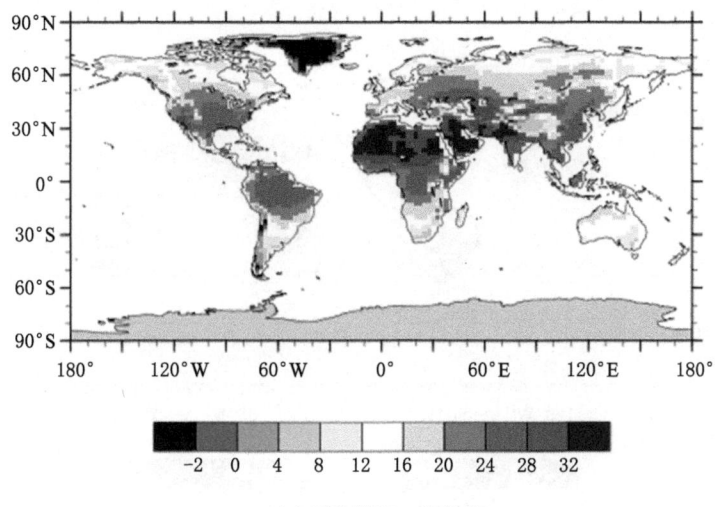

（a）再分析的2 m气温/℃

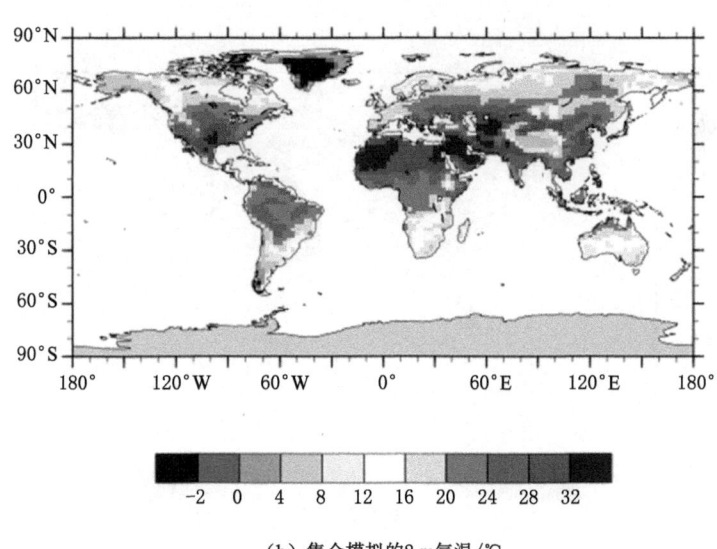

（b）集合模拟的2 m气温/℃

图 6-19　2002 年 7 月 GLDAS 2 m 气温、CTL 实验 2 m 气温、
CTL 实验与 GLDAS 2 m 气温差值、C-N 实验与 CTL 实验 2 m 气温差值的空间分布

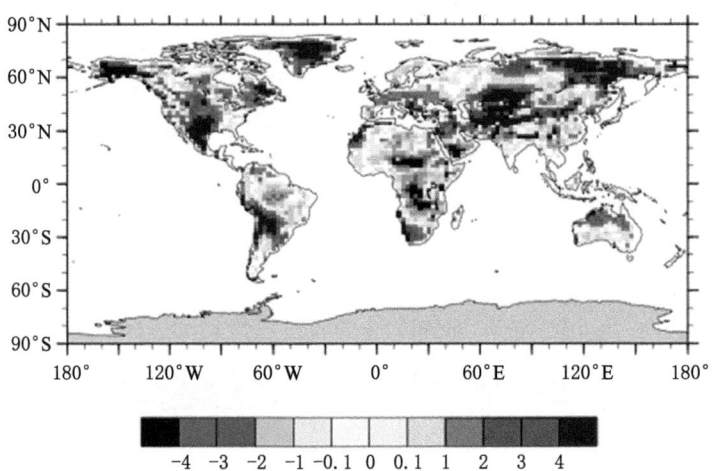

（c）模拟和再分析的2 m气温差值/℃

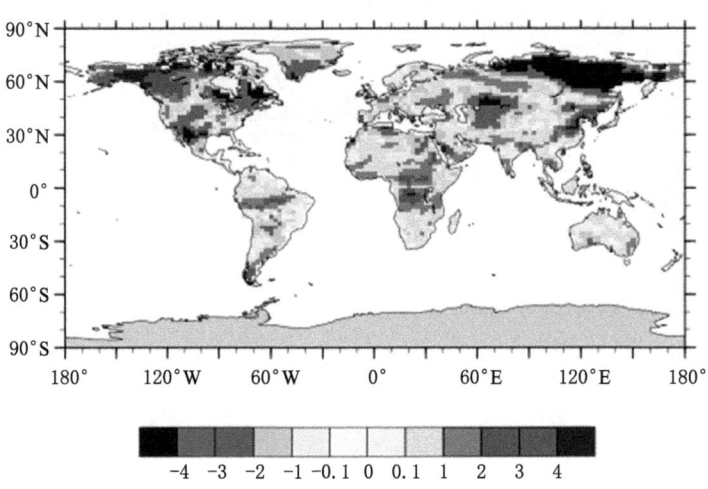

（d）同化实验和模拟的2 m气温差值/℃

图 6-19 （续）

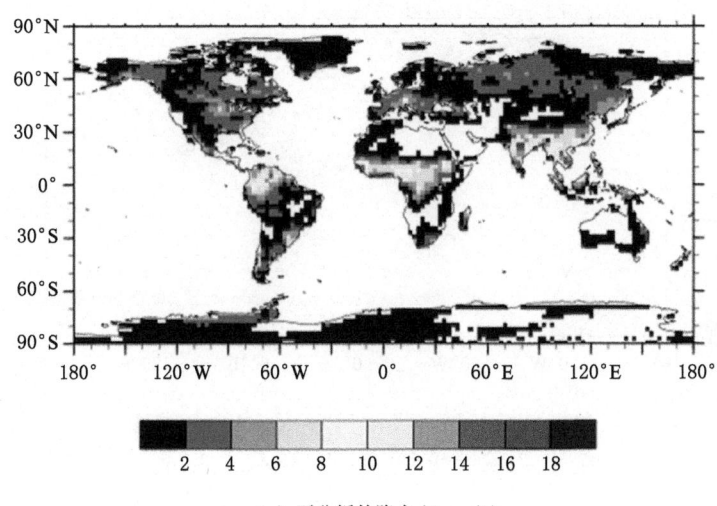

（a）再分析的降水/（mm/d）

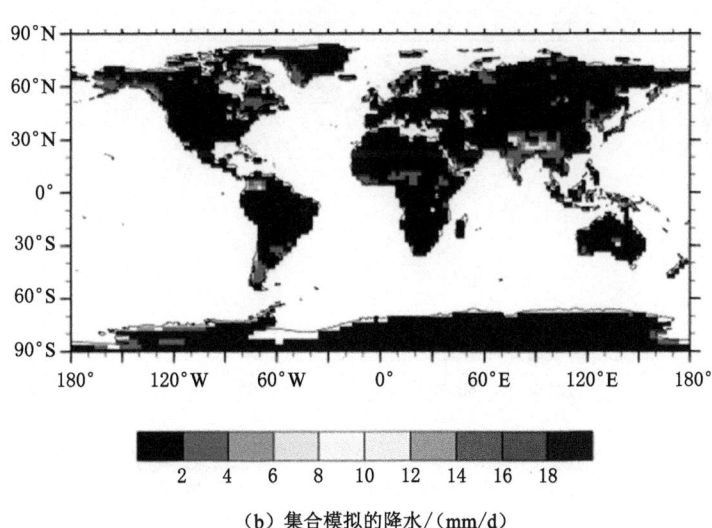

（b）集合模拟的降水/（mm/d）

图 6-20 2002 年 7 月 GLDAS 地表降水、CTL 实验地表降水、
CTL 实验与 GLDAS 地表降水差值、C-N 实验与 CTL 实验降水差值的空间分布

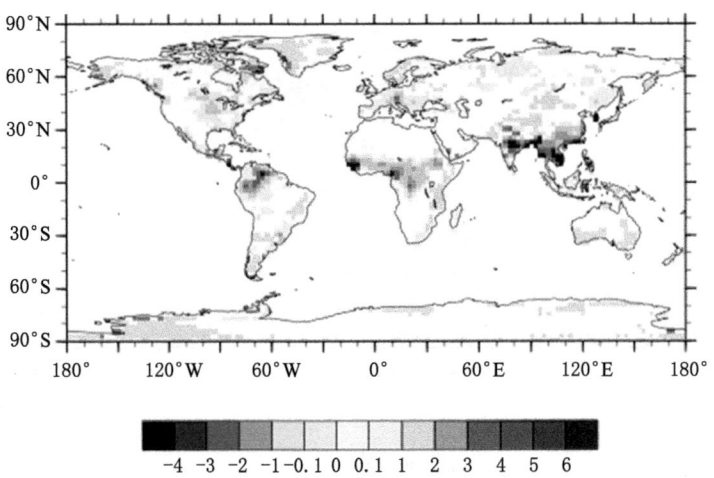

（c）模拟和再分析的降水差值/（mm/d）

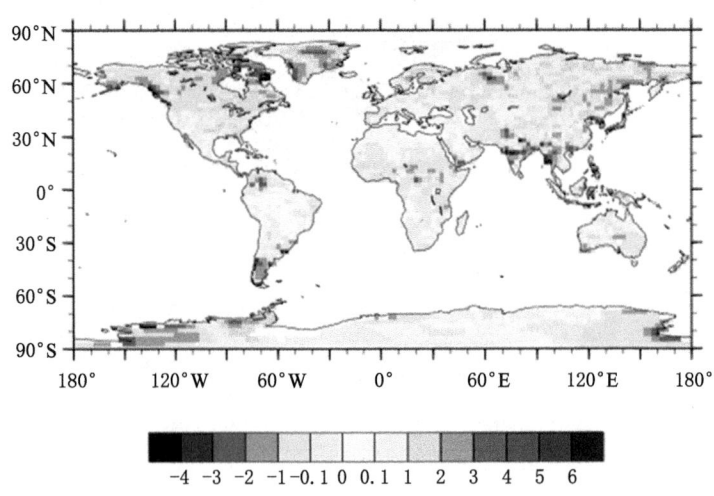

（d）同化实验和模拟的降水差值/（mm/d）

图 6-20 （续）

6.4　本章小结

在总结 LAI 对地表辐射状态变量、能量、物质平衡造成影响研究机理的基础上,本章继续加入了大气耦合的作用。以 LAI 升高为例,当 LAI 升高时,地表接受的短波/长波辐射减少,造成地表温度的降低;LAI 的升高会增加冠层截流,减少地表径流,同时减少地表的土壤湿度;LAI 的升高同时还会加强植被蒸发/蒸腾作用,使得植被从根系土壤中吸收更多的水分,造成土壤湿度的降低。与此同时,地表温度的降低也会伴随大气气温的降低,地表大气趋于稳定状态,不利于降水的生成。然而植被蒸发/蒸腾作用的加强会导致地表水汽供应更加充足,表现结果为有利于降水的生成。因此,LAI 改变对降水产生的影响是大气稳定度和水汽供应的共同结果,在不同区域,影响机制也不尽相同。同理,LAI 改变造成的土壤湿度影响也存在一定的不确定性。更新后的大气气温和降水量会进一步影响后期植被的生长、呼吸过程,气温的降低和降水量的减少不利于植被的光合作用和呼吸作用,这使得大气气温和降水变化与 LAI 变化呈负相关关系;因此,LAI 改变对大气温度和降水的作用是一个负反馈过程,随着时间的推移,整个地球系统逐渐达到一个新的平衡稳定状态。

第7章 结论及展望

作为地球表面的重要物理参数之一,叶面积指数是植被最重要的表述特征量之一,其不仅通过改变陆面的物理特征,影响能量、水分在其间的传输与再分配,也是连接植被生物地球化学过程(如光合作用、呼吸作用等)与植被生物物理特征的关键参数,从而影响物质、能量在植被、土壤中的再分配过程。因此,在模型中正确描述 LAI,对描述陆-气系统都显得至关重要。然而,LAI 的全球性观测极难实现,且目前全球还没有统一观测 LAI 的标准。随着全球卫星遥感技术的日益发展,不同卫星资料反演得到的植被资料在植被变化造成的区域/全球气候变化的研究中得到了越来越广泛的应用。同时,陆面模型在其本身模拟能力提高或者模型进步的过程中,植被的作用日渐加强,作为表征植被特征的重要参数之一,LAI 也呈现出了越来越重要的作用。无论是观测还是模拟的 LAI,均存在很大的不确定性,因此,利用数据同化的方法将卫星遥感数据与模型模拟结合起来,动态地约束物理公式中 LAI 的演变过程,并同时利用生物地球化学模型中的碳-氮循环约束 LAI 的演变,期望可以得到更好描述全球 LAI 分布的产品。

7.1 主要结论

模型的初始场分布为集合同化提供了初始误差,其发散程度对同化的进行和同化结果都会产生很大的影响,因此,本书首先分三个阶段对模型进行初始化。分别利用 Qian 等(2004)生成的大气驱动数据集、1998 年随机选取的 40 个驱动变量的集合平均值以及 40 个集合的 1998—2001 年的驱动数据集分别对模型进行为期 4 000 年、1 000 年和 40×4 年的初始化过程,以得到使模型趋于平衡的集合初始状态。在初始化的过程中,热带常绿阔叶林、农作物和 C4 草原的集合离散度较强,而由于北方常绿针叶林以及温带落叶阔叶灌木丛等植被 LAI 存在较强的季节变化,导致其集合离散度初始化的结果并不十分理想。另外,LAI 值波动范围越大的季节或者地区,集合初始条件的发散程度越高,越利于同化过程的进行。

　　基于 CLM4-CN 中 LAI 作为植被变量的诊断模块与预测模块的不同,本书首先设计了三个实验,分别对应完全没有进行同化的 CTL 实验、在同化的过程中不进行 C-N 约束的 NO-CN 实验和在同化过程中进行 C-N 约束的 C-N 实验,对比分析不同同化方案叶面积指数的模拟和同化效果。结果显示,集合平均的模拟 LAI 值系统性高估了全球的 LAI 分布,且在低纬度地区尤其明显。在同化过程中没有进行 C-N 约束的前提下,同化的结果与 CTL 实验十分相近,可见 C-N约束在同化中起的关键作用。启动了碳-氮循环模块之后,同化过程对于模型模拟的结果有很好的约束和修正效果,尤其在低纬度地区,同化结果能够很好地修正模拟严重高估 LAI 分布这个问题。而由于植被类型的不同,同化的效果也会随着模型离散度的不同而不同。总体来说,在低纬度等阔叶林覆盖区域,同化的结果更接近于观测;而在北半球中高纬度的灌木丛、草地和落叶林作为主要覆盖植被类型的区域,由于 LAI 存在较强的年变化过程,同化的过程会更加依赖模型,从而削弱观测在同化中的权重。在此基础上,本书还对比研究了集合调整卡尔曼滤波(EAKF)、集合卡尔曼滤波(EnKF)、卡尔曼滤波(KF)和粒子滤波(PF)这四种同化算法的影响。结果表明:集合同化(EAKF、EnKF)的结果优于单个变量数目的同化(KF、PF)。另外,由于 EAKF 在每一步都对增益矩阵的更新进行了调整,使其在不低估分析误差协方差的前提下对观测场产生尽量小的扰动,避免采样误差和因此带来的滤波发散问题,所以,确定在用 EAKF 方法同化的过程中,同时考虑 C-N 模块的约束,是最优的同化方案。

　　在挑选出最优同化方案的前提下,进一步研究了叶面积指数与地表状态量(地表温度、土壤湿度等)和陆-气相互作用通量(感热、潜热等)的变化情况与相互关系,旨在发现叶面积指数的变化在陆-气相互作用中所起的作用。首先的实验是在"离线"的情况下进行的,即陆面没有对大气产生反馈作用,在保证大气驱动数据不变的条件下,分析 LAI 的改变对该区域天气产生的影响。结果显示,在低纬度等 LAI 改变最大的区域,并不是地表状态量和陆-气通量改变最明显的区域,相反,在中高纬度等中等植被覆盖和稀疏植被覆盖的区域,LAI 的改变会更容易引起当地地表变量的响应。这主要与该区域的覆盖植被类型有关,同时,分析区域所处的植被生长/凋落季、经纬度、土壤特征等也会影响该地区地表变量的响应。整体来说,当 LAI 增大时,冠层密度增大,削弱了到达地面的太阳辐射,地表净辐射和长波辐射能量减弱,最终导致地面气温的降低;冠层密度增大的同时也会引起冠层截留增多,使得落到地表的水滴减少,导致地表水分的减少。另外,LAI 增大会导致植被的气孔导度升高,植被蒸发作用加强,最终导致根系对土壤水分的吸收加强,土壤湿度减弱,同时,冠层截留导致的地表水分的减小,也会加强土壤湿度的降低。

另外,本书还根据得到的 LAI 同化结果,对比分析了在陆-气耦合情况下 LAI 改变对地表状态量、物质能量平衡以及地表微气象条件的影响,以分析植被变化对天气的反馈过程。结果表明:耦合了大气的陆面模型后,LAI 对地表状态量的影响大于大气驱动数据保持一定的情形,这说明 LAI 不仅有局地效应,同时还有明显的区域气候效应。

7.2　特色与创新之处

① 研究工具的创新:利用数据同化研究平台(DART),首次将全球叶面积指数同化到陆面模型的生物地球化学模块(CLM4 CN)中去,并在同化的过程中引入了碳-氮动力循环过程对同化的约束。

② 研究方法扎实、详尽:利用 DART,分别从不同的同化方案(是否考虑碳-氮约束)、不同同化算法(EAKF、EnKF、KF、PF)以及同时考虑观测算子的权重这几个方面进行研究,以找到最优的同化方案。

③ 研究思路的创新:从叶面积指数出发,在非耦合状态下对全球叶面积指数进行同化,并分析了 LAI 改进对地表状态量及陆-气通量的影响,并以此为基础,进一步分析在陆-气耦合和海-气-陆-冰耦合情况下 LAI 改变对地表能量平衡、物质交换以及短期气候变化产生的影响。

7.3　本书研究的不足之处与展望

本书研究依然存在以下不足:

① 由于机时的限制,模型使用的网格空间分辨率较粗糙,本研究使用的网格点是 $0.9° \times 1.25°$,在之后的工作中,适当修改同化的空间分辨率是十分必要的,期待能抓住更多 LAI 与气候变化相互作用的细节问题。

② 本研究主要针对 2002 年的 LAI 进行同化,在今后的研究中,延长时间尺度,分析 LAI 变化引起的长期气候效应。

③ 模型使用的植被的其他参数均来自模型本身,然而模型自身参数的设定在区域乃至全球范围内并不能完全吻合,今后将会考虑在单个台站或者针对典型的植被覆盖区域,在修正了植被参数的前提下进行更加详细的修正及分析。

④ 下垫面植被的改变,是否对陆-气系统造成不平衡,以及这种不平衡的响应时间,都是需要解决的问题。

⑤ 同化的观测数据在卫星观测的基础上,可以提供台站数据对观测数据进

行补充,从而对 LAI 进行精度更高的空间修正。

⑥ CLM4-CN 在动态描述 LAI 的过程中,并没有植被种类或者群落在全球分布的改变,即在更新 LAI 变化的过程中,并不会更新植被种类,然而这样会忽视人类活动影响造成的 LAI 改变的情况。因此,在后期的工作中,会考虑更改地表植被类型分布,以分析人类活动或者自然植被更替造成的 LAI 改变的情况。

参 考 文 献

[1] 包姗宁,曹春香,黄健熙,等,2015.同化叶面积指数和蒸散发双变量的冬小麦产量估测方法[J].地球信息科学学报,17(7):871-882.

[2] 蔡福,周广胜,李荣平,等,2011.陆面过程模型对下垫面参数动态变化的敏感性分析[J].地球科学进展,26(3):300-310.

[3] 曹富强,丹利,马柱国,2015.中国农田下垫面变化对气候影响的模拟研究[J].气象学报,73(1):128-141.

[4] 陈海山,倪东鸿,李忠贤,等,2006.植被覆盖异常变化影响陆面状况的数值模拟[J].南京气象学院学报,29(6):725-734.

[5] 陈浩,曾晓东,2013.植被年际变化对蒸散发影响的模拟研究[J].生态学报,33(14):4343-4353.

[6] 陈洪萍,贾根锁,冯锦明,等,2014.气候模式中关键陆面植被参量遥感估算的研究进展[J].地球科学进展,29(1):56-67.

[7] 陈旭,林宏,强振平,2008.中国南部样带植被 NPP 与气候的关系[J].生态环境,17(6):2281-2288.

[8] 戴永久,曾庆存,1996.陆面过程研究[J].水科学进展,7(增刊 1):40-53.

[9] 顾峰雪,2006.生态系统模型中物候的参数化方法研究进展[J].地理科学进展,25(6):68-75.

[10] 何晴,吕达仁,2008.陆面过程中植被的描述及其卫星遥感反演:从定性描述向定量描述的发展[J].地球科学进展,10:1050-1060.

[11] 胡士强,敬忠良,2005.粒子滤波算法综述[J].控制与决策,20(4):361-365.

[12] 黄健熙,李昕璐,刘帝佑,等,2015.顺序同化不同时空分辨率 LAI 的冬小麦估产对比研究[J].农业机械学报,46(1):240-248.

[13] 李慧赟,张永强,王本德,2012.基于遥感叶面积指数的水文模型定量评价植被和气候变化对径流的影响[J].中国科学:技术科学,42(8):963-971.

[14] 李曼曼,刘峻明,王鹏新,2012.基于粒子滤波的 LAI 时间序列重构算法设

计与实现[J].中国农业科技导报,14(3):61-68.

[15] 李巧萍,丁一汇,2004.植被覆盖变化对区域气候影响的研究进展[J].南京气象学院学报,27(1):131-140.

[16] 李喜佳,肖志强,王锦地,等,2014.双集合卡尔曼滤波估算时间序列 LAI [J].遥感学报,18(1):27-44.

[17] 李新,黄春林,车涛,等,2007.中国陆面数据同化系统研究的进展与前瞻[J].自然科学进展,17(2):163-173.

[18] 梁妙玲,谢正辉,2006.我国气候对植被分布和净初级生产力影响的数值模拟[J].气候与环境研究,11(5):582-592.

[19] 刘惠民,2009.陆面过程模型研究进展简介[J].气象研究与应用,30(4):35-37.

[20] 刘洋,刘荣高,2015.基于 LTDRAVHRR 和 MODIS 观测的全球长时间序列叶面积指数遥感反演[J].地球信息科学学报,17(11):1304-1312.

[21] 罗宇翔,向红琼,郑小波,等,2011.MODIS 植被叶面积指数对贵州高原山地气象条件的响应[J].生态环境学报,20(1):19-23.

[22] 邵璞,曾晓东,2011.CLM3.0-DGVM 中植物叶面积指数与气候因子的时空关系[J].生态学报,31(16):4725-4731.

[23] 孙淑芬,2002.陆面过程研究的进展[J].新疆气象,6:1-6.

[24] 王东伟,王锦地,梁顺林,2010.作物生长模型同化 MODIS 反射率方法提取作物叶面积指数[J].中国科学:地球科学,40(1):73-83.

[25] 王凤敏,田庆久,2006.植被 MODIS-LAI 的温度降水响应[J].遥感信息,21(2):34-37.

[26] 王媛媛,谢正辉,贾炳浩,等,2015.基于陆面过程模式 CLM4 的中国区域植被总初级生产力模拟与评估[J].气候与环境研究,20(1):97-110.

[27] 吴新荣,韩桂军,李冬,等,2011.集合滤波和三维变分混合数据同化方法研究[J].热带海洋学报,30(6):24-30.

[28] 向阳,肖志强,梁顺林,等,2014.GLASS 叶面积指数产品验证[J].遥感学报,8(3):585-596.

[29] 肖志强,王锦地,王锴森,2008.中国区域 MODIS LAI 产品及其改进[J].遥感学报,12(6):993-1000.

[30] 徐同仁,刘绍民,秦军,等,2009.同化 MODIS 温度产品估算地表水热通量[J].遥感学报,13(6):989-1009.

[31] 许小永,刘黎平,郑国光,2006.集合卡尔曼滤波同化多普勒雷达资料的数值试验[J].大气科学,30(4):712-728.

［32］曾红玲,季劲钧,吴国雄,2010.全球植被分布对气候影响的数值试验[J].大气科学,34(1):1-11.

［33］张华,薛纪善,庄世宇,等,2004.GRAPeS 三维变分同化系统的理想试验[J].气象学报,62(1):31-41.

［34］张佳华,符淙斌,延晓冬,等,2002.全球植被叶面积指数对温度和降水的响应研究[J].地球物理学报,45(5):631-637.

［35］张廷龙,孙睿,张荣华,等,2013.基于数据同化的哈佛森林地区水、碳通量模拟[J].应用生态学报,24(10):2746-2754.

［36］赵茂盛,RONALD P NEILSON,延晓冬,等,2002.气候变化对中国植被可能影响的模拟[J].地理学报,57(1):28-38.

［37］郑益群,钱永甫,苗曼倩,等,2002.植被变化对中国区域气候的影响Ⅱ:机理分析[J].气象学报,60(1):17-30.

［38］ABER J D,GOODALE C L,OLLINGER S V,et al,2003.Is nitrogen deposition altering the nitrogen status of northeastern forests? [J].BioScience,53(4):375.

［39］ADLER R F, HUFFMAN G J, CHANG A, et al, 2003. The version-2 global precipitation climatology project (GPCP) monthly precipitation analysis (1979-present) [J]. Journal of hydrometeorology, 4 (6): 1147-1167.

［40］ANDERSON J L,2003.A local least squares framework for ensemble filtering[J].Monthly weather review,131(4):634-642.

［41］ANDERSON J L,2007.An adaptive covariance inflation error correction algorithm for ensemble filters[J].Tellus A:dynamic meteorology and oceanography,59(2):210.

［42］ANDERSON J L,2001.An ensemble adjustment Kalman filter for data assimilation[J].Monthly weather review,129(12):2884-2903.

［43］ANDERSON J,HOAR T,RAEDER K,et al,2009.The data assimilation research testbed:a community facility[J].Bulletin of the American meteorological society,90(9):1283-1296.

［44］ARELLANO A F Jr,RAEDER K,ANDERSON J L,et al,2007.Evaluating model performance of an ensemble-based chemical data assimilation system during INTEX-B field mission[J].Atmospheric chemistry and physics,7(21):5695-5710.

［45］ARORA V K,BOER G J,2005.A parameterization of leaf phenology for the terrestrial ecosystem component of climate models[J].Global change biology,11(1):39-59.

[46] ASNER G P,SCURLOCK J M O,HICKE J A,2003.Global synthesis of leaf area index observations: implications for ecological and remote sensing studies[J].Global ecology and biogeography,12(3):191-205.

[47] AXELSSON E,AXELSSON B,1986.Changes in carbon allocation patterns in spruce and pine trees following irrigation and fertilization[J].Tree physiology,2 (1/2/3):189-204.

[48] BARET F, HAGOLLE O, GEIGER B,et al,2007.LAI,FAPAR and FCover CYCLOPES global products derived from VEGETATION.Part 1:principles of the algorithm[J].Remote sensing of environment,110:275-286.

[49] BARET F,MORISSETTE J T,FERNANDES R A,et al,2006.Evaluation of the representativeness of networks of sites for the global validation and intercomparison of land biophysical products: proposition of the CEOS-BELMANIP[J].IEEE transactions on geoscience and remote sensing,44 (7):1794-1803.

[50] BETTS R A,2000.Offset of the potential carbon sink from boreal forestation by decreases in surface albedo[J].Nature,408:187-190.

[51] BONAN G B,LEVIS S,2006.Evaluating aspects of the community land and atmosphere models (CLM3 and CAM3) using a dynamic global vegetation model[J].Journal of climate,19(11):2290-2301.

[52] BONAN G B,POLLARD D,THOMPSON S L,1992.Effects of boreal forest vegetation on global climate[J].Nature,359:716-718.

[53] BONAN G B,2008.Forests and climate change:forcings,feedbacks,and the climate benefits of forests[J].Science,320(5882):1444-1449.

[54] BONAN G B, 1995. Land-Atmosphere interactions for climate system Models: coupling biophysical, biogeochemical, and ecosystem dynamical processes[J].Remote sensing of environment,51(1):57-73.

[55] BURGERS G,JAN VAN LEEUWEN P,EVENSEN G,1998.Analysis scheme in the ensemble Kalman filter[J].Monthly weather review,126 (6):1719-1724.

[56] CHARNEY J G,1975.Dynamics of deserts and drought in the Sahel[J]. Quarterly journal of the royal meteorological society,101(428):193-202.

[57] CHEN D X,HUNT H W,MORGAN J A,1996a.Responses of a C3 and C4 perennial grass to CO_2 enrichment and climate change:comparison be-

tween model predictions and experimental data[J].Ecological modelling, 87(1/2/3):11-27.

[58] CHEN J M,1996b.Evaluation of vegetation indices and a modified simple ratio for boreal applications[J].Canadian journal of remote sensing,22 (3):229-242.

[59] CHEN J M,1996c.Optically-based methods for measuring seasonal varia- tion of leaf area index in boreal conifer stands[J].Agricultural and forest meteorology,80(2/3/4):135-163.

[60] CHEN W J,CHEN J,CIHLAR J,2000.An integrated terrestrial ecosystem car- bon-budget model based on changes in disturbance,climate,and atmospheric chemistry[J].Ecological modelling,135(1):55-79.

[61] CHUINE I,2000.A unified model for budburst of trees[J].Journal of the- oretical biology,207(3):337-347.

[62] COMBAL B,BARET F,WEISS M,et al,2003.Retrieval of canopy bio- physical variables from bidirectional reflectance[J].Remote sensing of en- vironment,84(1):1-15.

[63] COMINS H N,1997.Analysis of nutrient-cycling dynamics,for predicting sustainability and CO_2-response of nutrient-limited forest ecosystems[J]. Ecological modelling,99(1):51-69.

[64] COX P M,BETTS R A,BETTS A,et al,2002.Modelling vegetation and the carbon cycle as interactive elements of the climate system[M]//Inter- national Geophysics.Amsterdam:Elsevier:259-279.

[65] DAI Y J,ZENG X B,DICKINSON R E,et al,2003.The common land model [J].Bulletin of the American meteorological society,84(8):1013-1024.

[66] DEARDORFF J W,1978.Efficient prediction of ground surface tempera- ture and moisture,with inclusion of a layer of vegetation[J].Journal of geophysical research:oceans,83(4):1889-1903.

[67] DENG F,CHEN J M,PLUMMER S,et al,2006.Algorithm for global leaf area index retrieval using satellite imagery[J].IEEE transactions on geo- science and remote sensing,44(8):2219-2229.

[68] DICKINSON R E,OLESON K W,BONAN G,et al,2006.The community land model and its climate statistics as a component of the community cli- mate system model[J].Journal of climate,19(11):2302-2324.

[69] DICKINSON R E,SHAIKH M,BRYANT R,et al,1998.Interactive cano-

pies for a climate model[J].Journal of climate,11(11):2823-2836.

[70] DINKU T,CECCATO P,GROVER-KOPEC E,et al,2007.Validation of satellite rainfall products over East Africa's complex topography[J].International journal of remote sensing,28(7):1503-1526.

[71] DOUCET A,GODSILL S,ANDRIEU C,2000.On sequential Monte Carlo sampling methods for Bayesian filtering[J].Statistics and computing,10 (3):197-208.

[72] EVENSEN G,2009.Data assimilation:the ensemble Kalman filter[M]. Berlin,Heidelberg:Springer Berlin Heidelberg.

[73] EVENSEN G,1994.Sequential data assimilation with a nonlinear quasi-geostrophic model using Monte Carlo methods to forecast error statistics [J].Journal of geophysical research:oceans,99(5):10143-10162.

[74] EVENSEN G,2003.The ensemble Kalman filter:theoretical formulation and practical implementation[J].Ocean dynamics,53(4):343-367.

[75] FANG H,WEI S S,JIANG C Y,et al,2012.Theoretical uncertainty analysis of global MODIS,CYCLOPES,and GLOBCARBON LAI products using a triple collocation method[J].Remote sensing of environment,124: 610-621.

[76] FEDDEMA J J,OLESON K W,BONAN G B,et al,2005.The importance of land-cover change in simulating future climates[J].Science,310(5754): 1674-1678.

[77] FERNANDES R,BUTSON C,LEBLANC S,et al,2003.Landsat-5 TM and Landsat-7 ETM⁺ based accuracy assessment of leaf area index products for Canada derived from SPOT-4 VEGETATION data[J].Canadian journal of remote sensing,29(2):241-258.

[78] FERTIG E J,HARLIM J,HUNT B R,2007.A comparative study of 4D-VAR and a 4D Ensemble Kalman Filter:perfect model simulations with Lorenz-96[J].Tellus series A:dynamic meteorolgy and oceanography,59 (1):96-100.

[79] FOLEY J A,PRENTICE I C,RAMANKUTTY N,et al,1996.An integrated biosphere model of land surface processes,terrestrial carbon balance,and vegetation dynamics[J].Global biogeochemical cycles,10(4):603-628.

[80] FRIEDL M A,SULLA-MENASHE D,TAN B,et al,2010.MODIS Collection 5 global land cover:algorithm refinements and characterization of

new datasets[J].Remote sensing of environment,114(1):168-182.

[81] FRIEND A D,STEVENS A K,KNOX R G,et al,1997.A process-based, terrestrial biosphere model of ecosystem dynamics (Hybrid v3.0)[J].Ecological modelling,95(2/3):249-287.

[82] GARCIA R,KANEMASU E T,BLAD B L,et al,1988.Interception and use efficiency of light in winter wheat under different nitrogen regimes [J].Agricultural and forest meteorology,44(2):175-186.

[83] GENT P R,DANABASOGLU G,DONNER L J,et al,2011.The community climate system model version 4[J].Journal of climate,24(19): 4973-4991.

[84] HAN X,LI X,2008.An evaluation of the nonlinear/non-Gaussian filters for the sequential data assimilation[J].Remote sensing of environment, 112(4):1434-1449.

[85] HANES J M,SCHWARTZ M D,2011.Modeling land surface phenology in a mixed temperate forest using MODIS measurements of leaf area index and land surface temperature[J].Theoretical and applied climatology,105(1):37-50.

[86] HOUTEKAMER P L,MITCHELL H L,PELLERIN G,et al,2005.Atmospheric data assimilation with an ensemble Kalman filter:results with real observations[J].Monthly weather review,133(3):604-620.

[87] HOUTEKAMER P L,MITCHELL H L,1998.Data assimilation using an ensemble Kalman filter technique[J].Monthly weather review,126(3):796.

[88] HUETE A R,1988.A soil-adjusted vegetation index(SAVI)[J].Remote sensing of environment,25(3):295-309.

[89] HUFFMAN G J,ADLER R F,ARKIN P,et al,1997.The global precipitation climatology project (GPCP) combined precipitation dataset[J].Bulletin of the American meteorological society,78(1):5-20.

[90] HUNT B R,KALNAY E,KOSTELICH E J,et al,2004.Four-dimensional ensemble Kalman filtering[J].Tellus A,56(4):273-277.

[91] HUNT H W,INGHAM E R,COLEMAN D C,et al,1988.Nitrogen limitation of production and decomposition in prairie,mountain meadow,and pine forest[J].Ecology,69(4):1009-1016.

[92] JOHNS T C,CARNELL R E,CROSSLEY J F,et al,1997.The second Hadley Centre coupled ocean-atmosphere GCM:model description,spinup

and validation[J].Climate dynamics,13(2):103-134.

[93] JORDAN C F,1969.Derivation of leaf-area index from quality of light on the forest floor[J].Ecology,50(4):663-666.

[94] KALMAN R E, 1960. A new approach to linear filtering and prediction problems[J].Journal of basic engineering,82(1):35-45.

[95] KALNAY E,LI H,MIYOSHI T,et al,2007.4-D-Var or ensemble Kalman filter? [J].Tellus A:dynamic meteorology and oceanography,59(5):758.

[96] KALNAY E,2002.Atmospheric modeling,data assimilation and predictability[M].Cambridge,UK:Cambridge University Press.

[97] KANG H S,XUE Y K,COLLATZ G J,2007.Impact assessment of satellite-derived leaf area index datasets using a general circulation model[J].Journal of climate,20(6):993-1015.

[98] KERCHER J, CHAMBERS J, 2001. Parameter estimation for a global model of terrestrial biogeochemical cycling by an iterative method[J].Ecological modelling,139(2):137-175.

[99] KING D A,1995.Equilibrium analysis of a decomposition and yield model applied to Pinus radiata plantations on sites of contrasting fertility[J].Ecological modelling,83(3):349-358.

[100] KNYAZIKHIN Y,MARTONCHIK J V,MYNENI R B,et al,1998.Synergistic algorithm for estimating vegetation canopy leaf area index and fraction of absorbed photosynthetically active radiation from MODIS and MISR data[J].Journal of geophysical research:atmospheres,103(24):32257-32275.

[101] KOMAROV A,CHERTOV O,ZUDIN S,et al,2003.EFIMOD 2-a model of growth and cycling of elements in boreal forest ecosystems[J].Ecological modelling,170(2/3):373-392.

[102] KUCHARIK C J,BARFORD C C,EL MAAYAR M,et al,2006.A multiyear evaluation of a Dynamic Global Vegetation Model at three AmeriFlux forest sites:vegetation structure,phenology,soil temperature,and CO_2 and H_2O vapor exchange[J].Ecological modelling,196(1/2):1-31.

[103] LAVIGNE M B,RYAN M G,1997.Growth and maintenance respiration rates of aspen,black spruce and jack pine stems at northern and southern BOREAS sites[J].Tree physiology,17(8/9):543-551.

[104] LAWRENCE D M,OLESON K W,FLANNER M G,et al,2011.Parameter-

ization improvements and functional and structural advances in Version 4 of the Community Land Model [J]. Journal of advances in modeling earth systems,3(3):M03001.

[105] LAWRENCE P J,CHASE T N,2007a.Representing a new MODIS consistent land surface in the Community Land Model (CLM 3.0)[J].Journal of geophysical research:biogeosciences,112(G1):G01023.

[106] LAWRENCE D M, THORNTON P E, OLESON K W, et al,2007b. The partitioning of evapotranspiration into transpiration, soil evaporation, and canopy evaporation in a GCM: impacts on land-atmosphere interaction[J]. Journal of hydrometeorology,8(4):862-880.

[107] LE DIMET F X, TALAGRAND O,1986.Variational algorithms for analysis and assimilation of meteorological observations:theoretical aspects[J].Tellus A,38(2):97-110.

[108] LEAN J,ROWNTREE P R,1993.A GCM simulation of the impact of Amazonian deforestation on climate using an improved canopy representation[J]. Quarterly journal of the royal meteorological society, 119 (511):509-530.

[109] LI X,STRAHLER A H,1992.Geometric-optical bidirectional reflectance modeling of the discrete crown vegetation canopy:effect of crown shape and mutual shadowing[J].IEEE transactions on geoscience and remote sensing,30(2):276-292.

[110] LI Y, ZHAO M S, MOTESHARREI S, et al, 2015. Local cooling and warming effects of forests based on satellite observations[J]. Nature communications,6:6603.

[111] LIU Q,GU L,DICKINSON R E,et al,2008.Assimilation of satellite reflectance data into a dynamical leaf model to infer seasonally varying leaf areas for climate and carbon models[J].Journal of geophysical research: atmospheres,113(19):D19113.

[112] LORENC A C,2003. The potential of the ensemble Kalman filter for NWP:a comparison with 4D-Var[J].Quarterly journal of the royal meteorological society,129(595):3183-3203.

[113] LOVELAND T R,REED B C,BROWN J F,et al,2000.Development of a global land cover characteristics database and IGBP DISCover from 1 km AVHRR data[J].International journal of remote sensing,21(6/7):

1303-1330.

[114] MCGUIRE A D,MELILLO J M,JOYCE L A,et al,1992.Interactions between carbon and nitrogen dynamics in estimating net primary productivity for potential vegetation in North America[J].Global biogeochemical cycles,6(2):101-124.

[115] MORADKHANI H,HSU K L,GUPTA H,et al,2005.Uncertainty assessment of hydrologic model states and parameters:sequential data assimilation using the particle filter[J].Water resources research,41(5):1-17.

[116] MORISETTE J T,BARET F,PRIVETTE J L,et al,2006.Validation of global moderate-resolution LAI products:a framework proposed within the CEOS land product validation subgroup[J].IEEE transactions on geoscience and remote sensing,44(7):1804-1817.

[117] MUELLER T,JENSEN L S,MAGID J,et al,1997.Temporal variation of C and N turnover in soil after oilseed rape straw incorporation in the field:simulations with the soil-plant-atmosphere model DAISY[J].Ecological modelling,99(2/3):247-262.

[118] MYNENI R B,HOFFMAN S,KNYAZIKHIN Y,et al,2002.Global products of vegetation leaf area and fraction absorbed PAR from year one of MODIS data[J].Remote sensing of environment,83(1/2):214-231.

[119] NEILSON R P,1995.A model for predicting continental-scale vegetation distribution and water balance[J].Ecological applications,5(2):362-385.

[120] PARTON W J,SCURLOCK J M O,OJIMA D S,et al,1993.Observations and modeling of biomass and soil organic matter dynamics for the grassland biome worldwide[J].Global biogeochemical cycles,7(4):785-809.

[121] PENG C H,LIU J X,DANG Q L,et al,2002.TRIPLEX:a generic hybrid model for predicting forest growth and carbon and nitrogen dynamics [J].Ecological modelling,153(1/2):109-130.

[122] PIAO S L,SITCH S,CIAIS P,et al,2013.Evaluation of terrestrial carbon cycle models for their response to climate variability and to CO_2 trends[J]. Global change biology,19(7):2117-2132.

[123] PIELKE SR R A,MARLAND G,BETTS R A,et al,2002.The influence of land-use change and landscape dynamics on the climate system:relevance to climate-change policy beyond the radiative effect of greenhouse gases[J].Philosophical transactions series A,mathematical,physical,and

engineering sciences,360(1797):1705-1719.

[124] PITMAN A J,2003. The evolution of, and revolution in, land surface schemes designed for climate models[J]. International journal of climatology,23(5):479-510.

[125] PITMAN A J,DE NOBLET-DUCOUDRÉ N,AVILA F B,et al,2012.Effects of land cover change on temperature and rainfall extremes in multi-model ensemble simulations[J].Earth system dynamics,3(2):213-231.

[126] POTTER C S,RANDERSON J T,FIELD C B,et al,1993. Terrestrial ecosystem production: a process model based on global satellite and surface data[J].Global biogeochemical cycles,7(4):811-841.

[127] PRENTICE I C,CRAMER W, HARRISON S P,et al,1992.Special paper:a global biome model based on plant physiology and dominance,soil properties and climate[J].Journal of biogeography,19(2):117.

[128] QIAN T T,DAI A G, TRENBERTH K E,et al,2006. Simulation of global land surface conditions from 1948 to 2004.Part I :forcing data and evaluations[J].Journal of hydrometeorology,7(5):953-975.

[129] QUAIFE T,LEWIS P,DEKAUWE M,et al,2008.Assimilating canopy reflectance data into an ecosystem model with an Ensemble Kalman Filter[J].Remote sensing of environment,112(4):1347-1364.

[130] RAEDER K,ANDERSON J L,COLLINS N,et al,2012.DART/CAM: an ensemble data assimilation system for CESM atmospheric models[J]. Journal of climate,25(18):6304-6317.

[131] RAICH J W,RASTETTER E B,MELILLO J M,et al,1991.Potential net primary productivity in South America:application of a global model [J]. Ecological applications: a publication of the ecological society of America,1(4):399-429.

[132] RANDLETT D L,ZAK D R,PREGITZER K S,et al,1996.Elevated atmospheric carbon dioxide and leaf litter chemistry: influences on microbial respiration and net nitrogen mineralization[J].Soil science society of America journal,60(5):1571-1577.

[133] RASTETTER E B,RYAN M G,SHAVER G R,et al,1991.A general biogeochemical model describing the responses of the C and N cycles in terrestrial ecosystems to changes in CO_2,climate,and N deposition[J]. Tree physiology,9(1/2):101-126.

[134] RODELL M, HOUSER P R, JAMBOR U, et al, 2004. The global land data assimilation system[J]. Bulletin of the American meteorological society, 85(3):381-394.

[135] ROLFF C, ÅGREN G I, 1999. Predicting effects of different harvesting intensities with a model of nitrogen limited forest growth[J]. Ecological modelling, 118(2):193-211.

[136] RUNNING S W, COUGHLAN J C, 1988. A general model of forest ecosystem processes for regional applications I. Hydrologic balance, canopy gas exchange and primary production processes[J]. Ecological modelling, 42(2):125-154.

[137] RYAN M G, 1991. A simple method for estimating gross carbon budgets for vegetation in forest ecosystems[J]. Tree physiology, 9(1/2):255-266.

[138] SATO N, SELLERS P J, RANDALL D A, et al, 1989. Effects of implementing the simple biosphere model in a general circulation model[J]. Journal of the atmospheric sciences, 46(18):2757-2782.

[139] SELLERS P J, MINTZ Y, SUD Y C, et al, 1986. A simple biosphere model (SiB) for use within general circulation models[J]. Journal of the atmospheric sciences, 43:505-531.

[140] SHI M J, YANG Z L, LAWRENCE D M, et al, 2013. Spin-up processes in the Community Land Model version 4 with explicit carbon and nitrogen components[J]. Ecological modelling, 263:308-325.

[141] SHUKLA J, MINTZ Y, 1982. Influence of land-surface evapotranspiration on the earth's climate[J]. Science, 215(4539):1498-1501.

[142] SITCH S, SMITH B, PRENTICE I C, et al, 2003. Evaluation of ecosystem dynamics, plant geography and terrestrial carbon cycling in the LPJ dynamic global vegetation model[J]. Global change biology, 9(2):161-185.

[143] SLATER A G, CLARK M P, 2006. Snow data assimilation via an ensemble Kalman filter[J]. Journal of hydrometeorology, 7(3):478-493.

[144] SUD Y C, SMITH W E, 1985. The influence of surface roughness of deserts on the July circulation[J]. Boundary-layer meteorology, 33(1):15-49.

[145] SYED T H, FAMIGLIETTI J S, RODELL M, et al, 2008. Analysis of terrestrial water storage changes from GRACE and GLDAS[J]. Water resources research, 44(2):W02433.

[146] TALAGRAND O, 1997. Assimilation of observations: an introduction[J]. Journal of the meteorological society of Japan, 75(18):191-209.

[147] THORNTON P E,DONEY S C,LINDSAY K,et al,2009.Carbon-nitrogen interactions regulate climate-carbon cycle feedbacks:results from an atmosphere-ocean general circulation model[J].Biogeosciences,6(10): 2099-2120.

[148] THORNTON P E,LAW B E,GHOLZ H L,et al,2002.Modeling and measuring the effects of disturbance history and climate on carbon and water budgets in evergreen needleleaf forests[J].Agricultural and forest meteorology,113(1/2/3/4):185-222.

[149] THORNTON P E,ROSENBLOOM N A,2005.Ecosystem model spin-up:estimating steady state conditions in a coupled terrestrial carbon and nitrogen cycle model[J].Ecological modelling,189(1/2):25-48.

[150] THORNTON P E,ZIMMERMANN N E,2007.An improved canopy integration scheme for a land surface model with prognostic canopy structure[J].Journal of climate,20(15):3902.

[151] TIPPETT M K,ANDERSON J L,BISHOP C H,et al,2003.Ensemble square root filters[J].Monthly weather review,131(7):1485-1490.

[152] TRENBERTH K E,SMITH L,QIAN T T,et al,2007.Estimates of the global water budget and its annual cycle using observational and model data[J].Journal of hydrometeorology,8(4):758-769.

[153] TROY BAISDEN W,AMUNDSON R,2003.An analytical approach to ecosystem biogeochemistry modeling[J].Ecological applications,13(3): 649-663.

[154] VANNINEN P,MÄKELÄ A,2005.Carbon budget for Scots pine trees: effects of size,competition and site fertility on growth allocation and production[J].Tree physiology,25(1):17-30.

[155] VISKARI T,HARDIMAN B,DESAI A R,et al,2015.Model-data assimilation of multiple phenological observations to constrain and predict leaf area index[J].Ecological applications:a publication of the ecological society of America,25(2):546-558.

[156] WAN L Y,ZHU J,WANG H,et al,2009.A "dressed" Ensemble Kalman Filter using the Hybrid Coordinate Ocean Model in the Pacific[J].Advances in atmospheric sciences,26(5):1042-1052.

[157] WANG X G,HAMILL T M,WHITAKER J S,et al,2007.A comparison of hybrid ensemble transform Kalman filter-optimum interpolation and

ensemble square root filter analysis schemes[J]. Monthly weather review,135(3):1055-1076.

[158] WHITAKER J S,HAMILL T M,WEI X,et al,2008.Ensemble data assimilation with the NCEP global forecast system[J].Monthly weather review,136(2):463-482.

[159] WHITAKER J S, HAMILL T M,2002.Ensemble data assimilation without perturbed observations[J].Monthly weather review,130(7):1913-1924.

[160] WHITE M A,THORNTON P E,RUNNING S W,et al,2000.Parameterization and sensitivity analysis of the BIOME-BGC terrestrial ecosystem model: net primary production controls[J].Earth interactions,4(3):1-85.

[161] WHITE M A,THORNTON P E,RUNNING S W,1997.A continental phenology model for monitoring vegetation responses to interannual climatic variability[J].Global biogeochemical cycles,11(2):217-234.

[162] XIAO Z Q,LIANG S L,WANG J D,et al,2014.Use of general regression neural networks for generating the GLASS leaf area index product from timeseries MODIS surface reflectance[J].IEEE transactions on geoscience and remote sensing,52(1):209-223.

[163] XU Z F,MAHMOOD R,YANG Z L,et al,2015.Investigating diurnal and seasonal climatic response to land use and land cover change over monsoon Asia with the Community Earth System Model[J].Journal of geophysical research:atmospheres,120(3):1137-1152.

[164] ZHAN X W,XUE Y K,COLLATZ G J,2003.An analytical approach for estimating CO_2 and heat fluxes over the Amazonian region[J].Ecological modelling,162(1/2):97-117.

[165] ZHANG F Q,ZHANG M,HANSEN J A,2009.Coupling ensemble Kalman filter with four-dimensional variational data assimilation[J].Advances in atmospheric sciences,26(1):1-8.

[166] ZHANG Y F,HOAR T J,YANG Z L,et al,2014.Assimilation of MODIS snow cover through the Data Assimilation Research Testbed and the Community Land Model version 4[J].Journal of geophysical research:atmospheres, 119(12):7091-7103.

[167] ZHANG Y,LI C S,ZHOU X J,et al,2002.A simulation model linking crop growth and soil biogeochemistry for sustainable agriculture[J]. Ecological modelling,151(1):75-108.

[168] ZHOU Y H，MCLAUGHLIN D，ENTEKHABI D，2006. Assessing the performance of the ensemble Kalman filter for land surface data assimilation[J].Monthly weather review,134(8):2128-2142.

[169] ZUPANSKI M，2005. Maximum likelihood ensemble filter: theoretical aspects[J].Monthly weather review,133(6):1710-1726.